花贡缎	泡泡纱
棉哔叽	绒布
花式灯芯绒1	花式灯芯绒2
彩棉斜纹布	I

烂花布	雪松麻（苎麻/亚麻）
派力司	女衣呢
精纺格花呢1	精纺格花呢2
马裤呢	II

牙签呢	海力蒙
鸟眼花呢	驼丝锦
麦司林	钢花呢
粗纺花呢	III

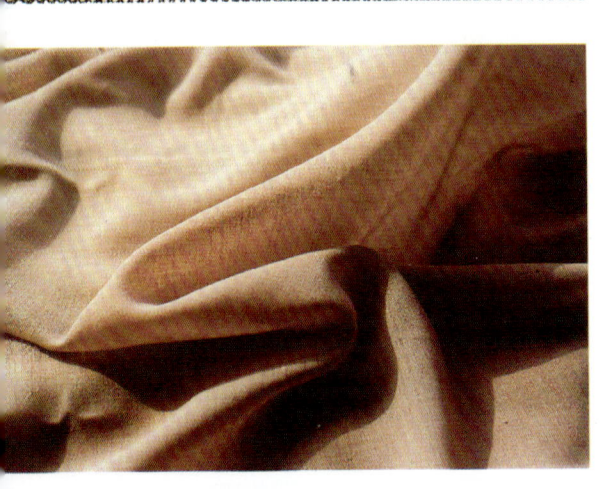

反面

正面

银枪大衣呢	顺纡葑绸
珍珠呢	顺纡绉
顺毛女士呢	葑纱绸
冠乐绉	**IV**

欧根纱

提花绉

提花绡

横罗

轧花乔其纱

四维呢

烂花绒

V

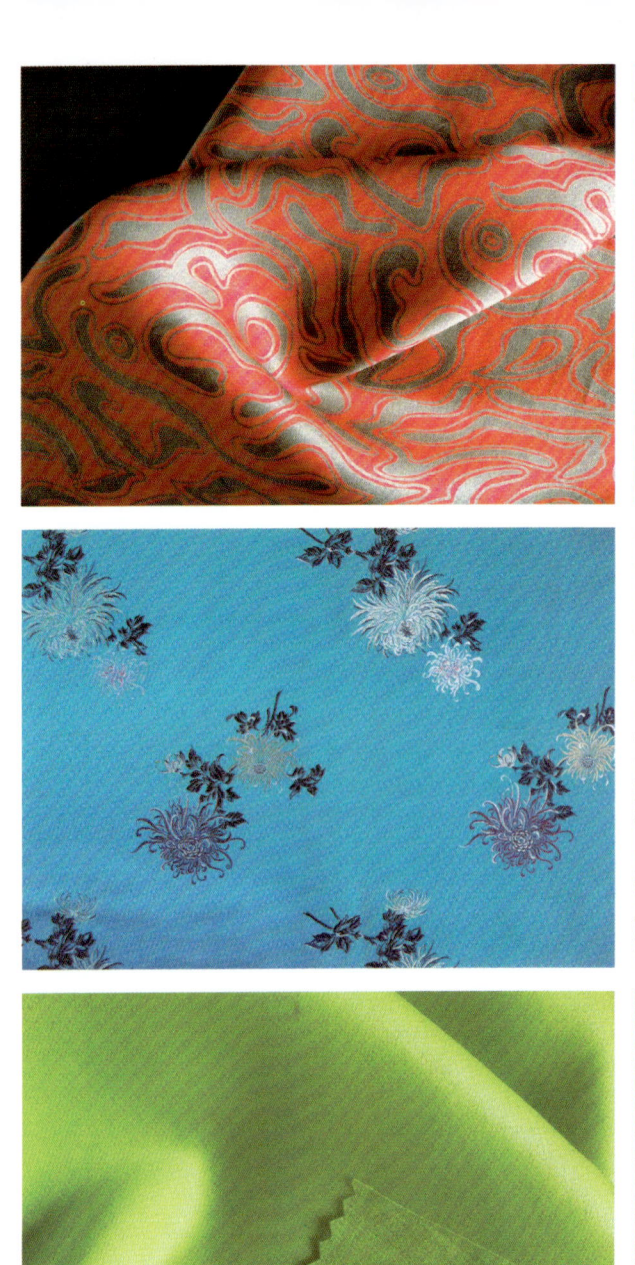

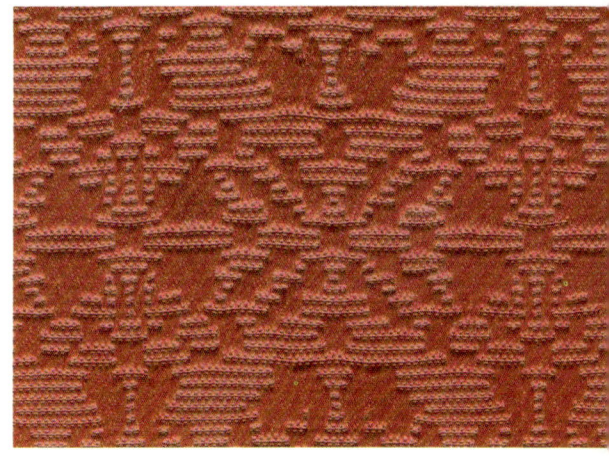

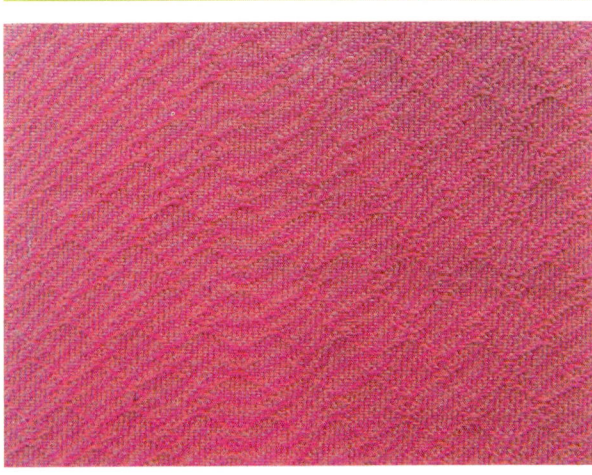

印花绉缎	桑波缎
织锦缎	古香缎
素绉缎	金星葛
提花线绨	VI

机织丝绒	印花汗布
罗纹布	提花针织物1
提花针织物2	针织天鹅绒
经编丝力绒	VII

添纱提花针织物	提花毛圈布
夹层绗缝针织物	氨纶弹力绉
烂花针织物	针织牛仔布
衬垫针织物	VIII

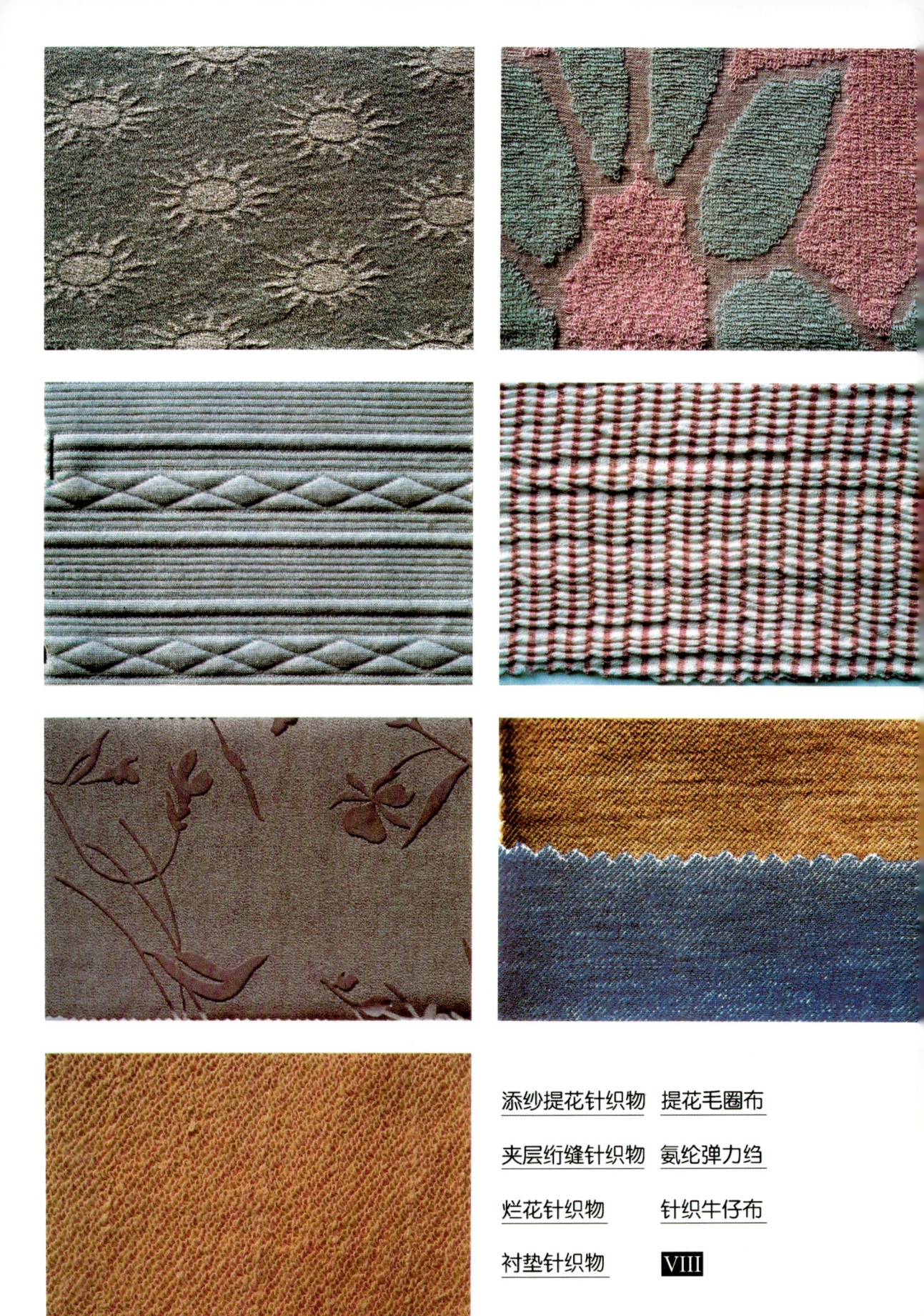

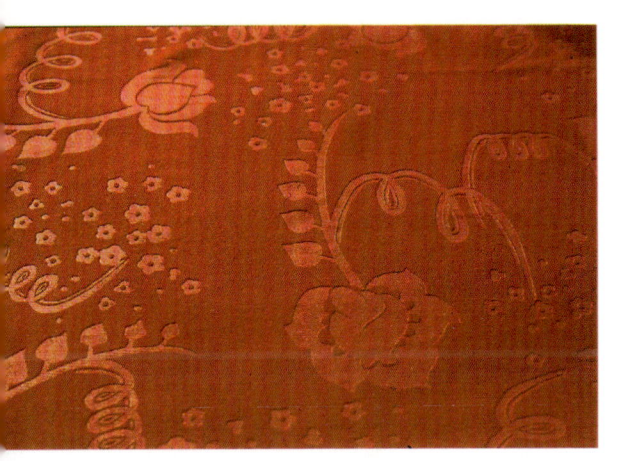

双面针织物	经编网眼（蕾丝）
经编轧花	经绒平、经平绒
经编灯芯绒	经编印花织物
狐皮	IX

貂皮	仿鳄鱼、蛇皮涂层面料
花式线1	花式线2
花式线3	绣花线
垫肩	X

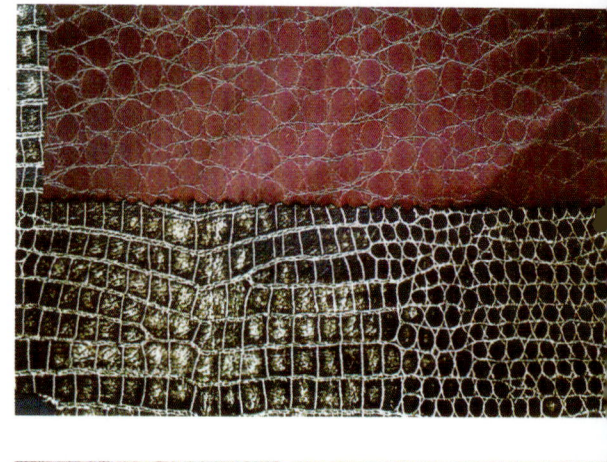

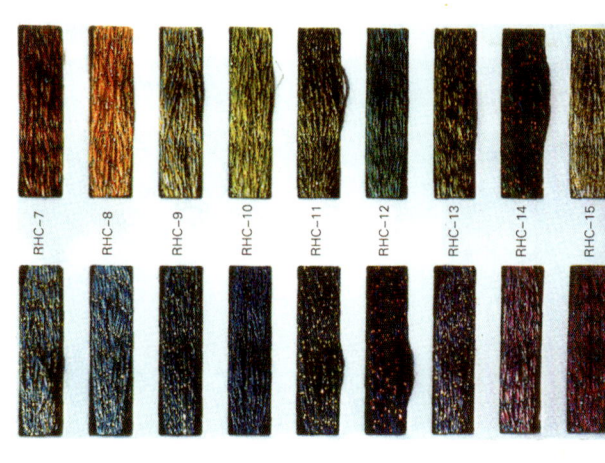

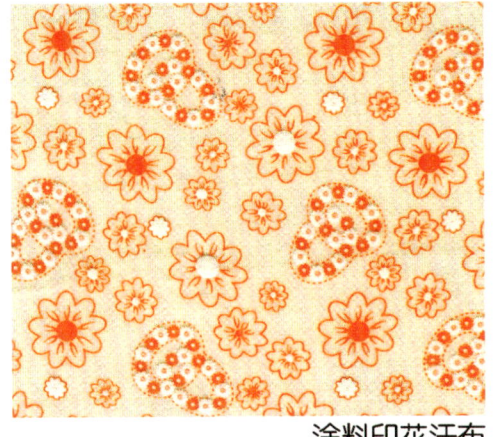

涂料印花汗布

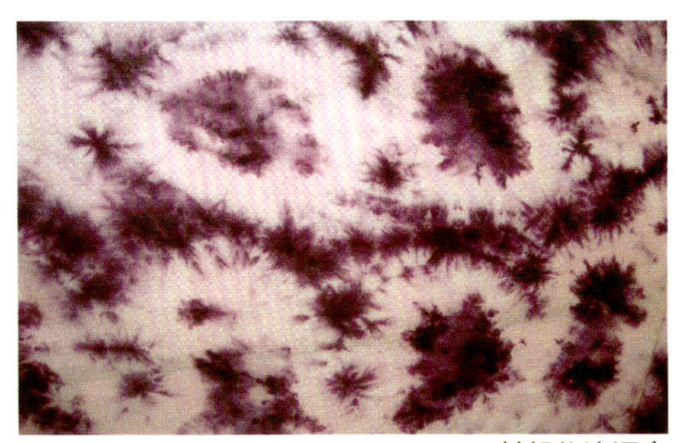

针织扎染汗布

猪皮印花1

猪皮印花2

烫金印花

数码印花作品1

数码印花作品2

（数码印花作品1和数码印花作品2是设计师Alexander McQueen作品）

彩色蚕茧

印花非织造布

双层机织复合的两面穿织物

针织绒布+薄膜+针织绒布的三层复合织物

机织绒布+薄膜+机织绒布的三层复合褥垫

薄膜+经编提花网眼布的复合

经编提花网眼布+女衣呢的复合

经编绒布+海绵+经编绒布的三层复合织物

KINDS OF ZIPPERS
By Function

拉链分类
拉链装配方式

密尾	关尾	关尾双头双上下拉	密尾双头双头掣	密尾双头双头掣	开尾左插	开尾右插
Closed-end	Open-end	Revetsible open-end	Zipper with double slidenv (arranged in bottom-to-bottom)	Zipper with double slidenv (arranged in bottom-to-bottom)	Open-end (Left insert)	Open-end (Right insert)

NYLON SPECIAL ZIPPER
Printed Fabric

尼龙特别拉链
彩印布带

New!

NAVY — 隐形拉链 Invisible Zipper

NOVOTEL FORTUNE DUCK GITANO

SISTA SPORT — 隐形拉链 Invisible Zipper

拉链　　　XIII

树脂扣	贝壳扣
木质、椰壳扣	组合扣

XIV

花边　　XV

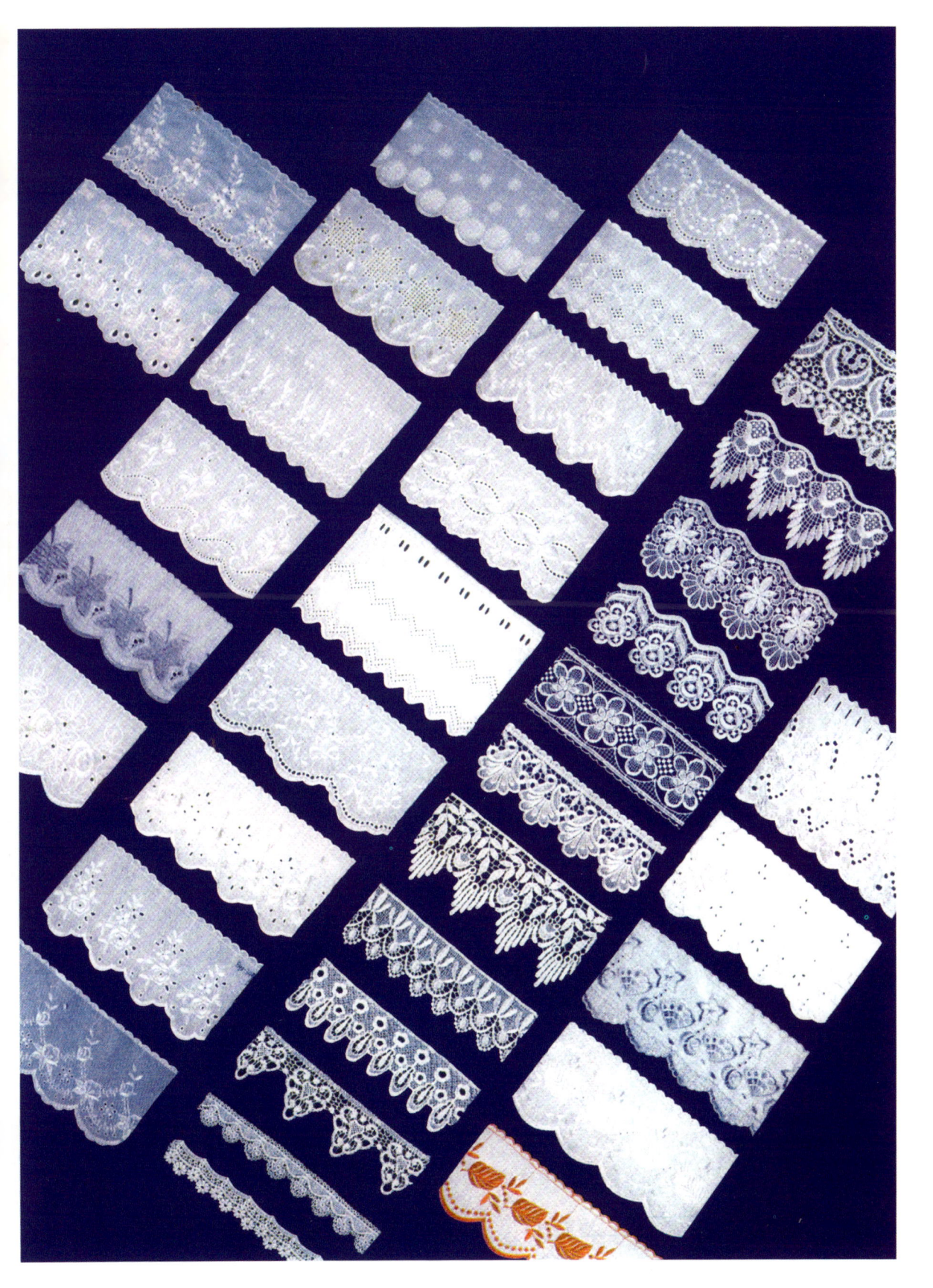

边饰　　XVI

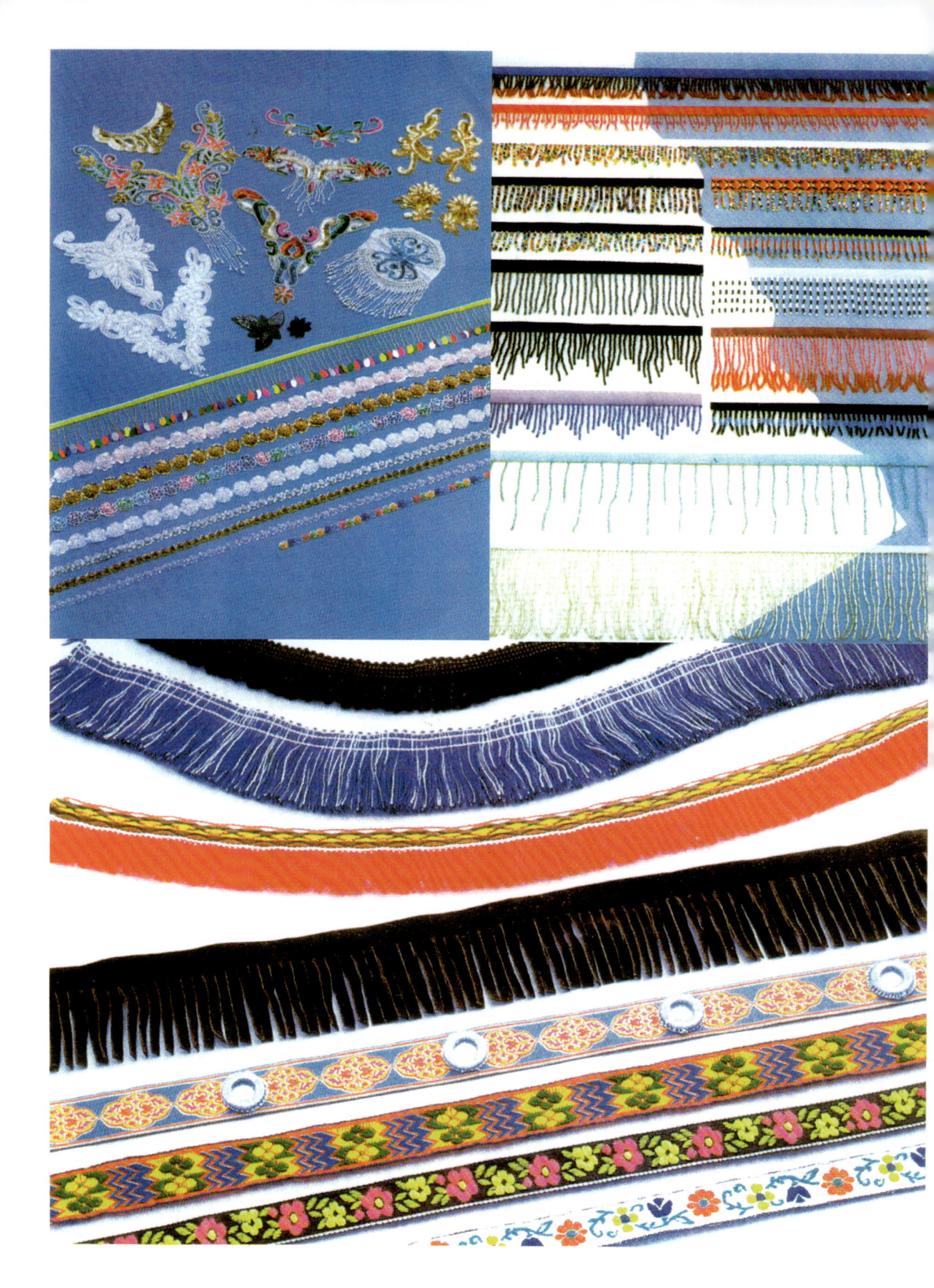

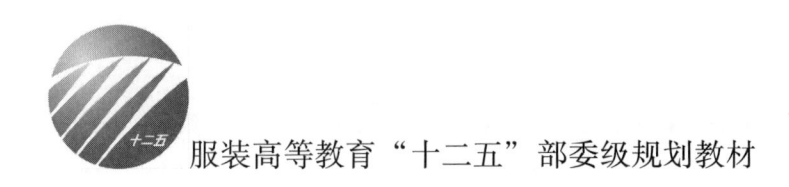

服装高等教育"十二五"部委级规划教材

现代服装材料学

第 2 版

周璐瑛　王越平　主编
吕逸华　副主编

中国纺织出版社

内 容 提 要

本书对服装所用的各种材料，如纺织面料、毛皮制品、辅料等进行了全面介绍。以纺织服装面料的加工工艺流程为顺序，阐述了各种纤维的形态、服用性能以及纤维识别的方法，介绍了纱线、织物的结构、性能与应用。除传统材料外，对当前流行的新纤维、新纱线、新面料作了阐述，此外还对面料的缝制加工特点、后整理及洗涤保养方法等作了介绍。

本书注重服装材料基础知识，知识面宽，图文并茂，附有习题及答案，便于自学。可作为高等院校服装设计专业教材，又可供服装专业技术人员及服装爱好者阅读。

图书在版编目（CIP）数据

现代服装材料学/周璐瑛，王越平主编.—2版.—北京：中国纺织出版社，2011.5（2023.2重印）

服装高等教育"十二五"部委级规划教材

ISBN 978-7-5064-7200-5

Ⅰ.①现⋯ Ⅱ.①周⋯②王⋯ Ⅲ.①服装工业—原料 Ⅳ.①TS941.15

中国版本图书馆 CIP 数据核字（2011）第 003320 号

策划编辑：张晓芳 责任编辑：曹昌虹 责任校对：余静雯
责任设计：何 建 责任印制：陈 涛

中国纺织出版社出版发行
地址：北京市朝阳区百子湾东里 A407 号楼 邮政编码：100124
销售电话：010—67004422 传真：010—87155801
http://www.c-textilep.com
中国纺织出版社天猫旗舰店
官方微博 http://weibo.com/2119887771
三河市宏盛印务有限公司印刷 各地新华书店经销
2000 年 6 月第 1 版 2011 年 5 月第 2 版
2023 年 2 月第 23 次印刷
开本：787×1092 1/16 印张：16.25 插页：8
字数：265 千字 定价：36.00 元

凡购本书，如有缺页、倒页、脱页，由本社图书营销中心调换

出版者的话

《国家中长期教育改革和发展规划纲要》中提出"全面提高高等教育质量","提高人才培养质量"。教高〔2007〕1号文件"关于实施高等学校本科教学质量与教学改革工程的意见"中,明确了"继续推进国家精品课程建设","积极推进网络教育资源开发和共享平台建设,建设面向全国高校的精品课程和立体化教材的数字化资源中心",对高等教育教材的质量和立体化模式都提出了更高、更具体的要求。

"着力培养信念执著、品德优良、知识丰富、本领过硬的高素质专门人才和拔尖创新人才",已成为当今本科教育的主题。教材建设作为教学的重要组成部分,如何适应新形势下我国教学改革要求,配合教育部"卓越工程师教育培养计划"的实施,满足应用型人才培养的需要,在人才培养中发挥作用,成为院校和出版人共同努力的目标。中国纺织服装教育协会协同中国纺织出版社,认真组织制订"十二五"部委级教材规划,组织专家对各院校上报的"十二五"规划教材选题进行认真评选,力求使教材出版与教学改革和课程建设发展相适应,充分体现教材的适用性、科学性、系统性和新颖性,使教材内容具有以下三个特点:

(1)围绕一个核心——育人目标。根据教育规律和课程设置特点,从提高学生分析问题、解决问题的能力入手,教材附有课程设置指导,并于章首介绍本章知识点、重点、难点及专业技能,增加相关学科的最新研究理论、研究热点或历史背景,章后附形式多样的思考题等,提高教材的可读性,增加学生学习兴趣和自学能力,提升学生科技素养和人文素养。

(2)突出一个环节——实践环节。教材出版突出应用性学科的特点,注重理论与生产实践的结合,有针对性地设置教材内容,增加实践、实验内容,并通过多媒体等形式,直观反映生产实践的最新成果。

(3)实现一个立体——开发立体化教材体系。充分利用现代教育技术手段,构建数字教育资源平台,开发教学课件、音像制品、素材库、试题库等多种立体化的配套教材,以直观的形式和丰富的表达充分展现教学内容。

教材出版是教育发展中的重要组成部分,为出版高质量的教材,出版社严格甄选作者,组织专家评审,并对出版全过程进行跟踪,及时了解教材编写进度、编写质量，力求做到作者权威、编辑专业、审读严格、精品出版。我们愿与院校一起，共同探讨、完善教材出版，不断推出精品教材，以适应我国高等教育的发展要求。

中国纺织出版社
教材出版中心

第 2 版序

本教材自 2000 年出版以来，以其简洁、结构清晰，科学性、逻辑性、实践性强，紧跟时代步伐，传授最新科技并且附有习题、便于自学等特点，深受服装院校及从事服装专业人士的好评。在经过了近十年实践检验的基础上，为跟上当前服装材料日新月异、变化无穷的时代步伐，为适应当前服装教育的需要，对本书进行了以下方面的修订，希望使本教材的特色更加鲜明。

1. "实践性和应用性强" 依然作为修订后教材的特色。在保持原书实践性强、可操作性强的基础上，经修订后的本教材注重从基础、应用、实践三个环节逐步深入，最终达到强化实践的目的。从服装设计师、工艺师、服装贸易人员角度出发，探讨材料与应用的关系，对象明确，可操作性强；习题与思考题便于学生复习巩固，习题中的动手环节更培养学生动手实践的能力，增强本书的实用性。

2. 图文并茂，形象生动，便于理解。本书配置了大量图、表、照片，增强直观、可视效果，便于读者学习。其中有面料在服装中应用的图片、有对理论知识阐述分析的图片，从而为艺术设计学生对工程类课程的学习提供了帮助。

3. 依然延续"突出时代特色，传授最新科技"的本教材特色。在科学技术高速发展、服装材料日新月异的今天，高等教育的教材必须走在行业的前端，给服装设计师、工艺师以最新的知识结构。这也是本书修订的主要目的之一。

4. 适应国际化要求。为帮助服装类专业大学生了解专业知识的英语表达方式，在修订后的教材中，增加了一定量的专业知识和词汇的英文表达方式，以方便学生外文图书、资料的阅读。

5. 依然保持了原书简洁、明了的特色，便于讲授。

6. 配套光盘，增加信息量。修订后的教材除传统的纸制教材外，增添了电子光盘的教学实践、应用内容，增大传统纸制教材的信息量。

本教材以服装为主线，以应用为目标，从消费科学的角度进行阐述，采用比较的方法并借助于表格的形式分析各类纤维、纱线与织物的特性，制作了大量图片帮助读者理解、联系最终服装用途，同时增加动手实践环节，方便学生自学。

本书共十章，第一、第三、第四章由北京服装学院王越平修订，第二、第七章由四川师范大学韩旭辉修订，第五章由北京服装学院陈丽华修订，第六章、附录二由北京服装学院史丽敏修订，第八章由北京服装学院衣卫京修订，第九章由韩旭辉、衣卫京修订，第十章由衣卫京、王越平修订。配套光盘内容由王越平、史丽敏制作，陈培培、周讵燕、尹晶莹、魏艳洁、勘超、彭湘婕、王振宇、米良川、王思悦、陈佳等同学为本书光盘资料、图片资料的准备做了大量的工作。感谢顾远渊老师及北京服装学院 SAGA 工作室提供了大量的裘皮、皮革图片。全书由王越平修改定稿，周璐瑛教授全面审稿。

因水平有限，书中出现的不妥与错误之处，希望批评指正。

编者
2010 年 10 月

第 1 版序

　　现代服装设计的成功已越来越依赖于面料的新颖、舒适与功能性。所以,服装设计者不能只懂得服装设计与制作,还必须懂得服装材料。服装通常由多种服装材料组合而成,除面料外,还包括其他辅料,如里、衬、垫、扣等。有人说一套理想的服装,材料选择得正确与否已占成功的一大半。当然,面料永远是服装材料中的主角。学习服装材料,必须懂得面料,而面料是由纤维组成的,所以首先应该认识纤维,只有对各种纤维的特性有了充分了解后,才具备掌握面料的基础。为此,本书的纤维部分占了较大篇幅,并尽量从设计者的要求加以叙述。

　　此外,为扩大设计专业学生的知识面,对一些相关内容,如有关织物组织、衣料后整理以及缝制工艺等也作了相应介绍。在重要章节之后留有习题与思考题,以帮助读者自学与思考。本教材以服装为主线,从消费科学的观点进行阐述,采用比较方法分析各类纤维、纱线与织物的特性,列出较多的数据与表格,以便查找与自学。

　　本书共十章,第一章由吕逸华编写,第二章由汤传毅编写,第三、第四章由吕逸华与王越平编写,第五、第八章由郭凤芝编写,第七章由郭凤芝、周璐瑛编写,第六、第九、第十章由周璐瑛编写,彩照由徐雯、刘娟拍摄。全书由周璐瑛修改定稿,吕逸华审稿。

　　因水平有限,书中出现的不妥与错误之处,希望批评指正。

作者
2000 年 1 月

《现代服装材料学》（第2版）教学内容及课时安排

章/课时	课程性质/课时	节	课程内容
第一章 （1课时）	基础理论 （1课时）		● 绪论
		一	服装的功能和对材料的要求
		二	影响织物服用性能的主要因素
		三	服装材料的发展简史
第二章 （8课时）	专业理论与分析实验 （10课时）		● 服装用纤维
		一	纤维的分类及命名
		二	服用纤维的基本性能
		三	主要服用纤维的特性
		四	纤维鉴别
第三章 （2课时）			● 服装用纱线
		一	纱线的分类
		二	纱线的结构与特性
		三	花式纱线
		四	缝纫线
第四章 （8课时）	专业理论与认知实践 （19课时）		● 机织服装面料
		一	概述
		二	机织物的织物组织
		三	织物的服用性能及简易测试方法
		四	机织面料常见产品及应用
第五章 （4课时）			● 针织服装面料
		一	概述
		二	针织物的织物组织
		三	针织面料常见产品及应用
第六章 （2课时）			● 其他服装材料
		一	毛皮与皮革
		二	非织造布
		三	复合织物

章/课时	课程性质/课时	节	课程内容
第七章 (3课时)	专业理论与认知实践 (19课时)		● 服装用辅料
		一	服装里料
		二	服装用衬、垫及絮填料
		三	服装的固紧材料与其他辅料
第八章 (1课时)			● 面料的后整理
		一	后整理的概念
		二	染色
		三	印花
		四	整理
第九章 (1课时)			● 面料的裁剪缝纫与保养
		一	面料的裁剪与缝纫性能
		二	熨烫
		三	洗涤
		四	特殊污渍去除
		五	保养
第十章 (2课时)	专业理论 (2课时)		● 服装新材料、新技术及其发展
		一	服装用新型纤维
		二	服装用新型纱线
		三	服装新面料

注　各院校可根据自身的教学特色和教学计划对课程时数进行调整

目录

第一章　绪论 ··· 001
第一节　服装的功能和对材料的要求 ·· 001
　一、服装材料的分类 ··· 001
　二、服装的功能 ··· 001
　三、服装材料的选用 ··· 002
第二节　影响织物服用性能的主要因素 ··· 004
第三节　服装材料的发展简史 ·· 006
习题与思考题 ·· 009

第二章　服装用纤维 ·· 010
第一节　纤维的分类及命名 ··· 010
　一、按纤维来源分类 ··· 010
　二、按纤维长度分类 ··· 012
第二节　服用纤维的基本性能 ·· 012
　一、长度与细度 ··· 012
　二、强度、延伸性、弹性和刚度 ··· 013
　三、吸湿性、吸水性和抗静电性能 ·· 014
　四、热学性能 ·· 016
　五、耐气候性 ·· 017
第三节　主要服用纤维的特性 ·· 018
　一、天然纤维 ·· 018
　二、再生纤维 ·· 030
　三、合成纤维 ·· 033
第四节　纤维鉴别 ·· 041
　一、鉴别前的准备 ·· 042
　二、常用鉴别方法 ·· 042
习题与思考题 ·· 045

第三章 服装用纱线 ·············· 047
第一节 纱线的分类 ·············· 047
一、短纤维纱 ·············· 047
二、长丝纱 ·············· 049
三、花式纱 ·············· 050
第二节 纱线的结构与特性 ·············· 050
一、纱线的细度 ·············· 051
二、纱线的捻度与捻向 ·············· 052
三、纱线结构对服用性能的影响 ·············· 053
第三节 花式纱线 ·············· 054
第四节 缝纫线 ·············· 057
一、常用缝纫线的种类与特点 ·············· 058
二、特种缝纫线 ·············· 059
三、常用缝纫线的规格及用途 ·············· 060
四、缝纫线的选用 ·············· 060
习题与思考题 ·············· 061

第四章 机织服装面料 ·············· 062
第一节 概述 ·············· 062
一、机织物的分类 ·············· 062
二、机织物的主要规格 ·············· 063
第二节 机织物的织物组织 ·············· 064
一、织物组织的基本概念 ·············· 065
二、基本（或原）组织 ·············· 065
三、变化组织 ·············· 068
四、联合组织与复杂组织 ·············· 070
第三节 织物的服用性能及简易测试方法 ·············· 073
一、织物的外观性能 ·············· 073
二、织物的舒适性能 ·············· 080
三、织物的耐用性能 ·············· 082
第四节 机织面料常见产品及应用 ·············· 084
一、棉型织物的风格特征及应用 ·············· 085
二、麻型织物的风格特征及应用 ·············· 092
三、毛型织物的风格特征及应用 ·············· 092
四、丝型织物的风格特征及应用 ·············· 098

习题与思考题 …………………………………………………………………… 107

第五章　针织服装面料 …………………………………………………………… 109
第一节　概述 …………………………………………………………………… 109
　　一、针织及针织物的分类 ……………………………………………………… 109
　　二、针织物的主要规格 ………………………………………………………… 112
　　三、针织物的主要特性 ………………………………………………………… 113
第二节　针织物的织物组织 …………………………………………………… 115
　　一、纬编组织 …………………………………………………………………… 115
　　二、经编组织 …………………………………………………………………… 119
第三节　针织面料常见产品及应用 …………………………………………… 121
　　一、纬编面料 …………………………………………………………………… 121
　　二、经编面料 …………………………………………………………………… 124
　　习题与思考题 …………………………………………………………………… 126

第六章　其他服装材料 …………………………………………………………… 127
第一节　毛皮与皮革 …………………………………………………………… 127
　　一、毛皮 ………………………………………………………………………… 128
　　二、皮革 ………………………………………………………………………… 133
　　三、真假毛皮与皮革的区分 …………………………………………………… 139
第二节　非织造布 ……………………………………………………………… 140
　　一、非织造布的分类、特性及用途 …………………………………………… 140
　　二、非织造布的典型品种 ……………………………………………………… 142
第三节　复合织物 ……………………………………………………………… 143
　　习题与思考题 …………………………………………………………………… 145

第七章　服装用辅料 ……………………………………………………………… 146
第一节　服装里料 ……………………………………………………………… 146
　　一、里料的作用 ………………………………………………………………… 146
　　二、里料的分类 ………………………………………………………………… 147
　　三、里料的选配 ………………………………………………………………… 148
第二节　服装用衬、垫及絮填料 ……………………………………………… 149
　　一、衬、垫料的作用 …………………………………………………………… 149
　　二、衬布的种类及用途 ………………………………………………………… 150
　　三、黏合衬的分类及用途 ……………………………………………………… 152

四、服装衬布的选用 ·· 155
　　五、服装用垫料 ·· 156
　　六、服装用絮填料 ·· 158
第三节　服装的固紧材料与其他辅料 ······························· 159
　　一、拉链 ·· 160
　　二、纽扣 ·· 162
　　三、其他扣紧材料 ·· 165
　　四、其他辅料 ·· 166
习题与思考题 ··· 170

第八章　面料的后整理 ·· 171
第一节　后整理的概念 ··· 171
第二节　染色 ··· 172
　　一、染料与颜料 ·· 172
　　二、染色对象 ·· 174
　　三、染色方法 ·· 175
第三节　印花 ··· 178
第四节　整理 ··· 182
　　一、仿旧整理 ·· 183
　　二、绒面整理 ·· 184
　　三、光泽整理 ·· 186
　　四、功能整理 ·· 187
　　五、涂层整理 ·· 188
习题与思考题 ··· 189

第九章　面料的裁剪缝纫与保养 ···································· 190
第一节　面料的裁剪与缝纫性能 ····································· 190
　　一、面料准备 ·· 190
　　二、面料与制板 ·· 191
　　三、面料与排板、铺料 ·· 192
　　四、面料与裁剪 ·· 194
　　五、面料与缝制 ·· 194
第二节　熨烫 ··· 195
　　一、服装熨烫的作用 ·· 195
　　二、熨烫基本原理 ·· 196

三、熨烫技术要点 197
第三节　洗涤 199
　　　一、湿洗 199
　　　二、干洗 202
第四节　特殊污渍去除 204
第五节　保养 206
　　　一、服装在保管中易发生的问题 206
　　　二、服装的收藏 206
习题与思考题 208

第十章　服装新材料、新技术及其发展 209
第一节　服装用新型纤维 209
　　　一、改良、改性与新型的天然纤维 209
　　　二、新型的再生纤维 215
　　　三、新型的合成纤维 218
　　　四、其他纤维 223
第二节　服装用新型纱线 223
第三节　服装新面料 225
　　　一、新外观面料 225
　　　二、新功能面料 227
习题与思考题 230

参考文献 231

附录一　主要服用纤维性能表 233
附录二　服装材料词汇中英文对照 236
附录三　服装洗烫符号 243

光盘内容
一、服装面料认识、识别与应用优秀学生作业展示
二、考题范例及参考答案

第一章
绪　论

　　服装业的发展对服装材料不断提出新的要求，服装材料的更新又不断推动着服装的新进程。服装材料既是人类文明进步的象征，又是服装业改革的基础，更是时尚流行的引导者。

　　服装材料对服装的造型、风格、性能、加工、保养、用途和成本都起着至关重要的作用，影响到服装的艺术性、技术性、实用性、经济性和流行性。材料是服装色彩的承载物，材料决定款式的表现力，材料决定产品的成本、产品的加工与保养方式，同时材料还是设计师设计灵感的来源。服装专业人士已经越来越意识到成衣市场的激烈竞争已进入材料取胜的时代。

第一节　服装的功能和对材料的要求

一、服装材料的分类

　　服装材料种类繁多，分类方法多样。在服装行业通常按材料的用途分为面料和辅料，前者主要包括机织物、针织物、编织物、皮革和毛皮、非织造织物、复合织物等；后者有里料、衬料、垫料、絮填料、带类、缝纫线、装饰线、花边、拉链和纽扣等，见表1-1，它们的材质、外观、性能、质量等均有很大差异。

　　面料与辅料（如里料）没有严格的界限，机织物既可作面料又可作里料、衬料；非织造织物可用于衬料，也可用于一次性服装的面料。除天然毛皮和皮革外，其他面料均为人工加工产品；其中机织物与针织物是最为常用的两类面料，两者均有纯纺（仅用一种原料）、混纺（采用两种或多种原料纺纱、织布）或交织（不同原料的纱线编织或交错）产品，以便增加品种、丰富服装面料市场。

二、服装的功能

　　服装是包括覆盖人体躯干和四肢的衣服、鞋帽和手套的总称，也指人着装以

表 1-1 服装材料的分类

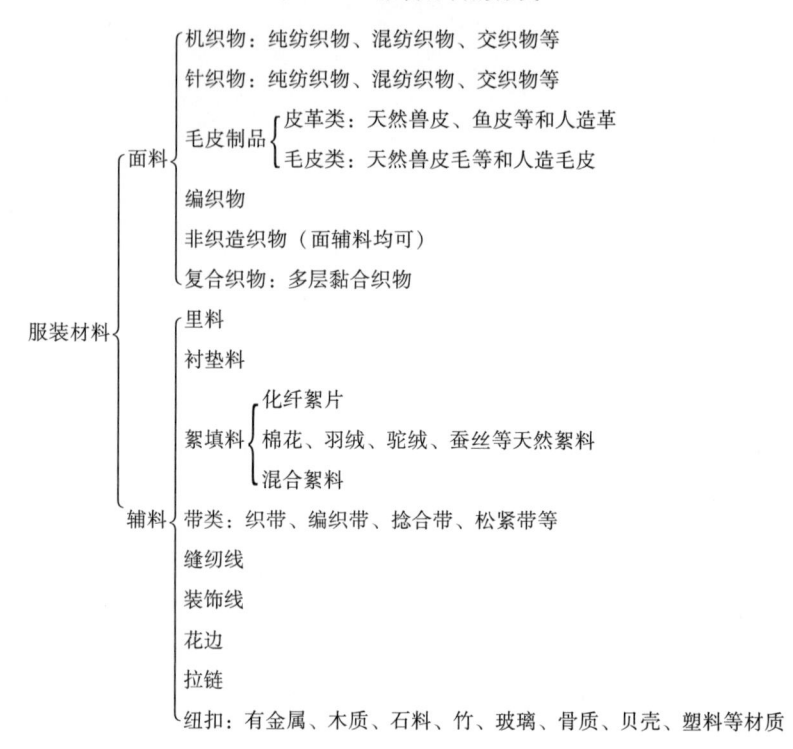

```
                    ┌ 机织物：纯纺织物、混纺织物、交织物等
                    │ 针织物：纯纺织物、混纺织物、交织物等
                    │ 毛皮制品 ┌ 皮革类：天然兽皮、鱼皮等和人造革
              面料 ─┤         └ 毛皮类：天然兽皮毛等和人造毛皮
                    │ 编织物
                    │ 非织造织物（面辅料均可）
                    └ 复合织物：多层黏合物
服装材料 ─┤
                    ┌ 里料
                    │ 衬垫料
                    │         ┌ 化纤絮片
                    │ 絮填料 ─┤ 棉花、羽绒、驼绒、蚕丝等天然絮料
                    │         └ 混合絮料
              辅料 ─┤ 带类：织带、编织带、捻合带、松紧带等
                    │ 缝纫线
                    │ 装饰线
                    │ 花边
                    │ 拉链
                    └ 纽扣：有金属、木质、石料、竹、玻璃、骨质、贝壳、塑料等材质
```

后的状态。服装是人类生活的必需品。服装不仅要适应各种人体体型，还要随人体活动和生长发育过程而不断变化。人体对气候有冷热感觉和出汗等生理现象，人体自身虽然可以根据环境气候变化进行一定的生理调节和防护，使人体保持较舒适状态，但是当气候发生激烈变化时，必须依靠服装加以辅助。

服装除了在自然环境中辅助人体功能的不足外，在社会环境中还有助于表现人的个性、身份、地位以及增强人际交往中的魅力等，所以服装的功能常常归纳为保护功能、装饰功能和礼仪功能。这三者之间的相对重要性，取决于着装者所处的自然环境、社会环境以及服装的类别和结构。当人类生存环境的气候变化剧烈或工作环境影响人体的健康时，保护功能很重要；当现代科学技术的发展使人类在工作和生活环境中处于舒适状态时，服装调节体温的作用大大减弱；随着社会文化的演变和流行意识的加强，服装的后两种功能越来越突出。

三、服装材料的选用

在日常生活和工作中有各种用途的服装，提供不同的功能，以满足不同的着装目的。不同用途的服装选择材料的标准和侧重点是不同的。其大致情况参照表 1-2。

表1-2 服装及其材料的要求

目的	要求	服装类别	对材料基本要求
保健卫生	人体生理机能补偿，防护身体	防寒服，防暑服，防雨、防风服，防辐射服，防火服	优良的保暖或散热性；含湿、透气、防水等抗气候功能；防火、防毒等功能性；抗皮肤刺激、无压迫感、活动自如等
装饰审美	表现个性、爱好、审美观、修养、引人注目	装饰服装，生活装	外观美、内在舒适性和流行性
社交礼仪	保持礼节、友好、道德、伦理、风俗、习惯	社交服，礼服，仪式服	色彩、图案等符合风俗习惯，质地符合场合、身份和社会文化
生活活动	提高生活效率，适宜活动、休养、运动、娱乐	劳动服，内衣，睡衣，家居服，运动服	美观、舒适、实用，便于活动，耐用，易保养
标志类别	维持秩序，显示职业、职务，统一	制服，团体服	注重功能性，简朴、耐用、舒适，符合标志特征、企业形象
扮装仪态	改变人的外貌，达到扮装、变装、假装、拟装的角色扮演	舞台服装	符合剧情、角色

通常，服装材料的选用从外观、舒适性、保养性、耐用性和价格等几方面权衡，强调某一方面，就只能淡化、甚至忽视另一方面。例如，礼服的外观极为重要，而对舒适性和耐用性的要求可以降低，即使追求价格便宜，对其外观仍然有一定要求；而休闲服，诸如便服和牛仔服，则把舒适、轻便、易洗免烫性能放在首位。对舒适性来说，不同用途的服装要求的程度有所差异，对不经常穿的服装，或不直接贴近皮肤的服装，即使不舒服，穿着者也能忍耐。而内衣和睡衣则必须强调其吸湿性、透湿性、手感柔软等生理的舒适性，还常常借助于色彩和款式变化，以达到心理的舒适性。日常服装不能有较麻烦和较昂贵的保养要求，如果每洗一次必须要熨烫，这将给消费者带来不便。因为在现代社会，生活和工作讲效率、快节奏，人们不愿意把宝贵的时间花在对服装的保养等琐碎的事情上。对服装耐用性的要求，也随着经济状况改变，当经济富裕时，人们不再注重服装是否经久耐穿，常常因为过时而被丢弃。当然，工作服或童装还要求耐洗耐穿。

表1-3所示为日常服装、礼服和内衣对服装材料的选择差异，如果把各性能特征的重视程度以0~10分等，作为选择值，10为很重视，0为不重视，5为一般，其他以此类推。由于礼服在公众场合象征身份、地位、品位和修养等，因此很重视外观的审美效果，而把舒适性和价格视为次要，保养难易和耐用性，因偶尔穿着，显得很不重要；日常服装舒适性放在首位，因常穿常洗，外观、价格和保养性会次之考虑，而对耐用性视为一般；内衣则非常注重舒适性，外观、价格和保养性次之，耐用性视为一般。

表1-3　不同服装的材料选择标准

性能特征	重视程度		
	日常服装	礼服	内衣
外　观	7	10	6
舒适性	8	4	10
保养性	7	2	6
耐用性	5	2	5
价格	7	4	6

此外，由于呈平面状的织物的美感要在动态的、立体的人体上体现，所以在选择合适的面料时要考虑的实际问题更为复杂。例如，具有规整的几何图案的面料，不宜过多地裁剪和破缝，否则会使图案支离破碎；同样，满地大花纹的织物也不宜做成百褶裙；色彩华丽、图案精美的面料，服装结构和造型宜简洁，以突出色彩和图案的效果；悬垂性和延伸性好的针织物做女装时，折褶和省道将更能体现女性的形体美。由此可见，合理选用材料不仅能充分发挥材料本身的潜能，而且通过造型、结构和工艺设计、综合加工，可更加丰富材料的表现力，完善服装设计意图。

第二节　影响织物服用性能的主要因素

服装材料的服用性能最主要的是指织物的服用性能，而织物的服用性能直接影响到服装的服用性能。所谓服用性能是指服装在穿着和使用过程中所表现出来的一系列性能。例如，吸湿性、透气性、刚柔性、保形性、强度、弹性、色牢度、洗涤性和熨烫性等；将其归纳起来可分为外观、舒适性、耐用性和保养性。外观主要指审美效果，如光泽、吸色性、悬垂性、尺寸稳定性、抗起球、抗皱性等。舒适性则指满足人体生理卫生和活动自如所需要具备的各种性能，具体指吸湿性、透气性、透湿性、保暖性、手感、伸缩性、绝热性等；耐用性是指耐加工与应用的性能，具体包括强度、耐磨、阻燃、抗钩丝、防脱散、防污、防尘和色牢度等；保养性能指洗涤性、熨烫性、防虫、防霉等。影响面料服用性能的因素很多，面料形成的各个环节（图1-1）都对面料性能有着或大或小的影响作用。

$$纤维 \xrightarrow{纺纱} 纱线 \xrightarrow{织造} 织物坯布 \xrightarrow{染整} 成品面料$$

图1-1　面料的形成过程

表1-4所示为与纤维、纱线、织物、染整相关的各项性能间的关系（相关者以√表示）。

表1-4 织物的服用性能和影响因素

性能特征		主要因素			
		纤维类别	纱线结构	织物结构	染整
外观	光的传递			√	
	光的反射	√	√	√	√
	表面结构		√	√	√
	悬垂性	√	√	√	√
	花纹			√	√
	尺寸稳定性	√		√	√
	抗起球	√	√		
	抗皱性	√		√	√
舒适性	透气性		√	√	
	透湿性	√		√	√
	吸湿性	√		√	
	手感	√	√	√	√
	伸缩性	√		√	
	绝热性	√	√	√	
	电学性	√			√
耐用性	抗拉伸强度	√	√	√	
	抗撕扯强度	√	√	√	√
	抗顶破强度	√	√	√	
	耐磨性	√	√	√	
	抗钩丝	√	√	√	
	抗脱散			√	
	防污性	√		√	
	防尘	√			
	去污	√			
	色牢度	√			√
保养性	易洗快干	√		√	
	熨烫性	√		√	
	防虫	√			
	防霉	√			

注 √表示具有相关性。

1. 纤维类别

纤维品质对织物各项性能有很重要的影响，对织物光泽、手感、悬垂性、弹性、染色性、透湿性、手感、耐用、尺寸稳定性、去污性、可加工性和保养要求等，都是很关键性的因素，多种纤维的混纺、交织有利于各种纤维的优势互补。

2. 纱线结构

由于纱线的形成方法、工艺参数和规格不同，使纱线具有不同的外观、光泽、弹性和手感等，从而影响了相应的织物外观和性能，所以也是不可忽视的一方面因素。

3. 织物结构

织物通过针织、或机织、或非织造等不同的形成方法具有完全不同的外观和内在品质，织物的组织（如平纹、斜纹和缎纹以及各种变化组织等）和规格（纱线线密度和织物密度大小）对织物表面质地、美感、轻重、手感、耐用性、舒适性等均有重要影响。

4. 染整加工

染整过程中不仅通过不同的染料性能、印染方法和工艺，以及丰富多彩的后整理技术使织物表面具有各种装饰效果。而且通过各种整理技术可加强或减弱纤维、纱线和织物结构对服装潜在品质的影响。尤其是通过功能性整理，将赋予织物防水、防油、抗静电、抗起球、阻燃等特殊品质。

此外，服装的廓型，结构组成，缝制工艺，里料、衬料、缝纫线、纽扣、饰边等辅料的品质，以及与面料的相互匹配关系，都将影响服装的整体性和综合品质。

第三节 服装材料的发展简史

服装材料是人类古老的艺术和技术之一，也是人类文明进化的基础。因此，对服装材料发展过程的研究，也是对人类发展过程的研究。从天然纤维的发现和加工，到化学纤维的研制和机器设备的革新，体现了设计师的想象力、工程师的智慧和工匠的技能的劳动结晶，是他们的共同努力不断丰富了服装材料。

据考古学家发现，距今约四十多万年前的旧石器时代，人类就开始使用兽皮和树叶蔽身。《五经要义》中记述："太古之时，未布，食兽肉，而衣其皮。先知蔽前，后知蔽后"。由于毛皮为柔软、坚牢、保暖、具有一定包覆面积的平面物，至今仍被利用，它的发现和使用，对于人类的生存和进化具有重要意义。在温带和热带，人类把树皮、草叶和藤蔓等系扎在身上，某些树木的海绵状树皮剥下后捣烂，制成大块衣料。这对以后天然纤维的发现具有先导作用。在北京周口店猿人洞穴中曾发掘出一万两千年前的一枚刮削磨制而成的骨针，可见当时就已能用骨针把兽皮连接起来遮身了。

人类在生活和劳动实践中发现，把植物的韧皮剥下来浸泡在水中，就可得到细长柔韧的线状材料，这就是公元前五千多年在埃及最早使用的植物纤维——麻。传说，早在距今四千多年前我国黄帝的元妃螺祖西陵氏偶然把一个蚕茧掉入沸水中，发现能连绵不断地抽出长丝。公元前 1 世纪，我国商队通过丝绸之路与西方建立贸易往来，遗留下来许多精美的丝织物。公元前两千多年，古代美索不达米亚地区已开始利用动物的毛，其中主要是羊毛。大约公元前三千至两千五百年，印度首先使用了棉纤维。麻、丝、毛、棉四大天然纤维的发现和利用，不仅标志着服装材料的发展已进入一个新阶段，而且在人类社会发展史和人类自身进化史上都具有相当深远的历史意义。

在利用纤维加工面料时，需要把短纤维连接起来，使其具有一定的强力。于是，人类发明了加捻技术，从而把纤维捻合成线，使其变得结实又有弹性。虽然随着科学技术的进步，不断有新的纺纱机械出现，但加捻技术一直延续到现在仍作为纺织加工的主要原理之一。

考古学家曾在世界各地的新石器时代遗址中发现了许多纺轮，还发现了十分精美的距今几千年前的丝织物和麻织物。在我国浙江余姚河姆渡遗址还发现了原始织机的零件。古时候的人类采用如此简陋的工具就能织出精细的织物，这让现代人很难想象。据说，大约在公元前一千五百年人类已发明了竖式织机，形成了织布机的长方形框架，既节省织布时间，还可能织出细密的织物。大约在公元前八百年，人类已开始用手工实践整理技术，使从织机下来的粗糙而不平整的织物变得清洁、柔软、紧密和增加光泽。约公元前两百年我国发明了用脚踩动的织机，空出来的手可以把纱线引入织机，这一发明大大提高了效率。到公元 1 世纪织机有了更大的改进，经纬纱已能上下运动，以织出想要的各种织物组织。公元 1530 年德国人丁·贾根（J. Jurgen）发明了可以连续纺纱的纺轮。公元 1733 年英国人 J. 凯（Kay）发明了飞梭；哈格里夫（Hargreaves）发明了多轴纺纱机，并以他妻子的名字命名为詹妮（Jenny）纺纱机，使一台纺纱机同时能纺出几根纱线。公元 1768 年 R. 阿克拉依特（Arkwright）发明了水力纺纱机。公元 1775 年第一台经编机在英国获得专利。公元 1783 年苏格兰的贝尔（Bell）发明了滚筒印花机。公元 1785 年蒸汽机被用作纺纱机的动力来驱动机器运作。公元 1806 年法国的 J. M. 杰克夸尔（Jacquard）设计和改进了公元 1725 年已有人提出的提花织机，每根经纱可单独上下运动，使织物的图案更加丰富。纱线在织造前的染色技术的发明使图案更加多样化。从天然染料到合成染料中间约经历了 1000 多年的历史。1856 年英国人 W. H. PerKins 发明了合成染料。

服装材料的另一个巨大变化来自化学纤维的产生。早在 1664 年英国人 R. 胡克（Hooke）就有了创制化学纤维的构想，经过了一系列研究，1883 年英国人斯旺（Swan）发明了硝酸纤维素丝。1889 年法国人 C. H. de 查多尼特（Chardonnet）在巴黎首次展出了工业化的硝酸纤维素丝。英国人 C. F. 克劳斯（Cross）等在 1904 年获得了生产粘胶纤维（Viscose）的专利权，1925 年粘胶短纤维问世。1938 年美国杜邦公司（E. I. du. pont de Nemours & Co.）宣布聚酰胺纤维（Polyamide）研制成功，并命名为尼龙（Nylon），这是第一个合成纤维。1946 年美国研制成功人造金属长丝（Lurex）。1950 年杜邦公司又宣布命名为奥纶（Orlon）的腈纶（Acrylic）商品化。1953 年又成功地使称为达克纶（Dacron）的涤纶（Polyester）工业化。1956 年弹力纤维（Spandex）研制成功。化学纤维的生产不受自然环境的制约，而且其长度、细度等可以根据需要任意变化，以适应纺织品的不同要求。随着科学技术的进步，化学纤维因产量、质量稳定，成本低，性能良好等特点在服装领域占有了绝对的优势，为服装的成衣化、个性化、高附加值提供了大量丰富、品质优异、新颖的新纤维。进入 21 世纪，化学纤维中的合成纤维因原料资源紧缺、废弃物污染等原因引起广泛担忧，人们正在寻找传统合成纤维的替代品或解决原料资源紧缺问题。

服装辅料的发展也经历了漫长的过程。早在古埃及时期，人类已开始运用亚麻织物作为辅料，使服装变得硬挺。文艺复兴时期的欧洲已在服装上加衬垫和棉絮来塑成一定的造型。巴洛克时期已用鲸鱼骨、金属或藤做成纽扣，而我国在宋代已出现了纽扣。考古发现，我国在战国时期已采用刻有花纹、造型别致的石扣，而西方在 15 世纪以后开始采用金属、象牙、石和木等制成纽扣。19 世纪末美国人发明了拉链。20 世纪初曾经采用亚麻和羊毛等材料制成各种衬布。20 世纪 50 年代末有了热熔黏合衬，20 世纪 70 年代以后涂层材料和加工技术有了飞速发展。由于黏合衬使服装制作工艺简便、服装造型美观、保型性好、品种多、穿着舒适，所以逐步代替了毛麻衬和 60 年代开始使用的树脂衬。20 世纪 80 年代以来，我国研制、引进和生产了纽扣、缝纫线、花边、拉链、刺绣和商标等所需的新设备和新技术，以适应服装的流行变化和日益增长的消费需求。

现代科学技术的飞速发展，使得各种新纤维、新纱线、新面料以及其他新型服装材料不断涌现。主要表现如下：

（1）新型纤维：服用纺织纤维在保持纤维原有优良性能的同时，不断克服自身缺点，并通过各种技术与工艺，赋予纤维特殊的功能性。天然纤维在保持吸水、透湿等优良性能的同时，希望在抗皱、防蛀、防水和免烫等性能上得以改善；而化学纤维在努力克服吸湿性差、易起静电、不易着色等缺点。随环境条件变化而变化的智能化材料是未来纤维发展的方向。

随着环境保护意识的加强，绿色、环保纤维（如有机棉、Tencel、聚乳酸纤维等）正扩大在服装材料中的应用。

（2）纱线和织物的新结构：各种结构和色彩组合的花式纱线以及气流纺、赛络纺、紧密纺等新型纺纱技术所制成的纱线与传统的纱线相比，无论在外观或服用性能上都有很大差异，从而使纱线更加丰富多彩、新颖别致、性能改善。织物的多层复合结构赋予织物独特的性能，如轻便保暖、防雨透湿和干爽防漏等。

（3）新型后整理技术：通过多种化学和（或）物理的新型后整理技术，赋予纺织品抗菌、防臭、防霉、防污、阻燃、拒水等保健、卫生、安全、易保养等功能；新型的染色、印花、整理技术，如数码印花技术、转移印花技术、酶处理技术，异常活跃；当前环保、节能、节水、低碳的绿色整理技术正在受到人们空前的关注。

（4）服装辅料的新品种也在不断增加，而且在流行中扮演了重要的角色。

此外，设计新思维正在不断地突破传统的纤维之间和产品类别之间的界限，使服装材料更具有时代感。服装以材料取胜几乎已成为共识。

习题与思考题

1. 试述服装材料的重要性。
2. 举例说明选择服装材料的依据。
3. 简述影响服装材料外观和服用性能的主要因素。
4. 采访5名消费者，了解他们在购置不同服装时，对服装材料都有什么要求。
5. 检查你的衣橱说出5种不同服装的纤维成分。

第二章
服装用纤维

纤维是组成纱线、织物、絮片等制品的基本单元,是制品性能的决定性因素。

纤维是长度比细度大很多倍的纤细物质。服装用纤维应是具有一定强度、细度、可纺性以及美感等服用性能的纤细柔韧的物质。

纤维不仅影响成品的使用性能,还决定了产品的光泽、手感软硬、外观挺括度等美学性能。

第一节 纤维的分类及命名

服装用纤维品种繁多,性能各异。要了解纤维的性能,首先必须进行清晰地分类。常用纺织纤维大多按纤维的来源划分。同时,不同的纤维长度对面料外观风格有着重要影响。

一、按纤维来源分类

服装用纤维可分为天然纤维和化学纤维两大类(图2-1)。天然纤维指从自然界或人工养育的动植物上直接获取的纤维。化学纤维是以天然或人工合成的高聚物为原料,经一定的加工制造出来的纤维,分为再生纤维和合成纤维两大类。

再生纤维,是以天然高聚物(如木材、甘蔗渣等植物短纤维,动物纤维,废弃动物毛皮等)为原料,经纺丝加工制成的纤维。合成纤维以石油、煤、天然气及一些农副产品中所提取的小分子为原料,经人工合成得到高聚物,再经纺丝形成纤维。

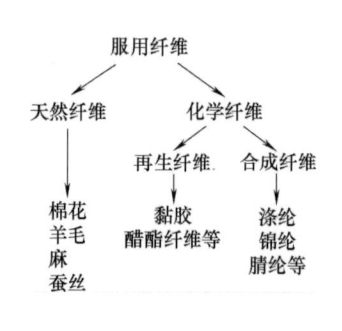

图2-1 服用纤维分类树形图

各类纤维中又包含了许多不同品种的纤维,其中英文名称见表2-1、表2-2。

表 2–1　天然纤维的分类与命名

中文名称	英文名称	中文名称	英文名称
1. 天然纤维素纤维（植物纤维）	1. Natural cellulose fiber (Plant fiber)	绵羊毛	Wool
（1）种子纤维	（1）Seed fiber	山羊绒	Cashmere
棉	Cotton	马海毛	Mohair
（2）韧皮纤维	（2）Bast fiber	兔毛	Rabbit hair
苎麻	Ramie	骆驼毛	Camel hair
亚麻	Flax or Linen	牦牛毛	Yak hair
黄麻	Jute	羊驼毛	Alpaca
大麻	Hemp	骆马毛	Vicuna
罗布麻	Kender	（2）腺分泌物	（2）Animal secretion
（3）叶纤维	（3）Leaf fiber	桑蚕丝	Cultivated silk
剑麻/西沙尔麻	Sisal	柞蚕丝	Tussah silk
（4）椰壳纤维	（4）Coconut fiber	3. 天然矿物纤维	3. Natural mineral fiber
2. 天然蛋白质纤维（动物纤维）	2. Natural protein fiber (Animal fiber)	石棉	Asbestos
（1）动物毛	（1）Animal–hair fiber		

表 2–2　化学纤维的分类与命名

分类		中国定名	常用缩写	中文学名	英文学名
再生纤维	再生纤维素纤维	黏胶纤维	VI, CV		Viscose、Rayon
		富强纤维		高湿模量黏胶纤维	Polynosic
		铜氨纤维	CUP		Cupra
		莫代尔	Md		Modal
	再生蛋白质纤维	酪素纤维			Azlon, Casein
	无机纤维	金属纤维			Metallic fiber
		玻璃纤维			Glass fiber
	其他	醋酯纤维		纤维素醋酸酯纤维	Acetate
合成纤维		涤纶	T, PET	聚酯纤维	Polyester
		锦纶	PA	聚酰胺纤维	Polyamide
		腈纶	PAN	聚丙烯腈纤维	Polyacrylic, Acrylic, Modacrylic
		丙纶	PP	聚丙烯纤维	Polypropylene
		维纶	PVA	聚乙烯醇缩甲醛纤维	Polyvinyl alcohol
		氨纶	PU	聚氨基甲酸酯纤维	Polyurethane
		氯纶	PVC	聚氯乙烯纤维	Polyvinyl chloride
		特种纤维		芳纶、氟纶等	Avamid fiber, Fluorofiber

二、按纤维长度分类

服装用纤维可按纤维长度分为长丝和短纤维两大类。若纤维长度达几十米或上百米，称为长丝。如蚕丝，一根茧丝平均长 800~1000m；长度较短的称为短纤维，如棉纤维的长度一般在 10~40mm，羊毛的长度一般在 50~75mm。化学纤维可根据需要制成长丝如涤纶长丝、黏胶长丝等，或将长丝切断制成短纤维，如棉型化纤，长度为 30~40mm，用于仿棉或与棉混纺；毛型化纤，长度为 75~150mm，用于仿毛或与毛混纺；中长型化纤，长度为 40~75mm，主要用于仿毛织物。

第二节 服用纤维的基本性能

作为纺织服装用纤维，其形态、规格、断裂强度、弹性、吸湿性、保暖性、耐热性、耐气候等性能是最基本的要求，当然不同的服装用途，要求不同。

一、长度与细度

长度与细度是衡量纤维品质的重要指标，也是影响成纱质量和最终产品性能的重要因素。一般纤维越长、越细，成纱质量越好，易于形成平滑光洁、柔软轻薄的产品。较短、较粗的纤维不易纺出优质的纱线，易形成厚实、丰满、粗犷的外观。纤维长度主要用毫米（单纤维）和米（束纤维）来表示；纤维细度较难直接测量，可以用微米（纤维平均直径，多用来衡量毛纤维的细度）、特（公定回潮率下，1000m 长纤维的重量克数称为特克斯，简称特）或分特（1tex = 10dtex）来表示。几种纤维长度、细度比较见表 2-3。

表 2-3 几种常见纤维的长度与细度

纤维名称	线密度（dtex）	直径（μm）	长度（mm）	用途举例
长绒棉	1.6~2	11.5~13	28~36	内衣，贴身服装，床上用品
亚麻	2.7~6.8	15~25	20~25	夏季服装，抽纱工艺品底布
苎麻	4.7~7.5	20~45	120~250	
美利奴羊毛	3.4~7.6	18~27	55~75	西服，外套
桑蚕丝	1.1~3.9	10~18	(5×10^5) ~ (10×10^5)	内衣，贴身服装，夏季服装
化学纤维	<1.67 1.67~3.3 >5.5		任意	贴身内衣，衬衫 外衣 絮填料

二、强度、延伸性、弹性和刚度

强度指纤维抵抗拉伸外力的能力,通常用拉断单位细度纤维所需的外力来表示,即断裂强度,常用单位有牛顿/特(N/tex)、厘牛/分特(cN/dtex)等。

延伸性是指外力作用下纤维伸长变形的能力,常用纤维的断裂伸长率(断裂时的伸长量 $l_1 - l_0$ 与纤维原长 l_0 的百分比)来表示(图2-2)。

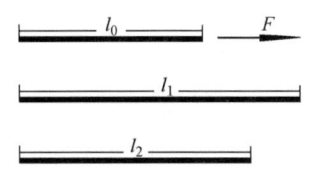

图2-2 纤维拉伸与恢复示意图

$$\varepsilon = \frac{l_1 - l_0}{l_0} \times 100\%$$

式中:l_0——纤维原长;
　　　l_1——纤维断裂时的长度。

纤维强度和延伸性直接影响织物和服装的耐用性。一般强度越大,伸长率越大,纤维越结实。常用纤维的断裂强度与伸长率见表2-4。与纤维强度相比,伸长率在服装耐用性方面往往起到更大的作用。如棉纤维的强度比羊毛高,应该比羊毛结实,但由于棉纤维延伸性小,不易伸长变形,因此实际服用中,常表现为毛织物比棉织物更耐用。

表2-4 常见纤维的拉伸断裂强度与断裂伸长率

纤维名称	断裂强度(干态)(cN/dtex)	断裂伸长率(干态)(%)	断裂强度(湿态)(cN/dtex)	断裂伸长率(湿态)(%)
棉纤维	2.6~4.3	3~7	2.9~5.6	—
苎麻	4.9~5.7	1.2~2.3	5.1~6.8	2.0~2.4
羊毛	0.9~1.5	25~35	0.7~1.4	25~50
蚕丝	3.0~3.5	15~25	1.9~2.5	27~33
黏胶纤维	2.2~2.7	16~22	1.2~1.8	21~29
醋酯纤维	1.1~1.4	25~35	0.7~0.9	35~50
锦纶	3.8~6.0	25~60	3.2~5.5	27~63
涤纶	4.2~5.7	35~50	4.2~5.7	35~50
腈纶	2.5~4.0	25~50	1.9~4.0	25~60
维纶	4.1~5.7	12~26	2.8~4.8	12~26
丙纶	2.6~5.7	20~80	2.6~5.7	20~80
氯纶	1.7~2.5	70~90	1.7~2.5	70~90
氨纶	0.4~0.9	450~800	0.4~0.9	—

弹性指纤维在外力作用下发生形变，撤销外力后，回复形变的能力（图2-2），用弹性回复率表示：

$$\varepsilon = \frac{l_2 - l_0}{l_0} \times 100\%$$

式中：l_2——纤维变形恢复后的长度。

纤维的弹性回复很大程度上决定了最终产品的抗皱性和外观保持性。用弹性好的纤维制成的服装，受力形变后恢复快，不易形成折皱，外观保持性好。在常用纤维中，羊毛、锦纶弹性很好，而黏胶、苎麻、棉等纤维素纤维弹性较差。

刚度指纤维抵抗弯曲变形的能力。弯曲刚度小的纤维易于弯曲，形成的织物手感柔软，垂感好；弯曲刚度大的纤维不易弯曲，织成的织物手感硬挺，垂感较差。可以将两根纤维穿套着拉伸，越容易断裂说明纤维的刚度越大。

三、吸湿性、吸水性和抗静电性能

（一）吸湿性和吸水性

吸湿性和吸水性是指纤维材料吸收、放出气态和液态水的能力（图2-3）。纤维的吸湿性和吸水性直接影响制品的服用和加工性能，因此在贸易计价、性能检测、纺织服装加工和选择面料时都要考虑纤维材料的吸湿性和吸水性。

一般来说纤维吸湿性好，其制品吸湿透气，不易蓄积静电，穿着舒适，同时便于洗涤和染色。纤维吸湿后会引起重量增加，影响贸易计价；纤维吸水后会引起纤维和纱线横向膨胀，纱线屈曲增大，导致织物长度缩短（$L_0 \to L_1$）、厚度增大（$h_0 \to h_1$），干燥后无法回复，织物的这种现象称为缩水（图2-4）。因此在服装的加工和保养过程中要充分考虑织物的缩水因素，对于缩水率大的纤维制品在服装加工前应进行预缩。纤维吸湿后还会影响其制品的机械性能，除棉、麻纤维外，大部分纤维吸湿后强度下降（常见纤维湿态强度见表2-4）。纤维的弹性也会由于吸湿而下降，湿纤维显得较为柔软、受力后易变形，且变形不易回复，因此随着吸湿量的增加，服装的抗皱能力和保型能力变差。纤维的吸湿性一般有两种表示方法：

回潮率 $\quad W = \dfrac{G - G_0}{G_0} \times 100\%$

含水率 $\quad M = \dfrac{G - G_0}{G} \times 100\%$

式中：G——纤维材料的湿重；
$\quad\quad G_0$——纤维材料的干重。

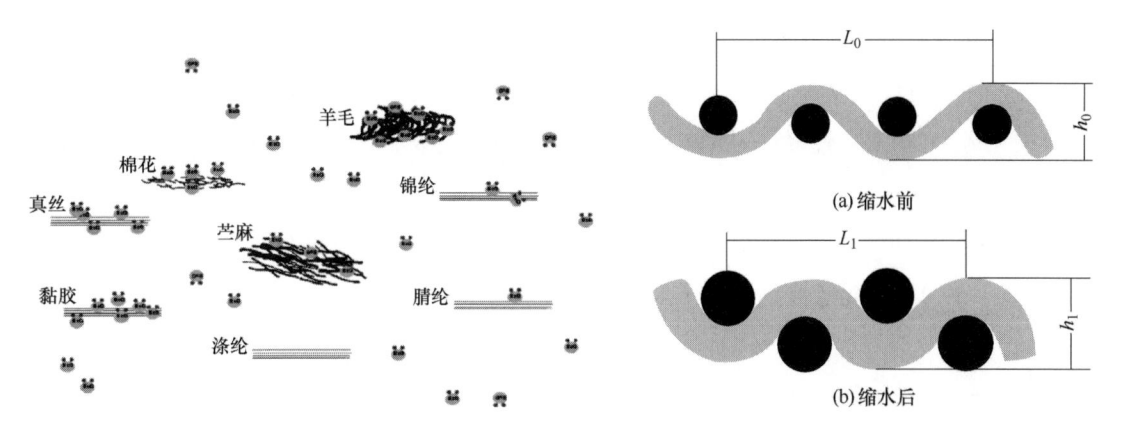

图 2-3　纤维的吸湿现象

图 2-4　织物缩水示意图

在我国的现行标准中,除棉纤维和麻纤维采用含水率外,大多数纤维采用回潮率指标评价吸湿能力的大小。由于纤维的吸湿性随周围环境变化,为正确比较各种纤维的吸湿性,把在标准大气条件下(温度 20±3℃,相对湿度 65%±3%)测得的回潮率称为标准回潮率,可以进行材料间的客观比较。但标准回潮率测试时间长且麻烦,因此在商业上基本不采用标准回潮率,而用公定回潮率。所谓公定回潮率是为了贸易上计价方便,对各种纺织材料的回潮率作的统一规定。公定回潮率与实际回潮率相接近,用公定回潮率计算出来的重量,称为公量,或标准重量。常见纤维的公定回潮率见表 2-5。

表 2-5　常见纤维的公定回潮率

纤维名称	公定回潮率（%）	纤维名称	公定回潮率（%）
原棉	8.5	醋酯纤维	7.0
亚麻	12.0	涤纶	0.4
苎麻	12.0	锦纶	4.5
洗净毛	15.0	腈纶	2.0
山羊绒	15.0	维纶	5.0
桑蚕丝	11.0	氯纶	0
黏胶纤维	13.0	丙纶	0
铜氨纤维	13.0	氨纶	1.0

由表 2-5 可见,天然纤维和再生纤维素纤维具有较好的吸湿性,而合成纤维大多吸湿性能差,故在闷热、潮湿的环境下穿着此类纤维面料制成的服装通常会感觉不适。

(二) 抗静电性

纺织纤维都是电的不良导体,因此摩擦产生的静电荷不易传导。由于静电的存在不仅会引起裁剪时布料粘贴裁刀、布匹不易码放整齐等加工困难，而且会使面料易吸附灰尘、行走时服装易黏缠人体而影响美观，更有甚者会产生电击，造成人体不适。纤维的抗静电性往往与纤维的吸湿性有关，吸湿性好的纤维导电性好，不易蓄积静电。抗静电性还与环境湿度有关，环境湿度低时，静电现象明显。一般南方地区湿度大、温度高，静电现象没有北方严重。

四、热学性能

（一）导热性

导热性指纤维材料传导热量的能力，它直接影响最终产品的保暖性和触感。导热性好的材料手感凉爽，保暖性差；导热性差的材料手感温暖，保暖性好。材料的导热性常用导热系数来表示，若导热系数大，则导热性好。从表2-6中可以看到水的导热系数远远大于纤维，故服装淋湿后会有凉的感觉；而空气的导热系数小于纤维，因此如在服装材料内部适量增加静止空气量，可提高服装的保暖性。

表2-6 纤维与空气和水的导热系数

纤维名称	导热系数（W/m·℃）	纤维名称	导热系数（W/m·℃）
蚕丝	0.05~0.055	涤纶	0.084
羊毛	0.052~0.055	锦纶	0.244~0.337
棉纤维	0.071~0.073	腈纶	0.051
黏胶纤维	0.055~0.071	丙纶	0.221~0.302
醋酯纤维	0.05	氯纶	0.042
空气★	0.026	水★	0.697

注　上角★表示非纤维

（二）耐热性

纤维的耐热性指纤维抵抗高温的能力。纤维在过高的温度作用下，都会出现强度降低、弹性消失甚至熔化等不良现象。尤其大多数合成纤维在受热后会发生收缩变形，这种现象叫做热收缩。合成纤维中热收缩较为突出的是氯纶和丙纶，氯纶在70℃开始收缩，丙纶在100℃开始收缩。而且不同的纤维在不同条件下收缩率各异，维纶在热水中收缩率大，锦纶可在热蒸汽中收缩。常用纤维中，纤维素纤维的耐热性较好，蛋白质纤维的耐热性稍差，合成纤维中涤纶、腈纶的耐热性优良。

（三）热定型性

热定型性指纤维在热及机械力的作用下容易变形并能使形变固定下来的性能。通过热定型不仅可以使服装尺寸稳定性、弹性、抗皱性等性能得到改善，还可以使织物形成褶裥等造型（图2-5）。一般合成纤维织物热定型性好，易定型且耐久，洗涤后也不消失。因此近年流行的纸揉皱状的面料大多选择合成纤维采用热定型的方法而得到［图2-5（a）］。

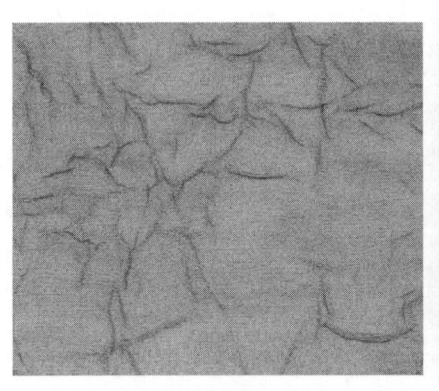

(a) 随机褶皱　　　　(b) 规则褶皱

图2-5　利用热定型方法形成面料的随机和规则褶皱肌理效果

（四）阻燃性

纺织纤维大多易燃、可燃。据统计，全球每年有一半的火灾与纺织品有关，因此很多国家对窗帘、地毯、老年及婴幼儿服装等产品做出了阻燃规定。纺织纤维的阻燃性差异较大，按燃烧难易可分为易燃纤维（棉纤维、麻纤维、黏胶纤维、腈纶等）、可燃纤维（蚕丝、羊毛、锦纶、涤纶、维纶等）和难燃纤维（氯纶等）。

五、耐气候性

耐气候性指纤维制品在太阳辐射、风、雪、雨等气候因素作用下，不发生破坏、保持性能不变的特性。其中研究最多的是纤维的耐日光性，日光中的紫外线会使纤维发黄变脆、强度降低。因此耐日光等气候因素性能的好坏对开发户外工作服和民用服装都很有意义。纤维的耐日光性可分为以下几种情况。日光对纤维强度影响不大的有：腈纶、涤纶、醋酯纤维、维纶、棉纤维、麻纤维等；日光可使纤维强度下降的有：黏胶纤维、丙纶、氨纶等；日光可使纤维强度下降且泛黄的有：蚕丝、羊毛、锦纶等。

现代服装材料学 | 017

第三节　主要服用纤维的特性

来源不同的天然纤维、化学纤维因化学组成与物理结构不同，获得了不同的性能。除了满足基本的服用要求外，它们还有着各自不同的特性。

一、天然纤维

（一）棉纤维——天然纤维素纤维

早在公元前 3000 年，古印度人首先开始使用棉花，到宋代棉制品开始在我国广泛流传，棉花以朴实自然、休闲随意、柔软舒适的特点风行全球，成为全球最重要的服装用纤维之一。

1. 纤维来源

棉纤维是棉花的种子纤维（图 2-6）。成熟棉桃采摘后，用机械方法将棉纤维与棉籽分离，这一过程称为轧棉。经轧制加工的棉纤维可用于纺织生产，称为原棉。棉花主要有长绒棉（海岛棉）和细绒棉（陆地棉）2 个品种。其中长绒棉纤维长、品质好，是高级棉纺原料，最著名的是埃及长绒棉、美国的比马棉（Pima），我国的新疆等地也有种植。细绒棉种植最广，产量占全球棉产量的大部分，在我国细绒棉占棉花种植面积的 98%。世界棉花主要产地有美国、印度、巴基斯坦、巴西、埃及等国，我国也是产棉大国，江苏、河北、河南、山东、湖北、新疆等省区是我国主要的产棉区。国际棉花咨询委员会、美国棉花公司等是世界上较有影响的棉制品的研究和信息发布机构，美国棉花公司的棉花标志如图 2-7 所示。

图 2-6　棉桃　　　　图 2-7　美国棉花公司的棉花标志

2. 纤维形态

棉纤维呈细而长的扁平带状，纵向有螺旋状的转曲，未成熟纤维转曲较少。

棉纤维横截面为椭圆或腰圆形，中间有中腔，成熟纤维中腔较小，未成熟纤维中腔较大、品质较差。棉纤维的形态如图2-8所示。棉纤维一般长10~40mm，长度是评价棉纤维品质的重要指标，长度和品级共同决定棉花的价格。品级根据棉纤维的成熟程度、色泽特征、轧制质量划分，将细绒棉分为七级，一级最好，七级最差。

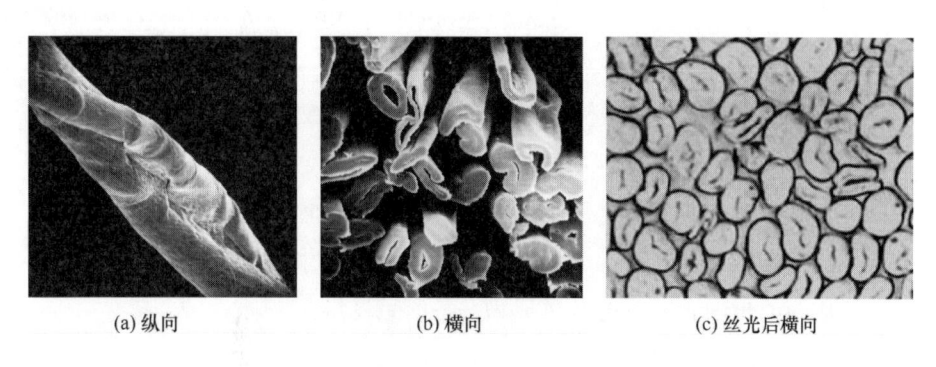

(a) 纵向　　(b) 横向　　(c) 丝光后横向

图2-8　棉纤维形态

3. 外观性能

与其他纤维相比，棉的光泽较暗淡，风格朴实自然，故多用于日常的休闲装。棉纤维染色性较好，易于上染各种颜色。棉纤维的缺点是弹性差，不挺括，其服装穿着时易起皱，起皱后不易恢复。为改善棉的这一性能，常对棉进行树脂整理，如市场上出现的免烫衬衫、免烫休闲裤等棉制品。

4. 舒适性能

棉纤维纤细柔软，手感温暖，吸湿性好，穿着舒适，不刺激皮肤，且不易产生静电。

5. 耐用性与加工保养性能

棉纤维延伸性较差，弹性差，耐磨性不够好。棉纤维湿强比干强大，且耐湿热性能好，因此棉制品耐水洗，洗时可以用热水浸泡，高温烘干。棉制品缩水严重，加工时应进行预缩处理。棉纤维不耐酸，酸性物质会使其损伤，如长期穿着棉制品未及时清洗或清洗不当，人体汗液中的酸性物质就会使纤维发黄脆损，因此穿着后应及时清洗。棉纤维耐碱，可用碱性洗涤剂进行清洗。烧碱会使棉纤维直径膨胀［图2-8（c）］，长度缩短，制品发生强烈收缩，此时，若施加张力，限制其收缩，棉制品会变得平整光滑，并大大改善染色性能和光泽，这一加工称为丝光。若不施加张力任其收缩，称为碱缩。碱缩主要用于针织物，使织物尺寸收缩，丰厚紧密，富有弹性，保型性好。棉纤维耐热性好，熨烫温度可达190℃，若垫干布熨烫可提高20~30℃，垫湿布熨烫可提高40~60℃。棉制品最好湿烫，易于熨平。棉纤维易受霉菌等微生物的侵害，引起纤维素大分子水解、发霉引起色变，尤其高品质的棉制品色泽变化更为突出，保养时应注意。

6. 用途

棉纤维广泛用于制作各种服装，特别是内衣、夏季服装、婴儿用品（图2-9）、床上用品等。

（二）麻纤维——天然纤维素纤维

亚麻是世界上最古老的纺织纤维，埃及人早在公元前5000年就开始使用麻，我国也自古就有"布衣""麻裳"之说。由于麻制品穿着吸湿透气，凉爽舒适，一直应用至今，尤其用作夏季服装备受欢迎。由于麻的加工成本较高，产量较少，加之自然粗犷的独特外观迎合了人们崇尚自然、追求个性化的消费理念，使麻纤维成为一种时髦纤维。

图2-9 棉制婴童服装

1. 纤维来源

麻纤维大多是由麻类植物茎杆上的韧皮加工制得的，麻类纤维有很多品种，服装上用得最多的是亚麻和苎麻（图2-10、图2-11）。亚麻主要产于苏联、波兰、德国、比利时、法国、爱尔兰等国。其中北爱尔兰和比利时为世界最大出口国。黑龙江、吉林是我国亚麻的主要产地。苎麻起源于中国，所以又称为"中国草"，目前中国、菲律宾、巴西是苎麻的主要产地。我国苎麻主要产于两湖、两广、江西、四川、贵州等地，我国苎麻中的纤维素含量高、强度高、光泽好，广受国际市场欢迎。近年市场上还出现了一些大麻、罗布麻、黄麻等制品，这些纤维由于可纺性差等原因以前很少利用，现在通过改进脱胶方法与工艺参数或与其他纤维混纺等方法，提高了纤维可纺性。由于大麻具有杀菌消炎作用、罗布麻具有降压的功效，常用于保健织物。

图2-10 亚麻植物   图2-11 苎麻植物

2. 纤维形态

亚麻、苎麻纤维纵向平直，有竖纹横节，有点像甘蔗。苎麻横截面为腰圆、扁圆形，有较大中腔，粗看与棉相似，但比棉纤维粗得多，且截面上有裂纹，如

图 2-12 所示。亚麻的横截面为不规则的多角形，中腔较小，截面外观有点像石榴子，如图 2-13 所示。麻纤维粗细不匀，且粗糙硬挺，很大程度上决定了麻制品自然粗犷的外观和手感。

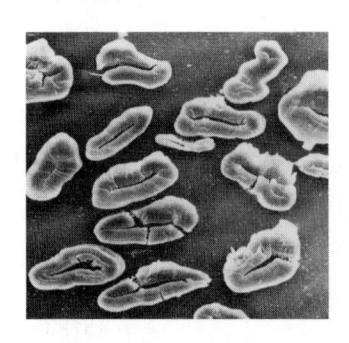

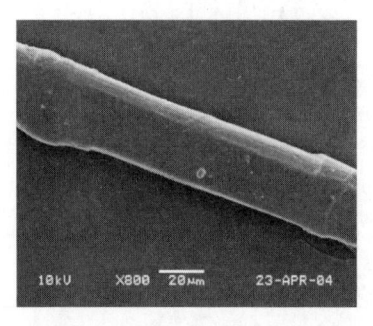

图 2-12　苎麻纤维形态

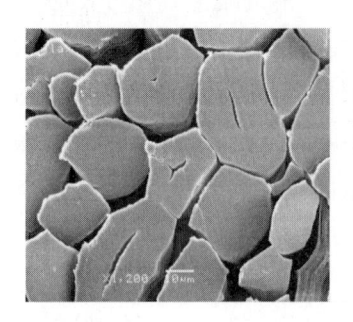

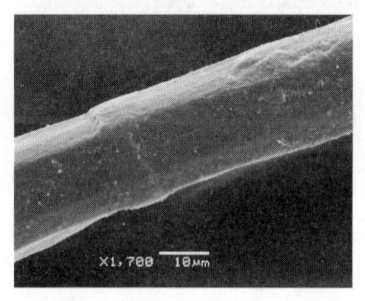

图 2-13　亚麻纤维形态

3. 外观性能

麻纤维光泽较好，颜色有象牙色、棕黄色、灰色等，纤维之间存在色差，形成的织物往往颜色不很均一，有一定色差。麻纤维不易漂白染色，因此市场上看到的麻制品颜色大多较灰暗，本色麻布或浅灰、浅米、深色颜色较多，鲜艳颜色较少。麻纤维较粗硬，其制品较棉织物粗糙硬挺，经改性可制得较柔软平滑的产品，但总的来说，麻制品大多具有挺爽的手感和粗细不匀的纹理特征，可制成支撑造型的服装。麻纤维的缺点是弹性差，其制品易起皱，皱纹不易消失，因此很多高级西装和外套的麻织物都要经过防皱整理。

4. 舒适性能

麻纤维吸湿性好，吸湿、放湿速度很快，而且导热性好，挺爽，出汗后不贴身，尤其适用于夏季面料。麻制品不易产生静电。但麻制品比较粗硬，毛羽与人体接触时有刺痒感。

5. 耐用性与加工保养性能

麻纤维具有较高的强度（几乎是棉的 2 倍），制品比较结实耐用，而且麻的湿强大于干强，较耐水洗。麻的耐热性好，熨烫温度可达 190~210℃，在常用天然纤维中熨烫温度最高。麻织物干熨烫较困难，一般需湿熨烫，一经定型能保持较长时间。麻耐碱不耐酸，耐酸碱性比棉稍强。麻纤维较硬脆，压缩弹性差，经常折叠的地方容易断裂，因此保存时不应重压，在织物褶裥处不宜重复熨烫，否则会导致褶裥处断裂。

6. 苎麻与亚麻的区别

苎麻比亚麻纤维粗长得多，强度更大、更硬脆，在折叠的地方更易于折断，因此在设计苎麻服装时应避免褶裥造型，保养时不要折压。苎麻颜色洁白，光泽、染色性均比亚麻好，易得到比亚麻更丰富的颜色。

7. 用途

麻纤维主要用于夏季衬衫、裙子、西服等，特别适合于潮湿的热带环境下的服装。除服装外，还广泛应用于装饰布、床上用品、桌布、餐巾、手绢、抽绣工艺品、香袋（图2-14）、帐篷、水龙带等用品。

图2-14 麻制香袋

（三）羊毛——天然蛋白质纤维

早在后石器时代人们就已开始使用羊毛，千百年来羊毛制品以其优良的服用性能备受设计师和消费者的青睐，无论从羊毛内衣，还是西服套装无不显示着毛制品的品位和身价。

1. 纤维来源

通常所说的羊毛主要指绵羊毛。刚从绵羊身上剪下来的毛称为原毛，原毛中含有很多羊脂、羊汗和植物性草杂、灰尘等，必须经过洗毛、炭化等工艺去除各种杂质，才能用于纺织生产。由于绵羊的产地、品种、羊毛生长的部位、生长环境等的差异，羊毛的品质相差很大。澳大利亚、苏联、新西兰、阿根廷、乌拉圭、中国等都是羊毛生产大国，其中澳大利亚是全球最大的羊毛出口国，其主要品种美利奴（Merino）羊毛（图2-15）纤维较细，品质优良，加之卓越的质量保证体系享誉全球，是高档毛制品的优良原料。国际羊毛局（IWS）是国际上最权威的羊毛研究和信息发布机构，国际羊毛局的纯羊毛标志（图2-16）是世界最著名的纺织品保证商标之一。

2. 纤维形态

羊毛纤维形态如图2-17所示。羊毛纤维比棉纤维粗长，截面近似圆形，沿长度方向有立体卷曲。有些毛纤维中间有一空腔称为毛髓腔，不同品种毛髓腔的大小不同，一般细羊毛没有毛髓腔，粗羊毛含有毛髓腔。随着纤维变粗，毛髓腔

图2-15 美利奴羊   图2-16 国际羊毛局纯新羊毛标志

变大，这时纤维的卷曲变少，硬挺度增加。如死毛纤维腔壁很薄，几乎全是毛髓腔，纤维就会变得脆硬，缺乏弹性和强度，不能染色，无实用价值。

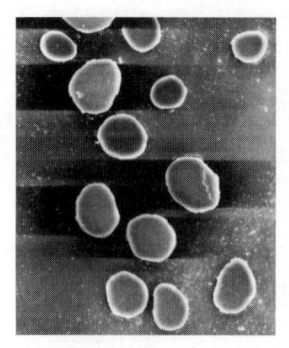

图2-17 羊毛纤维形态

毛纤维表面覆盖鳞片（图2-17），好似鱼鳞，对毛纤维起保护作用。由于鳞片的存在，使羊毛制品具有缩绒性，即羊毛在热、湿和揉搓等机械外力的作用下，纤维发生相互间的滑移、纠缠、咬合，使织物发生毡缩而尺寸缩短、厚度增加，无法回复，这种现象称为缩绒。在日常生活中经常会因为对羊毛织物洗涤不当发生缩绒现象。工业生产中常采用破坏鳞片或填平鳞片的方法，使纤维表面光滑，以避免缩绒的发生。如市场上出现的防缩羊毛衬衫、可机洗羊毛衫，都经过这样的处理。工业上还常利用羊毛的缩绒性，对毛制品进行缩绒处理，处理后的产品更加紧密厚实，表面有一层毛绒，手感柔软丰满，保暖性提高，形成粗纺毛制品的独特风格。

羊毛的细度和长度是衡量毛纤维和最终产品品质的重要指标，尤其细度是决定羊毛品质和贸易价格的最重要指标。一般细度越细，长度越长，羊毛品质越好。

3. 外观性能

毛纤维弹性好，其制品保型性好、有身骨、不易起皱，通过湿热定型易于形成所需造型，所以适用于西服、套装等。毛纤维吸湿后，弹性明显下降，导致抗皱能力和保型能力明显变差，因此高档毛织物应防止雨淋水洗，以保持其原有外观。

4. 舒适性能

羊毛制品手感柔糯，触感舒适，只有一些低品质的羊毛会引起刺痒感。羊毛在天然纤维中吸湿性最好，且吸收相当的水分不显潮湿，穿着舒适。羊毛卷曲蓬松，导热系数小，隔热保暖性好，是理想的秋冬季衣料。

5. 耐用性与加工保养性能

羊毛耐酸性比耐碱性强，对碱较敏感，不能用碱性洗涤剂洗涤。羊毛对氧化剂也比较敏感，尤其是含氯氧化剂，会使其变黄、强度下降，因此羊毛不能用含氯漂白剂漂白，也不能用含漂白粉的洗衣粉洗涤。高级羊毛织物应采用干洗，以避免毡缩，造成外观尺寸的改变，与25%以上的涤纶、锦纶等合成纤维混纺的羊毛织物可以水洗。水洗时，应使用中性洗涤剂、温（或冷）水，以轻柔的方式进行。羊毛织物熨烫温度160~180℃，羊毛耐热性不如棉纤维，洗时不能用开水烫，熨烫时最好垫湿布。羊毛易虫蛀，也可生霉，因此保存前应洗净、熨平、晾干，高级呢绒服装勿叠压，并放入樟脑球防止虫蛀。

图2-18　羊毛制成的大衣

6. 用途

羊毛制品适合于春、秋、冬三季甚至部分夏季的服装，西服、大衣、毛衣、衬衫、内衣等均可适用（图2-18），此外帽子、围巾、手套等服饰用品也常用纯毛制品。

（四）特种毛纤维——天然蛋白质纤维

1. 山羊绒

简称羊绒（山羊及山羊绒纤维见图2-19），是紧贴山羊表皮生长的浓密细软的绒毛，平均细度14~16μm，具有细腻、轻盈、柔软、保暖性好等优点，用于羊绒衫、羊绒大衣、高级套装等。由于其品质优、产量小，一只山羊产绒约100~200g，所以很名贵，素有"软黄金"之称。在国际市场上习惯称山羊绒为开司米（Cashmere）。我国是羊绒的生产和出口大国，占世界产量的40%。

2. 马海毛

马海毛原产于土耳其安哥拉地区，所以又称安哥拉山羊毛［安哥拉山羊见

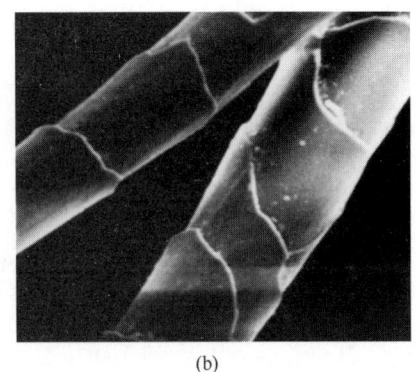

图 2 - 19　绒山羊及山羊绒的纵向形态

图 2 - 20（a）]。目前，南非、土耳其、美国是马海毛的三大产地。马海毛纤维粗长、卷曲少、弹性足、强度大，加入织物中可增加身骨，提高产品的外观保持性；纤维鳞片扁平 [图 2 - 20（b）]、重叠少、光泽强，可形成闪光的特殊效果，而且不易毡缩。马海毛常与羊毛等纤维混纺，用于高档服装、羊毛衫、围巾、帽子等制品，还是生产提花地毯、长毛绒、银枪大衣呢等的理想原料。

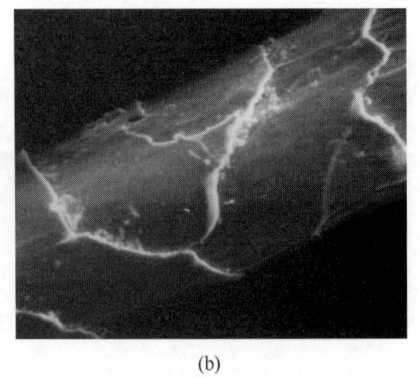

图 2 - 20　安哥拉山羊及马海毛的纵向形态

3. 兔毛

兔毛由绒毛和粗毛组成，一般绒毛直径 12~14μm，粗毛直径 48μm 左右，通常粗毛含量在 15% 左右（安哥拉兔及细兔毛纤维见图 2 - 21）。兔毛的髓腔发达，无论粗毛、细绒都有髓腔，所以兔毛具有轻、软、保暖性优异的特点。但由于兔毛纤维鳞片不发达、卷曲少、强度较低，因此纤维间抱合力差，容易掉毛。所以兔毛很少单独纺纱，经常与羊毛等其他纤维混纺制成针织物、大衣呢等产品。近年采用等离子体刻蚀的方法改善了兔毛掉毛的不足。兔毛品种中，安哥拉兔毛（Angora）品质最好，制品应用最广。

(a)   (b)

图 2-21 安哥拉兔及细兔毛的纵向形态

4. 骆驼毛

骆驼有单峰与双峰驮两种，单峰驼毛较少，短且粗，很少使用。双峰驼（骆驼及驼绒纤维见图 2-22）的毛质轻，保暖性好，强度大，具有独特的驼色光泽，被广泛采用。我国是世界骆驼毛的最大产地，主要产于内蒙、新疆、宁夏、青海等地区，其中宁夏骆驼毛最好。骆驼毛也有粗毛和绒毛之分，粗毛多用于制衬垫、衬布、传送带等产品，经久耐用；绒毛可制成高档的针织、粗纺等织物，用于高级大衣、套装、絮填料等产品。

(a)   (b)

图 2-22 骆驼及驼绒的纵向形态

5. 牦牛毛

牦牛毛主要产于我国的西藏、青海等地区（牦牛及牦牛绒纤维见图 2-23）。牦牛毛分为粗毛和绒毛，其中绒毛很细、柔软、滑腻、弹性好、光泽柔和、保暖性好，可与羊毛、化纤、绢丝等混纺，用牦牛绒制成的牦牛绒衫及牦牛绒大衣曾在市场上流行一时。粗毛可作衬垫织物、帐篷、毛毡等产品。

6. 羊驼毛

羊驼（图 2-24）属于骆驼科，主要产于秘鲁。粗细毛混杂，平均直径 22~30μm，细毛长 50mm，粗毛长达 200mm。羊驼毛比马海毛更细、更柔软而且富有

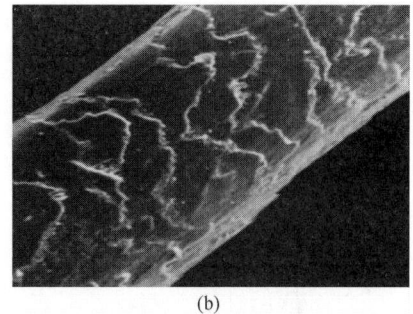

图 2-23 牦牛及牦牛绒的纵向形态

光泽，手感非常滑腻，多用于加工大衣、毛衣等制品，是国际市场上继羊绒之后又一流行的动物毛纤维。

7. 骆马毛

骆马（图 2-25）是南美高原的一种野生动物，属骆驼科，性情凶猛，通常必须射杀后才能取得纤维。而且其纤维平均直径只有 13.2μm，是最细的动物纤维，具有柔软、光泽好等优点。因此骆马毛是目前纺织纤维中最昂贵的一种，多用于高档时装。

图 2-24 羊驼

图 2-25 骆马

（五）蚕丝——天然蛋白质纤维

蚕丝被称为纤维中的皇后，光泽优雅悦目，制品高雅华丽，穿着柔软舒适，自古便是一种高级服装材料。我国早在公元前 2600 年就开始用蚕丝制衣，远在汉唐时代，我国丝绸畅销中亚和欧洲各国，享有世界盛誉。我国至今已有几千年源远流长的丝绸文化，现今的许多丝制品仍具有浓郁的中国传统手工艺特色。

1. 纤维来源

蚕丝是蚕的腺分泌物凝固形成的线状长丝，蚕丝吐出时由两根单丝组成 [图 2-26（c）]，外面包覆丝胶，将蚕丝从蚕茧上分离下来后，经合并形成生丝。由于生丝外丝胶的存在使蚕丝的触感较硬，用其制成的服装挺括不贴身，凉爽舒适，亦别有特色，是近年受到设计师喜爱的一种原料。大多数产品脱去丝胶，形成柔软光亮的熟丝。蚕丝最早产于中国，目前产量最大的是中国、日本等地。蚕丝分为家蚕丝和野蚕丝，家蚕丝即桑蚕丝（图 2-26 分别是桑蚕、桑蚕茧和桑蚕丝），主要产于我国江浙、广东、四川等地；野蚕丝主要是柞蚕丝，主要产于我国辽宁、山东等地。蚕丝的主要成分是氨基酸大分子，虽与毛纤维同属天然蛋白质纤维，但性能相差较大。

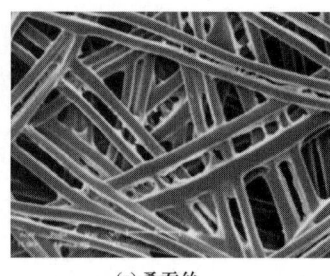

(a) 桑蚕　　　　　(b) 桑蚕茧　　　　　(c) 桑蚕丝

图 2-26　桑蚕、桑蚕茧及桑蚕丝

绢丝和䌷丝也是较常用的真丝原料，但它们与一般蚕丝不同，其纤维长度较短，是利用废丝或下脚丝（不能用于缫丝的纤维）作原料，像棉花那样纺成纱线。其中纤维较长、强度较高的丝纺成品质优良的绢丝（纱），纤维较短的丝及绢丝的下脚料纺成䌷丝（纱）。绢丝比䌷丝光泽好、表面均匀、强度高、延伸性好，且具有保暖性，多用于制作中厚型丝绸面料。䌷丝的丝条粗细不匀、纤维短、光泽差、杂质多、强力低、容易起毛，织成的产品外观粗犷，独具特色。

2. 纤维形态

蚕丝为纤细长丝，细度在天然纤维中最细。蚕丝（图 2-27）纵向平直光滑、富有光泽，横截面呈不规则的近似三角形，这种截面形状与蚕丝的优雅光泽及丝鸣效果有关。桑蚕丝与柞蚕丝的纤维形态比较如图 2-28 所示。

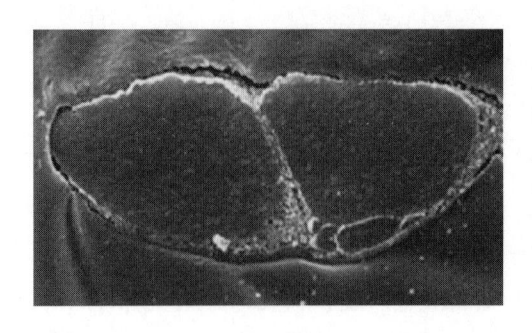

图 2-27　桑蚕丝纤维形态

3. 外观性能

桑蚕丝未脱胶前为白色或淡黄色，脱胶漂白后颜色洁白；野蚕丝未脱胶时为棕色、黄色、橙色、绿色等，脱胶后一般为淡黄色。未脱胶的生丝较硬挺、光泽较柔和，脱胶后蚕丝变得柔软有弹性，富有光泽，具有特殊的闪光。蚕丝染色性好，染色鲜艳。

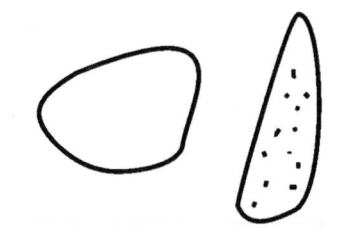

图 2-28 桑蚕丝与柞蚕丝的截面形态比较（熟丝）

4. 舒适性能

蚕丝触感柔软舒适，桑蚕丝具有柔滑、凉爽的手感，野蚕丝具有温暖、干爽的手感。纤维吸湿性好，穿着舒适。精练后的蚕丝，相互摩擦时会产生特殊的轻微声响，这就是蚕丝制品独有的丝鸣现象。

5. 耐用性与保养加工性能

蚕丝不耐盐水侵蚀，汗液中的盐分可以使蚕丝强度降低，所以夏天蚕丝服装要勤洗勤换。洗涤高级蚕丝织物可以干洗也可水洗，一般的蚕丝织物可以机洗或手洗，洗涤时应避免碱性洗涤剂，因为碱会损伤蚕丝。洗涤时应采用柔和的方式，洗后不能绞干，应摊平晾干。与羊毛一样，蚕丝不能用含氯的漂白剂处理，也不能用含漂白粉的洗衣粉洗涤。蚕丝能耐弱酸和弱碱，耐酸性低于羊毛，耐碱性比羊毛稍强。丝织物经醋酸处理会变得更加柔软，手感松软滑润，富有光泽，所以洗涤丝绸服装时，在最后清水中可加入少量白醋，以改善外观和手感。蚕丝耐光性差，过多的阳光照射会使纤维发黄变脆，因此丝绸服装洗后应阴干。蚕丝的熨烫温度 160~180℃，熨烫最好用蒸汽熨斗，一般要垫布，防止烫黄和水渍的出现。与羊毛一样，蚕丝可虫蛀也可生霉，白色蚕丝因存放时间过长会泛黄。

6. 桑蚕丝与柞蚕丝的区别

桑蚕丝纵向平直光滑，截面近似三角形，颜色洁白，光泽好，在丝织品中用量最大、花色品种最多。柞蚕丝的纤维截面比桑蚕丝更为扁平（图 2-28），光泽不如桑蚕丝亮，手感不如桑蚕丝光滑，略显粗糙。柞蚕丝与桑蚕丝相比有水渍效应。此外柞蚕丝含有天然淡黄色的色素，不易去除。但柞蚕丝的坚牢度、吸湿性、耐热性、耐光性、耐化学药品性等性能都比桑蚕丝好。其独特的略显粗糙的风格既可用于日常生活装、时装，作装饰布也别有韵味。

7. 用途

真丝面料做高档内衣，穿着柔软舒适；此外用于春夏季衬衫、衣裙等，凉爽舒适；用丝绸制作的各式礼服（图 2-29）、少数民

图 2-29 桑蚕丝制的礼服

族服装、领带、床上用品、装饰用织物等更显华丽高贵。

二、再生纤维

(一) 黏胶纤维——再生纤维素纤维

1. 纤维来源

黏胶纤维以木材、棉短绒、竹材、甘蔗渣、芦苇等为原料，经物理化学反应制成纺丝溶液，然后经喷丝孔喷射出来，凝固成纤维。黏胶纤维的主要成分是纤维素大分子，因此很多性能与棉纤维相似。黏胶纤维是最早工业化的化学纤维，1905年便在美国实现工业化，其原料丰富、价格便宜、技术较成熟，在化纤中占重要地位。20世纪90年代以来，随着石油资源的紧缺，再生纤维素纤维成为21世纪的发展方向。拓展再生纤维素的原料资源、改进传统黏胶纤维的性能不足、解决传统黏胶工艺的污染问题等方面都有了很大的进展，从而获得了众多的黏胶纤维品种。除普通黏胶纤维外，有高湿模量黏胶纤维、强力黏胶纤维等，它们不同程度的改善了普通黏胶纤维的某些性能，如高湿模量黏胶纤维（国内商品名为富强纤维），改善了普通黏胶纤维湿态性能差的缺点，比普通黏胶更结实耐用、缩水率低、挺括而尺寸稳定，多用于较高档的服装。近年非常流行的Modal纤维即为高湿模量黏胶纤维，还有为拓展黏胶纤维原料资源而开发的竹浆黏胶纤维等。

2. 纤维形态

普通黏胶纤维（图2-30）纵向为平直的柱状体，表面有凹槽，截面为锯齿状（或云朵形），皮厚无中腔。富强纤维纵向光滑，截面近似圆形。黏胶纤维有长丝、短纤维两种形式。黏胶长丝又称黏胶（人造）丝（国外常称为Rayon），表面很光亮，称为有光黏胶（人造）丝；也可在纺丝液中加入一定量的消光剂，得到半无光或无光黏胶（人造）丝。黏胶丝常用于纯纺或与蚕丝交织，市场上其制品很多，如美丽绸、富春纺、人丝软缎等。黏胶短纤维有棉型、毛型和中长型纤维，棉型黏胶短纤维常用于仿棉或与棉及其他棉型合成纤维混纺；毛型黏胶短纤维常用于与毛及其他毛型合成纤维混纺；中长型黏胶短纤维大多与中长型涤纶

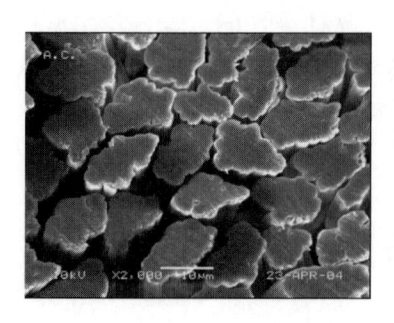

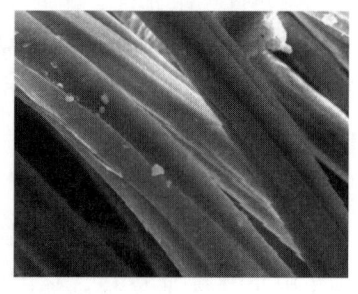

图2-30 黏胶纤维形态

混纺制成黏/涤仿毛产品。

3. 外观性能

黏胶长丝具有蚕丝的风格，产品虽不如蚕丝光泽柔和悦目，但光亮美观，柔软平滑，具有蚕丝般的外观和优良垂感。消光的黏胶短纤维制品具有棉、毛的外观，常用于仿棉或仿毛制品。黏胶纤维的优点是染色性好、色谱全、染色鲜艳、色牢度好。黏胶纤维面料柔软不挺、悬垂性好，所以适宜作裙装。缺点是织物弹性差，起皱严重且不易回复。

4. 舒适性能

通常黏胶纤维制品触感平滑柔软，具有天然纤维的舒适性。吸湿性好，回潮率为13%～15%，导热性较好，穿着凉爽舒适，可用于湿热环境。织物不易起静电和起毛起球。

5. 耐用性与保养加工性能

黏胶纤维面料耐磨性、耐用性较差，尤其湿态性能较差，湿强几乎为干强的一半，不耐水洗和湿态加工，且落水后尺寸形态改变较大，缩水严重，所以在织物加工前应先进行预缩处理。由于黏胶纤维表面光滑，纤维间抱合力小，纤维易从纱线中滑移出来，故缝制黏胶纤维织物时，缝头应留得大些，针脚要稀些。黏胶的熨烫温度低于棉，为120～160℃。黏胶纤维耐碱不耐酸，耐碱性不如棉，不能丝光和碱缩。黏胶纤维织物可生霉，尤其在高温、高湿条件下易发霉变质，保养时应注意。

6. 用途

黏胶纤维吸湿好，适合制作夏季衬衫、裙子、睡衣等产品；黏胶丝光滑、亮丽，可用于被面、礼服、装饰织物、里料等。黏胶里料的冬季服装将具有良好的抗静电效果。

（二）铜氨纤维——再生纤维素纤维

1. 纤维来源

铜氨纤维是将棉浆、木浆中的纤维素原料溶解在铜氨溶液中，经后加工而制得。因此跟黏胶纤维一样，同属于再生纤维素纤维。但纤维素的溶解工艺与黏胶纤维不同，获得的纤维性状也发生了一些变化。铜氨纤维成本比黏胶纤维高。

2. 纤维特性

铜氨纤维的截面呈圆形，无皮芯结构，可纺细特丝，手感柔软，光泽柔和，有真丝感。铜氨纤维吸湿性好、易染色，不易产生静电。干强与黏胶纤维接近，但湿强高于黏胶纤维，织物较耐磨，极具悬垂感，因此服用性能优良。

3. 用途

常用做高档丝织或针织物、服装里料等。

(三）醋酯（酸）纤维——再生纤维素醋酸酯纤维

1. 纤维来源

醋酯纤维（简称醋纤）是用含纤维素的天然材料，经过一定的化学加工而制得的，其主要成分是纤维素醋酸酯，因此不属于纤维素纤维，性质上与纤维素纤维相差较大，与合成纤维有些相似。常见的醋酯纤维分为二醋酯纤维（以下简称二醋纤）和三醋酯纤维（以下简称三醋纤）两种。通常说的醋酯纤维多指二醋纤。

2. 纤维形态

醋纤纵向平直光滑，横截面一般为花朵状。传统的二醋纤为长丝，大多以丝绸风格出现，常用于里料、套装、套裙、领带、披肩等。三醋纤常为短纤维形式，经常与锦纶混纺制成经编起绒织物，用于罩衫、裙装等。

3. 外观性能

二醋纤制品具有蚕丝织物般的光滑和身骨，可以制成柔软的缎类，也可制成挺爽的塔夫绸类。三醋纤常用于经编织物，其风格像锦纶织物。三醋纤具有较好的弹性和回复性，弹性大于二醋纤和纤维素纤维，性能接近于合成纤维。

4. 舒适性能

醋纤制品质量轻，手感平滑柔软。吸湿性较纤维素纤维差，三醋纤易产生静电。

5. 耐用性与加工保养性能

二醋纤强度比黏胶纤维差，湿强也低，但湿强下降的幅度没有黏胶纤维大，耐磨性、耐用性较差。三醋纤织物较二醋纤织物结实耐用。醋纤能耐弱化学试剂，但耐酸碱性不如纤维素纤维。二醋纤的回潮率为6%～7%，为避免织物缩水变形，通常采用干洗，三醋纤回潮率为2.5%～3.5%，织物不易缩水变形，可以水洗，但水温不宜过高。二醋纤耐热性较差，很难进行热定型加工，三醋纤耐热性比二醋纤高，可以进行热定型加工，获得褶裥等变化的外观。醋纤的熨烫温度一般在110～130℃。

6. 用途

醋酸纤维因轻便，近年国内外都很流行，可用于服装里料，也可用于衬衫、裙子、风衣、礼服等。

（四）金属纤维——人造无机纤维

1. 纤维来源

以金属或其他合金制成的纤维称为金属纤维。3000多年前人类就开始加工制造金属纤维。它密度大、质硬、不吸汗、易生锈，不适宜作衣着用，多用于工业上电工材料等；之后服用金属纤维逐渐发展成为聚酯薄膜上镀铝、具有金属光泽的金银丝线,但这并不是真正的金属纤维。现代技术采用熔体纺丝法和拉伸工艺,生产出不锈钢、银等各种金属纤维,广泛应用于工业、民用、军事的各个领域。

2. 主要性能

不锈钢、银等各种金属纤维具有导电、防辐射、耐高温、阻燃、甚至抗酸碱等特殊功能。现代技术已经能纺制出纤细柔软的金属纤维了,目前批量生产的有 8μm、12μm、22μm 等规格的金属纤维,但与普通纺织纤维相比,仍然较硬挺、垂感差。通常金属纤维在织物中含量很小(3%~5%)就可满足功能的需要,所以织物的垂感、抗折皱性能、热湿舒适性、加工保养等性能很大程度上决定于基布的性质。如果织物中含金属纤维较多,则在褶裥的地方易形成永久性折皱。洗涤时要以柔和的方式进行,最好是轻柔手洗;洗涤时不可漂白;避免拧绞和剧烈摩擦,不可与其他化学药品放在一起。

3. 用途

服装上通常将金属纤维与棉等其他纺织纤维交织或混纺,其产品在孕妇防辐射服(图2-31)、防电脑辐射的白领上班族西服、特种行业导电与耐高温的工作服、导电的地毯制品、日常穿着的抗静电服装中得到了广泛的应用。金属纤维也可用于室内装饰用品、工业用品等众多领域中。

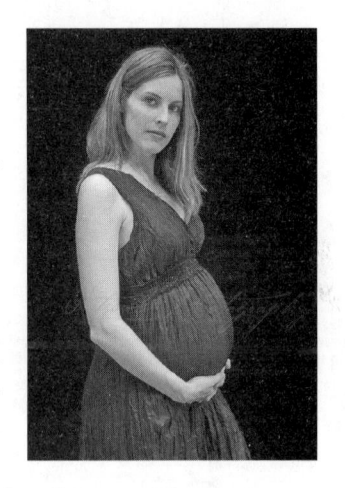

图2-31 含有金属纤维的防辐射孕妇服

三、合成纤维

合成纤维(简称合纤)是以煤、石油、天然气中的简单低分子为原料,通过人工聚合形成大分子高聚物,经溶解或熔融形成纺丝液,然后从喷丝孔喷出(图2-32)凝固形成纤维。合成纤维具有生产效率高、耐用性好、品种多、用途广等优点,因此发展迅速。目前用于服装的主要有涤纶、锦纶、腈纶等七大纶,它们具有以下共同特性。

(1)纤维均匀度好,长短粗细等外观形态较一致,不像天然纤维差异较大。横截面可按需要纺成圆形、三角形等各种形状。不同截面会产生不同的光泽,具有不同的性能。

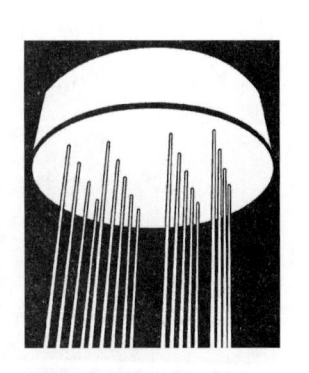

图2-32 化纤喷丝

(2)大多数合成纤维强度高、弹性好、结实耐用,制成的服装保型性好,不易起皱。

(3)合纤长丝易钩丝,合纤短纤维织物易起毛起球,这是由于大多数合纤表面光滑，纤维容易从织物中滑出，形成毛球和丝环。合纤强度大、耐疲劳性好、毛球不易脱落，所以起毛起球严重。

（4）吸湿性普遍低于天然纤维，热湿舒适性往往不如天然纤维，易起静电，易吸灰。由于吸湿性差，合纤制品易洗快干、不缩水，洗可穿性好。

（5）热定型性大多较好。通过热定型处理可使织物热收缩性减小，尺寸稳定性好，保型性提高，同时可形成褶裥等稳定的造型。合纤对热较敏感，遇到高温会发生软化或融熔，如果加工温度过高、压力过大，会把纱线压平，使布料表面形成极光，这种光亮无法消除，因此在熨烫合纤面料时，温度、压力要适当。

（6）合纤一般都具有亲油性，容易吸附油脂，且不易去除，要去除其制品上的油污，最容易的方法是用干洗溶剂，其次是用热的肥皂水。

（7）合纤不霉不蛀，保养方便。

（一）涤纶

1. 纤维来源

1946年涤纶首先在英国开发成功，商品名特丽灵（Terylene）。目前，涤纶应用广泛，是世界上用量最大的纤维。常见的商品名还有达可纶（Dacron）、特多纶（Tetron）等。随着石油资源的不断枯竭，用可乐瓶等回用材料加工的环保涤纶（Reco Tex）已越来越普遍。

2. 纤维形态

普通涤纶纵向平滑光洁，横截面呈圆形（图2-33）。涤纶有短纤维和长丝两种形式。涤纶短纤维包括棉型、毛型和中长型，用于各种混纺或纯纺制品，如棉/涤、毛/涤、麻/涤、涤/黏中长等产品。涤纶长丝可用于制成经编针织物、机织仿真丝绸，如柔姿纱、乔其纱等产品。特别是涤纶低弹丝的开发为涤长丝发展开辟了广阔的空间，低弹丝可制成蓬松柔软、透气性好，并具有毛型感的针织或机织产品。

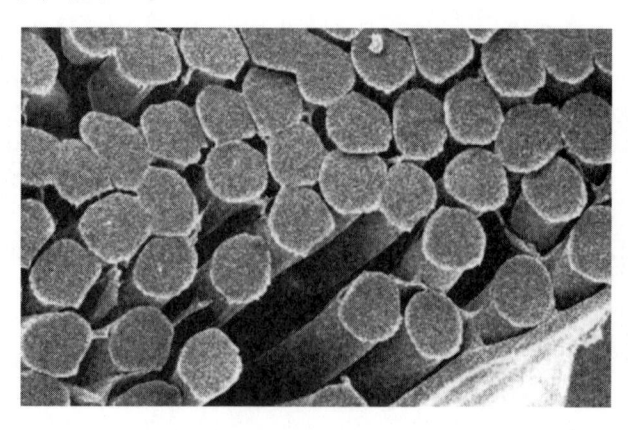

图2-33 涤纶纤维形态

3. 外观性能

根据产品的外观和性能要求，通过不同的加工方式，涤纶可仿真丝、棉、麻、毛等纤维的手感与外观。涤纶具有较好的弹性和弹性回复性，面料挺括、不易起皱、保型性好，在加工使用过程中能保持原来形状，而且通过热定型可以使涤纶服装获得持久的褶皱等造型（图2-34）。

4. 舒适性能

涤纶吸湿性差，回潮率为0.4%，不容易染色，需采用特殊的染料、染色方法或设备。由于吸湿性差，穿着闷热、不透汽，易蓄积静电，易吸灰。

图2-34 褶皱效果的涤纶服装

5. 耐用性与加工保养性能

涤纶强度高，延伸性、耐磨性好，产品结实耐用。涤纶制品缩水小，并易洗快干、洗可穿性好，通常可机洗，洗涤时应用温水，中温烘干，烘干温度过高会使织物产生不易去除的折皱。涤纶对一般化学试剂较稳定，耐酸，但不耐浓碱。涤纶经碱液处理后，表面容易被腐蚀（图2-35），纤维变细、重量减轻、手感蓬松、光泽柔和，具有真丝的风格，这种加工方法称为涤纶的碱减量处理，是涤纶仿丝绸的方法之一。涤纶耐热性比其他合成纤维高，软化温度为230℃，熨烫温度为140~150℃，熨烫效果持久。涤纶耐光性好，仅次于腈纶。

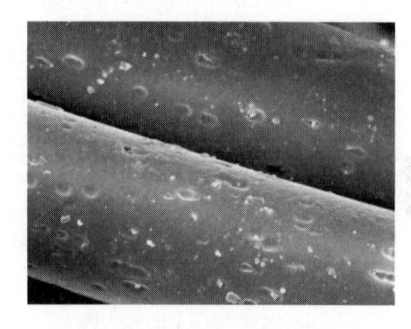

图2-35 涤纶碱减量效果

6. 用途

涤纶用途非常广泛，从四季服装、运动服、职业装，到装饰织物、工业用织物等，任何一个领域几乎都离不开涤纶。图2-36为一件羽绒服的标签，其中胆料、里料为100%涤纶、面料中也含有59%的涤纶，用量很大。

（二）锦纶

1. 纤维来源

锦纶于1939年在美国开发成功，最早的服装产品是尼龙袜。目前，锦纶已有很多品种和用途，常见商品名有尼龙（Nylon）、卡普纶（Capron）、阿米纶（Amilan）等。锦纶6和锦纶66是应用最广泛的两种锦纶。

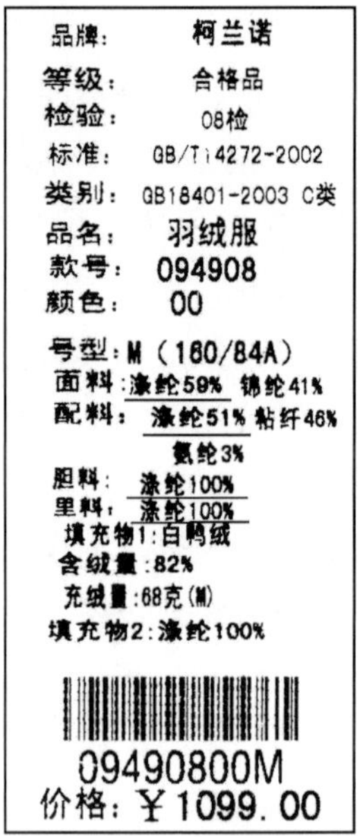

图 2-36 羽绒服标签

2. 纤维形态

普通锦纶纤维是纵向平直光滑、截面圆形、具有光泽的长丝（纵、横向形态同涤纶）。目前锦纶仍以长丝产品为主，普通锦纶长丝可用于针织和机织产品，高弹丝适宜作针织弹力织物。锦纶短纤维产量小，主要为毛型短纤维，可与羊毛或其他毛型化纤混纺，提高产品的强度和耐磨性。

3. 外观性能

锦纶弹性好、弹性回复性极好，织物不易起皱。但纤维刚度小，与涤纶相比保型性差，外观不够挺括，很小的拉伸力就能使织物变形。锦纶染色性能远优于涤纶，能得到丰富多彩的色相。

4. 舒适性能

锦纶的密度较小，比涤纶小，比棉小35%，穿着轻便，适于做登山服、宇航服、降落伞等。锦纶吸湿性较差，回潮率为4%，易起静电，其服装穿着较为闷热。

5. 耐用性和加工保养性能

锦纶最突出的特性是强度高、耐磨性好，其耐磨性是棉的十倍，常用做袜子、手套、针织运动衣、书包、鞋面等耐磨产品。锦纶耐光性差，阳光下易泛黄、强度降低，故洗后不宜晒干。锦纶耐热性也较差，高温下易变黄，温度过高会产生收缩，熨烫温度120~130℃，是目前常用合成纤维中熨烫温度较低的产品之一，熨烫时要非常小心。锦纶织物可机洗，并且易洗快干，洗时水温不宜过高。白色锦纶制品应单独洗涤，防止织物吸收染料和污物而发生颜色改变。锦纶耐碱不耐酸，对氧化剂敏感，尤其是含氯氧化剂。锦纶对有机萘类敏感，所以存放锦纶制品时不宜放卫生球（萘）。

6. 用途

锦纶用途非常广泛，但因成本比涤纶高，且柔软、轻便、富有弹性，多用于运动服、滑雪衫、登山服（图2-37）、泳装、舞蹈服、风雨衣、羽绒服面料及工业用布等。

（三）腈纶

1. 纤维来源

腈纶于1950年开发成功，商品名有奥纶（Orlon）、阿可利纶（Acrilan）、克雷斯纶（Creslan）等。

图2-37 锦纶制成的外套

2. 纤维形态

常规腈纶（图2-38）纵向为平滑柱状、有少许沟槽，截面呈哑铃形，也可呈圆形（纺丝方法不同）。产品以短纤维为主，其中大多为毛型短纤维，用来纯纺或与羊毛、其他毛型短纤维混纺，主要产品有腈纶膨体纱、毛线、针织品、仿毛皮制品等。此外还有少量腈纶棉型短纤维，用于纯纺或混纺针织品，做运动衫裤、秋衣、秋裤等。

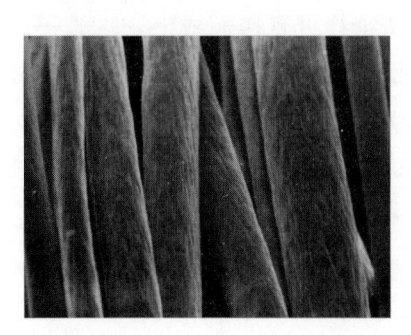

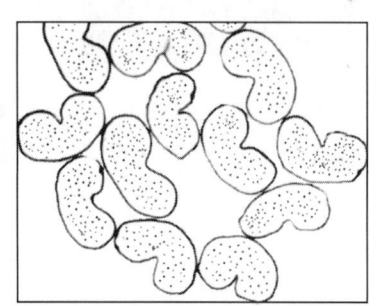

图2-38 腈纶纤维形态

3. 外观性能

腈纶柔软、蓬松、保暖，很多性能与羊毛相似，因此有"合成羊毛"之称。但却比羊毛质轻、价廉、染色鲜艳、耐晒、不霉不蛀、洗可穿性好。腈纶的缺点是弹性回复性差，因此服装拉伸变形后无法恢复，服装的保型性差。此外腈纶毛衫无论纯纺还是混纺都易起毛起球。这些不足大大降低了腈纶的美观性，使腈纶一直无法成为高级成衣用料，也无法取代羊毛在服装材料中的地位。

4. 舒适性能

腈纶的导热系数小、纤维蓬松、保暖性好,而且密度小,相同织物厚度下,比羊毛轻。吸湿性差,回潮率1.5%~2%,易起静电,易吸灰。

5. 耐用性与加工保养性能

腈纶耐日光性和耐气候性突出,在服用纤维中最好,除用于服装外还适宜作帐篷、窗帘等制品。腈纶的强度不如涤纶等合成纤维,耐磨性和耐疲劳性不是很好,是合纤中耐用性较差的一种。腈纶能耐弱酸碱,但使用强碱和含氯漂白剂时仍需小心。耐热性较好,熨烫温度可达130~140℃。

6. 改性腈纶

改性腈纶仍保持与普通腈纶相似的柔软、蓬松、手感温暖等特性,同时赋予其新的特性。改性腈纶品种有抗起毛起球腈纶、抗静电和导电腈纶、阻燃腈纶、高吸水腈纶等多种。如腈氯纶是将氯乙烯单体与丙烯腈共聚(氯乙烯含量≥45%),使之具有防火阻燃性,其制品点燃后直接碳化,燃烧时也不融化滴落,且离火自灭,是一种安全的阻燃纤维。抗起毛起球改性腈纶利用异形截面形状提高纤维间的抱合力,并改变纤维的力学性能,使纤维变刚、变脆,从而改善纤维的抗起毛起球性能。

7. 用途

腈纶纱可直接制成毛衣、帽子、围巾、手套等秋冬季保暖用品(图2-39),亦可织成机织或针织的长毛绒织物、仿毛皮织物、仿毛织物,用于大衣、儿童玩具、起绒里料、绒毯、地毯、装饰布、户外用品等。

图2-39 腈纶制成的围巾、帽子

(四)丙纶

1. 纤维来源

1960年丙纶在意大利首先实现工业化,其生产工艺简单、成本低,是最廉价的合纤之一。

2. 纤维形态

普通丙纶纵向光滑平直,截面多为圆形。有长丝和短纤维两种形式,丙纶长丝常用于仿丝绸、针织物等;丙纶短纤维产量较少,且多为棉型短纤维。丙纶常用于生产地毯、非织造布等产品。

3. 外观性能

纤维具有蜡状的手感和光泽。染色困难,一般在纺丝时喷出有色丝或改性后染色。纤维弹性好,回复性好,产品挺括不易起皱,尺寸稳定,保型性好。

4. 舒适性能

丙纶密度小，仅为 0.91g/cm³，比水还轻，是服用纤维中最轻的，为此可作为救生衣材料。吸湿性差，回潮率为 0，在使用过程中易起静电和毛球。将丙纶制成超细纤维后，具有较强的芯吸作用，可以通过纤维间的毛细管道导出水分，且由于丙纶本身不吸湿，因此由它制成的内衣、创可贴或尿不湿等产品，不仅能传递水分，而且能保持人体皮肤干燥。

5. 耐用性与加工保养性能

丙纶强度高，弹性好，耐磨性好，结实耐用。但耐热性差，100℃以上开始收缩，熨烫温度 90~100℃，熨烫时最好垫湿布或用蒸汽熨斗。丙纶对紫外线敏感，耐光性和耐气候性差，尤其在水和氧气的作用下容易老化，纤维易在使用、加工过程中失去光泽、强度、延伸度下降，以至于纤维发黄变脆，因此通常要对丙纶进行防老化处理。丙纶化学稳定性优异，强酸强碱对其无影响，能耐大多数化学试剂，因此可作渔网、工作服、包装袋等。

6. 用途

丙纶可制成针织布、机织布和非织造布，用于内衣、卫生用品、地毯、包装材料、室内装饰用织物、救生衣、絮填料、渔网等。

（五）维纶

1. 纤维来源

1950 年维纶在日本实现工业化。其原料丰富、成本低，但由于生产流程长，性能不如涤纶、锦纶等合纤，目前生产维纶的国家较少，主要有中国、朝鲜、前苏联等国家，产量占合纤的第 5 位。维纶的商品名有维尼纶（Vinylon）等。

2. 纤维形态

维纶纵向平直，截面大多为腰子形（与腈纶相似），有明显的皮、芯层结构，皮层结构紧密，芯层结构疏松。产品主要为棉型短纤维，常与棉混纺，用于床上用品、军用迷彩服、工作服等产品。

3. 外观性能

维纶织物的手感、外观像棉布，性能又与棉相似，所以有"合成棉花"之称，常用来与棉混纺，棉/维（50/50）产品在国内市场一度颇受欢迎。维纶弹性不如涤纶、锦纶等合纤，织物易起皱。由于皮芯层结构的存在，维纶染色性不如棉和黏胶纤维，颜色不鲜艳，且不易匀染、透染。

4. 舒适性能

维纶的吸湿性在普通合纤中最高，回潮率4.5%~5%；密度小于棉，导热系数小，故质量较轻，保暖性好。

5. 耐用性与加工保养性能

维纶强度较高，弹性较棉略好，耐磨性是棉的 5 倍，较棉制品结实耐用。维纶耐干热性较好，接近涤纶，熨烫温度可达 120～140℃。但耐湿热性较差，过高的水温会引起纤维强度降低，尺寸收缩，甚至部分溶解，因此洗涤时水温不宜过高，熨烫时不宜喷水和垫湿布。维纶耐化学药品性较强，耐日光性好，耐腐蚀性好，不蛀不霉，长期在海水中浸泡、日晒、土埋对它影响不大。

6. 用途

可用于产业用纺织品、工作服、渔网等。

（六）氨纶

1. 纤维来源

氨纶于 1945 年由美国杜邦公司开发成功，商品名为莱卡（Lycra），亦称斯潘德克斯（Spandex）（图 2-40）。氨纶以其卓越的高弹性，迎合了追求舒适随意、方便快捷、便于休闲运动的现代生活方式以及简洁明快、合体性感的现代设计风格，因此自 20 世纪 90 年代开始掀起了席卷全球的弹性浪潮。

图 2-40 莱卡的标志

2. 主要性能

氨纶具有高弹性、高回复性和尺寸稳定性，弹性伸长可达 6～8 倍，回复率 100%，因此氨纶广泛应用于弹力织物、运动服、袜子等产品中。氨纶在产品中主要以包芯纱或与其他纤维合股的形式使用，且很少的氨纶就可赋予织物优良的弹性。氨纶除用于弹力服装外，衬衫、西服也加入少量氨纶（1%～3%），以提高服装的尺寸稳定性和保型性。由于氨纶弹性大、重量轻（仅为橡皮筋的 1/2），所以经常取代橡皮筋用于袖口、袜口、手套等产品，但价格较高。

氨纶的优良性能还体现在良好的耐气候性和耐化学药品性，在寒冷、风雪、日晒情况下不失弹性；能抗霉、蛀虫和绝大多数化学物质和洗涤剂，但氯化物和强碱会造成纤维损伤。洗涤氨纶织物时可用洗衣机洗，水温不宜过高。氨纶耐热性差，熨烫时一般要低温快速熨烫，熨烫温度 90～110℃。

3. 用途

广泛应用于运动服、紧身衣、胸衣、袜子、日常装、礼服、休闲装等现代服装的各个领域。

（七）氯纶

1. 纤维来源

氯纶是最早开发的合成纤维，原料丰富，工艺简单，成本低廉，是目前最廉价的合纤之一，但由于产品的热稳定性差等原因，其制品始终处于低谷。氯纶有天美龙（Teviron）、罗维尔（Rhovyl）等商品名。

2. 主要性能

氯纶阻燃性好，是服用纤维中最不易燃烧的纤维，接近火焰即收缩软化，离开火焰自动熄灭，在织物中混有60%以上的氯纶就具有良好的防火性。氯纶的耐化学药品性好，能耐酸碱和一般的化学试剂，不溶于浓硫酸，可用做化工厂的过滤布。氯纶吸湿性差，回潮率0，染色困难，电绝缘性强，摩擦后易产生大量负电荷，据称用它制成的内衣等产品有电疗的作用，可治疗风湿性关节炎。氯纶的耐热性差，70℃以上便会收缩，沸水中收缩率更大，故只能在30~40℃水中洗涤，不能熨烫，不能接近暖气、热水等热源。氯纶制品弹性较好，有一定延伸性，其制品不易起皱。

3. 用途

氯纶在工业上用途很广，如制作防毒面罩、绝缘布、仓库覆盖布等；在民用上氯纶短纤维可用于制作内衣、装饰布等。在实际生产中还常将氯纶的高聚物（PVC）制成塑料制品，如塑料薄膜、塑料雨披、塑料管、塑料凉鞋、甚至PVC薄膜服装（图2-41）。PVC涂层织物仿皮革在服装、包、鞋中大量使用。

图2-41 PVC薄膜制成的服装

第四节 纤维鉴别

服装材料品种繁多，性能各异。要掌握面料的性能，正确的对面料进行设计、加工和保养，准确的鉴别纤维材料很必要。现代的纤维鉴别方法很多，要准确的确定纤维成分需要借助现代的检测仪器和手段。然而对于服装设计师、工艺师来说，要求采用简便易行的方法进行快速而较为准确的鉴别。

下面介绍的每种方法各有利弊和适用的范围，操作时应选用两种或两种以上的方法进行验证。

一、鉴别前的准备

首先用手、眼对测试对象进行"一看、二摸,三抓、四拆"。看:颜色,光泽;摸:光滑度,软硬度;抓:起皱程度;拆:将不同原料的纱线或纤维进行分离。根据测试对象的不同,做好鉴别前的准备工作。

1. 织物

如果测试对象是织物,在进行了"一看、二摸、三抓"之后,初步掌握了整块样品的颜色鲜艳度、光泽度、轻重、手感软硬与滑涩、弹性好坏等特性之后,将各方向的纱线拆出,观察各方向纱线之间、各方向内部纱线之间的异同,由此确定测试鉴别的对象。

2. 纱线

如果测试对象是纱线,将纱线退捻,观察其中的纤维是长丝还是短纤维。若为长丝,可润湿纤维的某一部分并拉伸,对纤维干、湿态强度进行对比,判断其是否容易拉断。若抽出来的纤维为短纤维,观察长短均匀程度。

鉴别前的准备工作既要为实验准备好测试样品,又要对测试对象进行大致的推测,以便于选择正确的鉴别方法与途径。

二、常用鉴别方法

1. 燃烧法

燃烧法是一种简单易行的鉴别方法。它利用纤维内在化学成分不同、燃烧特征就不同的原理对纤维进行鉴别。鉴别时,将一小撮纤维或纱线慢慢靠近火焰,观察纤维靠近火焰、在火焰中和离开火焰的燃烧情况、气味以及灰烬的颜色、形状和硬度。该方法的好处是:无论纤维长短、粗细、光泽发生任何变化,只要纤维内在成分不变,其燃烧特征就不变,从而依据燃烧特征分辨其纤维内在化学组成。但由于感官对微小差异很难辨别,所以燃烧法只能区分出纤维素纤维、蛋白质纤维、合成纤维三大类。要具体区分纤维素纤维中的棉、麻、黏胶纤维等就较困难。另外燃烧法不适用于多种纤维的混纺织物,对于交织物经纬纱要分别测试。常见纤维燃烧情况及特征见表2-7。

2. 显微镜法

显微镜法通过显微镜观察纤维的纵向和横截面的特征来加以辨别,该方法生动、形象、直观。通过显微镜,可以分辨出化学纤维人工雕琢的痕迹和天然纤维随意、自然、与生俱来的特征;可以分辨出棉、毛、丝、麻四种天然纤维的独特之处。但具体是锦纶、涤纶还是丙纶,就很难细分。常见纤维的形态特征见表2-8、图2-8、图2-12、图2-13、图2-17、图2-27、图2-30、图2-33、

表 2-7 常见纤维的燃烧情况及特征

纤维种类	燃烧状态			气味	残留物特征
	接近火焰	在火焰中	离开火焰后		
棉、麻	不熔，不缩	迅速燃烧，黄焰，蓝烟	继续燃烧	烧纸味	灰烬少而细软，灰白色，一吹即散
黏胶纤维	不熔，不缩	迅速燃烧，黄焰，无烟	继续燃烧	烧纸味	少许白色灰烬
羊毛、蚕丝	收缩，卷曲	缓慢燃烧，冒烟	不易延燃	烧毛发臭味	黑色松脆小球，一捏即成细粉末状
醋酯纤维	熔融	收缩熔融，冒烟起泡	融化燃烧	烧纸味和淡淡的醋味	黑色硬块，不易捻碎
涤纶	收缩，熔融	先熔，后缓慢燃烧，黄色火焰，冒黑烟，有滴落拉丝现象	能延燃	有甜味（不明显）	玻璃状黑褐色硬球，不易捻碎
锦纶	收缩，熔融	先熔，后缓慢燃烧，很小的蓝色火焰，无烟或少量白烟，有滴落拉丝现象	自灭	氨基味（不明显）	玻璃状浅褐色硬球，不易捻碎
腈纶	收缩，发焦	一面收缩，一面迅速燃烧，火焰呈黄色，明亮有力，有时略带黑色，有发光小火花	继续燃烧	辛辣味	黑色硬球，脆，可捻碎，粉末较粗
维纶	收缩	迅速收缩缓慢燃烧，很小的红色火焰，冒黑烟	继续燃烧，冒黑烟	特有香味	褐色小硬球，可捻碎
丙纶	缓慢收缩	一面卷缩，一面燃烧，火焰明亮，呈蓝色，有滴落拉丝现象	继续燃烧	烧蜡气味	硬黄褐色球，不易捻碎
氯纶	熔缩	熔融燃烧，大量黑烟	离火自灭	带有氯气的刺鼻气味	不规则的深棕色硬块
氨纶	熔缩	熔融燃烧	离火自灭	特殊气味	黏着性块状物

图 2-38。显微镜法还可以用于判断天然纤维与化学纤维混纺的情况以及观察异形纤维的截面形状等，应用较普遍。

表 2-8 常见纤维的形态特征

纤维种类	纵向形态	截面形态
棉	扁平带状，有天然转曲	不规则的腰圆形，有中腔
苎麻	有横节竖纹	腰圆形，有中腔及裂纹
亚麻	有横节竖纹	多角形，中腔小
羊毛	表面有鳞片	圆形或接近圆形，有些有毛髓腔

续表

纤维种类	纵向形态	截面形态
桑蚕丝	平滑	不规则三角形
黏胶纤维	纵向有沟槽	不规则锯齿形,有皮芯层
富强纤维	平滑	圆形
醋酯纤维	有1~2根沟槽	不规则花朵状
涤纶、锦纶、丙纶	平滑	圆形
维纶	有1~2根沟槽	腰圆形,有皮芯层
腈纶	平滑或纵向有沟槽	圆形或哑铃形,有空穴
氨纶	平滑	圆形或腰圆形

3. 溶剂法

溶剂法利用不同纤维在不同化学试剂中和不同条件下的溶解性不同来加以辨别,是一种较常用的鉴别方法。鉴别时将一定浓度的化学试剂加入盛有纤维的试管中,然后观察纤维的溶解情况(溶解、部分溶解、微溶、不溶),测试时应严格控制试剂的浓度和温度。从表2-9中看出,用同一种溶剂往往可以溶解几种纤维,给纤维种类的确定带来一定困难。因此当鉴别一种未知样品时,推荐采用一种较为准确的系统鉴别方法(图2-42),注意实验应按步骤进行,次序不能颠倒。

表2-9 常见纤维的溶解性能

纤维种类	盐酸(37%,24℃)	硫酸(75%,24℃)	氢氧化钠(5%,煮沸)	甲酸(85%,24℃)	冰醋酸(24℃)	间甲酚(24℃)	二甲基甲酰胺(24℃)	二甲苯(24℃)
棉、麻	I	S	I	I	I	I	I	I
羊毛	I	I	S	I	I	I	I	I
蚕丝	S	S	S	I	I	I	I	I
黏胶纤维	S	S	I	I	I	I	I	I
醋酯纤维	S	S	P	S	S	S	S	I
涤纶	I	I	I	I	I	S(93℃)	I	I
锦纶	S	S	I	S	I	S	I	I
腈纶	I	SS	I	I	I	I	S(93℃)	I
维纶	S	S	I	S	I	I	I	I
丙纶	I	I	I	I	I	I	I	S
氯纶	I	I	I	I	I	I	S(93℃)	I

注 S—溶解 SS—微溶 P—部分溶解 I—不溶解

图 2-42 系统鉴别法

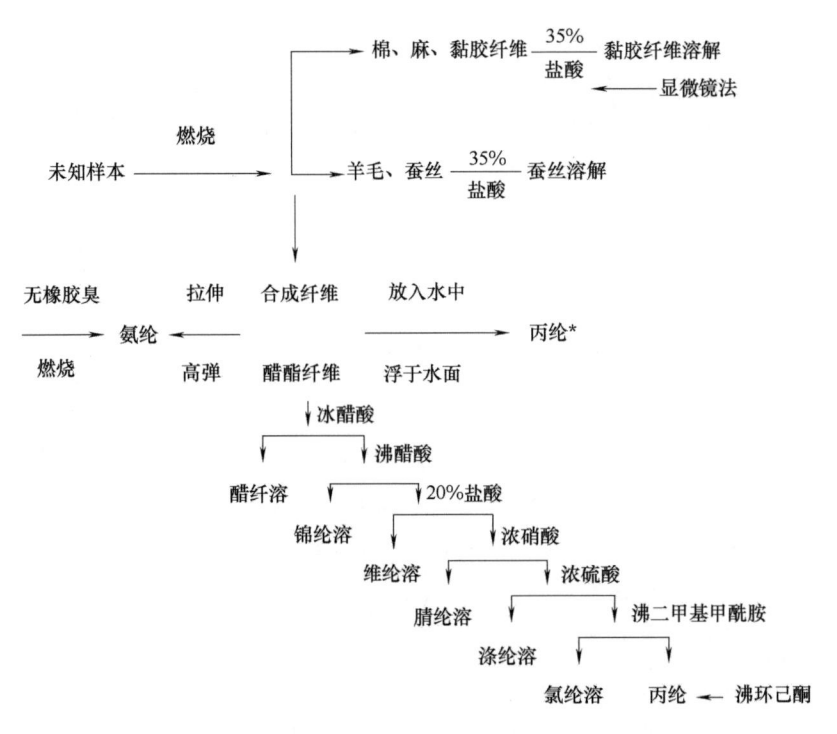

*注：适用于纯丙纶制品，若是混纺制品，应依次按系统鉴别法用溶剂鉴别。

习题与思考题

1. 名词解释：合成纤维，再生纤维，特数，公定回潮率，缩水，热收缩。
2. 解释下列商品标志。

   Shell　　　　Acrylic
   Lining　　　 Nylon
   Filler　　　 Polyester

3. 找自己和亲戚朋友的衣服或到商场调查目前市场上服装所用的纤维原料。记下服装名称、原料名称（服装的成分），填入下表。

服装名称	男/女装	原料名称（服装的成分）	用途（如：穿着季节）

4. 按公定回潮率排列纤维吸湿性大小的次序，并简述吸湿性与消费者的关系。
5. 从导热系数看，哪种纤维保暖性好，哪种纤维保暖性差，对于保暖性差

的纤维怎样提高其制品的保暖性？

6. 何谓人造棉纤维，它与天然棉纤维有何区别？
7. 何谓丝光，列举一两种市场上常见的丝光棉制品。
8. 分析麻纤维的优缺点，并简述麻制品的风格特征。
9. 简述桑蚕丝、柞蚕丝、绢丝、䌷丝四者的区别。
10. 列举七大纶的中英文学名，英文缩写，在我国的常用名和国内外主要的商品名。
11. 列举七大纶各自最突出的特性。
12. 比较棉、羊毛、黏胶、涤纶的服用特性。
13. 蚕丝织物水洗、羊毛织物受热湿和机械外力的作用、锦纶织物高温熨烫都会发生尺寸收缩，请解释三者的原因。
14. 打开衣柜找几件衣服，比较它们的服用性能，分析其纤维种类。
15. 比较醋酯纤维与黏胶纤维的异同。
16. 总结纤维素纤维的共性。
17. 试述纤维与服装美的关系。
18. 从服装舒适性角度，应如何选择和开发夏季服装用材料？
19. 设计师在选择纤维原料时，应考虑哪些因素？
20. 某公司拟开发高级秋冬运动便装，请你代为选择纤维原料（包括面料、里料），并简要说明原因，要求符合秋冬运动特点。
21. 现有羊毛、氯纶、腈纶、丙纶制成相同重量的粗毛线，如何区分？若不允许破坏又如何鉴别？
22. 有2块丝巾，一块是黏胶丝，一块是醋纤丝，如何鉴别？（至少列举两种方法，其中一种不允许破坏）
23. 现有纯棉及棉/涤面料各一块，如何将这两块面料区分开？并设计测试棉/涤织物混纺比的办法。
24. 试用所学的方法鉴别几种流行织物的纤维种类。
25. 自行收集并分析服装用纤维样品实物，按照下表制作成样卡。

纤维样品	名称	手感、外观	主要性能
	如：棉花		
	羊毛		

第三章
服装用纱线

纱线是构成机织物与针织物的二次原料。对缝纫线、绣花线或装饰线来说，纱线又是一种最终产品。

纱线的基本组成单元是短纤维或长丝，短纤维需经一定的纺纱加工过程才能将其纤维捻合成纱，而长丝可以是蚕吐丝或化学纤维纺丝液通过喷丝板喷丝，再经后处理而制成长丝纱。

纱线的品质在很大程度上决定了织物和服装的表面特征和性能，如织物表面的光滑度、轻重感、冷热感，织物的质地（丰满、柔软、挺括或弹性等），服装穿着的牢度、耐磨性、抗起毛起球等性能均与纱线性质有关。

第一节 纱线的分类

通常纱线可分为短纤维纱、长丝纱和花式纱（线）三类，如图3-1所示。

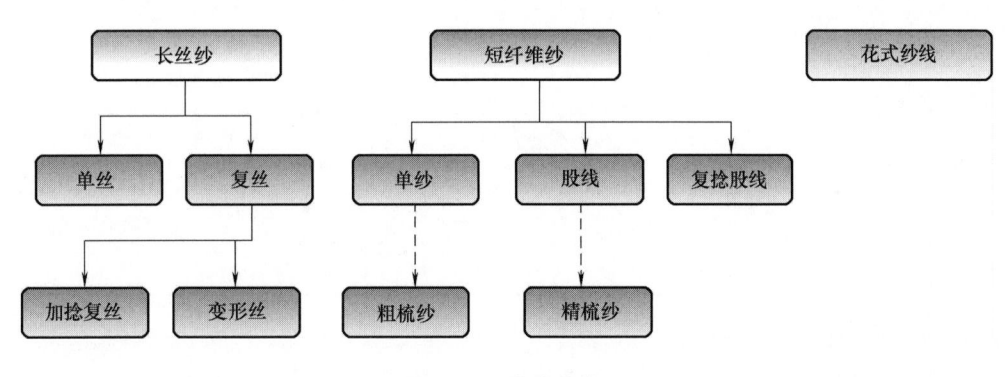

图3-1 纱线分类

一、短纤维纱

由短纤维（包括天然短纤维或化学短纤维）经纺纱加工而成短纤维纱（Spun yarns）。其中，由几十根或上百根短纤维经加捻而组成连续的纤维束，称单纱，简称纱，它是纺织中应用最广泛的一种。由两根或两根以上的单纱再合并加捻成为股线，简称线（双股线、三股线或多股线），纱线是纱与线的总称。织造较高品质的织物时，大多采用股线。另外，缝纫线、绣花线、编结线等多为三股或多股线。

两根或两根以上的股线捻合在一起的纱线称复捻股线，如装饰线、绳索等。

短纤维纱通常结构较疏松，且表面覆盖着由纤维端构成的绒毛，故光泽柔和、手感丰满、覆盖能力（指能够覆盖或占有空间的大小）强，具有较好的服用性能。

短纤维纱可以是由一种纤维纺成的纱，如：棉纱、毛纱或麻纱，称纯纺纱；也可以由两种或两种以上的纤维纺成纱，称为混纺纱，如：涤纶与棉的混纺纱，羊毛与涤纶、羊毛与腈纶、棉与麻的混纺纱等。近年国际流行多种纤维共混的混纺纱。

尽管短纤维纱由短纤维纺成，但根据短纤维的不同长度，可分别施以不同的纺纱工艺，如在棉纺中较长的棉纤维通过精梳工艺，得到精梳棉纱；较短的棉纤维通过粗（普）梳工艺得到粗（普）梳棉纱，同样毛纺中也有精梳毛纱及粗梳毛纱。精梳纱与粗（普）梳纱的比较见表3-1、图3-2。

表3-1 精梳纱与粗（普）梳纱的比较

名称	使用原料	纱线特点	用途
精梳纱	采用品质优的精梳棉或精梳毛纤维，纤维细、长、均匀性好，且光泽好、强度高	光洁、条干均匀、纱线较细，多为股线，品质高	多用于加工轻薄、高档的春夏季精纺毛料或精梳棉布
粗（普）梳纱	采用品质较低的普梳棉或粗梳毛纤维，纤维短、粗，且不均匀，色黄，含杂多	较粗糙、条干不均匀，毛羽多，纱线较粗，多为单纱，中低档品质	用于加工中低档的、中厚型粗纺毛料或普梳棉布

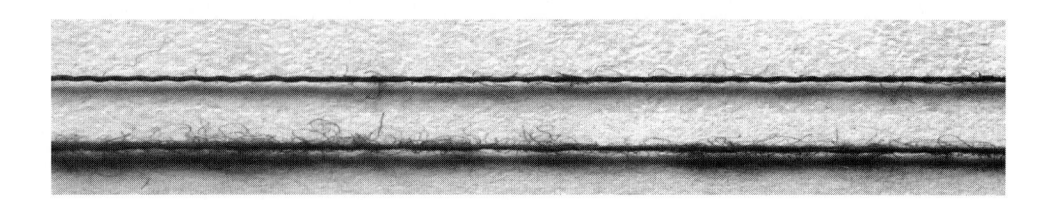

图3-2 精梳毛纱（上）与粗梳毛纱（下）实物外观比较

二、长丝纱

直接由高聚物溶液喷丝或由蚕吐出的天然长丝并合而成长丝纱（Filament yarns）。根据其外观，可分为普通长丝纱和变形长丝纱。

1. 普通长丝纱

普通长丝纱即光滑长丝纱（Smooth filament yarns），包括由一根长丝组成的单丝和由几十根单丝组成的复丝。单丝用于丝袜、头巾等轻薄而透明的织物，使用范围较窄；复丝则在丝绸中有着广泛的应用，使用时通常加弱捻或强捻。在化学纤维出现以前，蚕丝是唯一的天然连续长丝，是具有一定细度的双根长丝。

长丝纱一般具有良好的强度与均匀度，可制成较细的纱线，其表面光滑、摩擦力小，覆盖能力较差。

复丝再加捻成为复合捻丝，如丝绸中的桑波缎就是用复合捻丝制成的。

为了改善化纤光滑长丝纱的某些不足，往往对光滑的长丝纱进行变形加工，经变形加工后的纱线称变形纱（丝）。

2. 变形长丝纱

合成纤维长丝在热和机械的作用下，或在喷射空气的作用下，使其变为呈现二维或三维卷曲状态，且具有一定的蓬松性和伸缩弹性的长丝，称为变形纱（Textured filament yarns）或变形丝。

根据用途，变形丝（纱）可以变化处理时的工艺条件，得到高弹变形丝、低弹变形丝、膨体变形丝三类。高弹变形丝，简称弹力丝，具有优良的弹性变形和恢复能力，蓬松性一般，主要用于弹力织物；低弹变形丝，简称低弹丝，其弹性伸长适中、蓬松性一般，织物具有良好的尺寸稳定性，主要用于尺寸稳定性较好的仿毛、仿丝绸产品；介于两者之间的称为膨体变形丝，简称膨体纱，它高度蓬松，且有一定的弹性，如腈纶膨体纱。这类纱主要用于蓬松性远比弹性重要的一些织物，如毛衣、保暖袜、家庭装饰织物等。变形纱可直接用于机织物、针织物的织造。

变形处理不仅改变了长丝纱的外观，而且还改善了纱的吸湿性、透气性、柔软性、蓬松性、弹性和保暖等性能，使其产品光泽柔和、手感柔软、蓬松、覆盖性好，保暖性好，透气性提高、吸湿性有所改善。此外，由于变形丝（纱）一般由弹性和抗皱性好的涤纶或锦纶等化学纤维制成，因此由其制成的服装还具有优越的外观保持性、抗皱、易洗快干等性能。

总之，变形纱可大大改善合成纤维长丝的外观和服用性能，表3-2为短纤维纱、光滑长丝纱和变形纱的性能对比。

表 3-2　短纤维纱、光滑长丝纱和变形纱的性能对比

性能	短纤维纱	光滑长丝纱	变形纱
纱线结构	由短纤维组成，具有从高到低的各种捻度	由光滑长丝组成，最常用的为弱捻，亦有强捻纱	由变形长丝组成，纤维呈弯曲状，通常具有弱捻
外观	织物表面有绒毛，有毛型、麻型、棉型等多种风格，光泽暗淡，手感柔软，较蓬松	织物表面光滑，丝绸风格，有光泽，手感凉滑，不蓬松	类似短纤维纱的外观，光泽暗淡，手感柔软，非常蓬松
外观保持性	当纱线捻度、粗细适当时，弹性较好，尺寸稳定性较差，特别是纤维素纤维	弹性取决于纤维的种类，尺寸稳定性最好	弹性非常好（由于纤维变形），尺寸稳定性较好
舒适性	吸湿性最好，保暖性好，舒适性好	吸湿性最差，具有凉爽、冰凉感，舒适性差（除真丝及吸湿型纤维外）	吸湿性优于光滑长丝纱，保暖性一般，舒适性一般
耐用性	短纤维纱中纤维强力没有被充分利用，故织物强力最低，耐磨性较差。虽不易钩丝，但大多易起毛起球，易沾污。覆盖性能好	由于纤维强力被充分利用，故织物强度高，耐磨性很好。由于捻度低，较易钩丝，抗起毛起球性较好。由于表面光滑，不易沾污。覆盖性能最差	由于是连续的长丝，再加之纤维变形而赋予其极好的弹性，故织物强度最高，耐磨性好。由于是变形纱，极易钩丝。抗起毛起球性能优于短纤维纱织物。比光滑长丝织物易沾污，由于纱线蓬松，覆盖性能较好
生产加工性能	加工过程复杂	加工过程最简单	加工过程比光滑长丝纱复杂

三、花式纱

花式纱（Novelty yarns or fancy yarns）是指通过各种加工方法而获得特殊的外观、手感、结构和质地的纱线。该种纱大多有着无规则的外观且内部结构不同，通常是为了获得某种视觉效果而设计的，具有丰富的色彩效果或（及）独特的肌理效果，但缺点是易钩丝、强力较低、不耐磨、易沾污等。

第二节　纱线的结构与特性

纱线的结构与特性直接影响到织物性能，其中纱线的细度和捻度、捻向是最为重要的结构因素，决定了纱线的性能与用途。

一、纱线的细度

细度是纱线重要的指标。纱线的粗细影响到织物的性能、手感及风格,如织物的厚度、挺括度、覆盖性及手感软硬、外观粗犷程度等均与纱线粗细有关。纱线的细度可以用直径或截面积来表示。但因纱线表面有毛羽,截面形状不规则且易变形,测量直径或截面积不仅误差大,而且比较麻烦。因此广泛用线密度来表示纱线细度,即单位长度(或重量)的纱线重量(或长度),分为定重制和定长制,是与纱线重量及截面积成比例的间接指标,具体有特克斯、纤度(旦尼尔)、公制支数与英制支数。纱线细度单位的名称、定义及用途见表3-3。

表3-3 纱线细度表示方法

类别	名称及代号	定义	用途	含义
定长制	特克斯,简称特数(Tt)	公定回潮率下,1000m长纱线的重量克数	是国家统一的细度单位,现用于所有纱线的粗细表示	特克斯数、旦数越大,纱线越粗
	旦尼尔或纤度,简称旦数(N_{den})	公定回潮率下,9000m长纱线的重量克数	过去常用于化纤长丝和蚕丝	
定重制	英制支数(N_e)	英制公定回潮率下,1磅重的棉纱线所具有的840码的倍数	过去常用来衡量棉纱的细度,目前在对外贸易中仍在使用	支数越大,纱线越细
	公制支数(N_m)	公定回潮率下,1g重的纱线所具有的长度米数	旧时我国用来表示毛纱、毛型化学纤维纱线及绢纺纱线和苎麻纱线的粗细	

注 1磅=0.45kg,1码=0.91m

纱线的特数、旦数用阿拉伯数字表示,如14tex或75旦。股线的特数以组成股线的单纱特数乘以股数来表示。如两股14特单纱组成的股线可写成14tex×2;当组成股线的单纱特数不同时,则以单纱特数相加来表示,如16tex+8tex。复丝的旦数一般以分式来表示,分子代表复丝的总旦数,分母代表组成该复丝的单丝根数。如72根单丝组成150旦粗细的复丝,可写成150旦/72f。

纱线的支数也用阿拉伯数字表示,如21英支或18公支。股线的支数以分式来表示,分子代表组成股线的单纱支数,分母代表股数。如两股21英支单纱组成的线,可写成21英支/2;三股18公支单纱组成的线,可写成18公支/3。如果组成股线的单纱支数不同,则把单纱的支数用斜线分开来表示。如18英支/23英支、18英支/21英支/23英支等。

纱线细度4种表示方法之间的换算关系如下:

$$Tt = 1000/N_m = 0.111 \times N_{den} = C/N_e$$

式中：C——换算常数，纯棉纱 C 为 583，化纤纱 C 为 590，涤/棉（65/35）纱 C 为 588。

纱线的粗细程度一般分为四种。即粗特纱、中特纱、细特纱和特细特纱。19.4tex 以上（30 英支以下）为粗特纱；19.4～9.7tex（30～60 英支）为中特纱；9.7～5.8tex（60～100 英支）为细特纱；5.8tex 以下（100 英支以上）为特细特纱。

二、纱线的捻度与捻向

为形成具有一定强度的纱线，需对其进行加捻。纱线单位长度上的捻回数称为捻度，常用单位有捻回数/10cm、捻回数/m、捻回数/英寸。

捻度是决定纱线基本性能的重要因素，它与纱线的强力、刚柔性、弹性、缩率等有着直接的关系，另外还影响到纱线的光泽、手感、光洁程度等。随着纱线捻度的增加，其紧密度增大、直径变小、强度提高（一定范围内），纱线上毛羽紧贴表面，故覆盖能力降低，纱线更光滑，手感更加挺爽，弹性和缩率增加。不同捻度的纱线有着不同的用途。表 3-4 列出了不同捻度纱线的用途。

表 3-4 纱线捻度与用途

捻度	用　途	捻度	用　途
无捻	用于长丝织物中的提花类织物，如锦缎类	中弱捻	用于短纤维的纬纱、针织纱
极弱捻	用于起绒织物，表面极柔软的织物	中捻	用于短纤维的经纱，该捻度最为常用
弱捻	用于真丝、黏胶丝的长丝织物	强捻	用于轻薄且挺爽类织物、起绉类织物，如巴厘纱、乔其纱、双绉等

图 3-3 纱线捻向

纱线的加捻有方向性，分 Z 捻和 S 捻两种，如图 3-3 所示。加捻后，若纤维（或单纱）倾斜方向自下而上、自右至左的称为 S 捻；由下而上，自左至右的称为 Z 捻。

一般单纱大多采用 Z 捻；股线捻向的表示方法是第一个字母表示单纱的捻向，第二个字母表示股线的捻向。双股线的捻向分为单纱与股线异向捻（ZS 捻）与单纱和股线同向捻（ZZ 捻或 SS 捻）两种，二者性能不同。复捻股线则用第二个字母表示初捻捻向，第三个字母表示复捻捻向，如 ZSZ。纱线的捻向对织物的外观、光泽、厚度和手感都会有一定影响。如不同捻向的纱线在机织物中纵向排列，可以形成隐条效果。

此外，利用纱线加捻可以将不同原料的单纱（如短纤维纱与长丝纱）捻合在一起，增加纱线的花式效应，从而丰富织物的花色品种。

三、纱线结构对服用性能的影响

纱线的结构在很大程度上影响纱线的外观和特性,从而影响到织物和服装的外观、手感、舒适性及耐用性能。

(一) 外观

服装的表面光泽除了受纤维性质、织物组织、密度和后整理的影响外,也与纱线的结构特征有关。普通长丝纱织物表面平滑、光亮、平整、均匀。短纤维纱绒毛多、光泽弱,它对光线的反射随捻度的大小而不同。当无捻时,光线从各根散乱的单纤维表面散射,因此纱线光泽较暗;随着捻度增加,光线从比较平整光滑的表面反射,可使反射量增加达最大值;但继续增加捻度,反而会使纱线表面不平整,光线散射增加,故光泽又减弱。

采用强捻纱所织成的绉织物表面具有分散且细小的颗粒状绉纹,所以织物表面反光柔和,而用光亮的长丝织成的缎纹织物表面具有很亮的光泽。起绒织物中的纱线捻度应较低,这样便于加工成毛茸茸的外观。

纱线的捻向也影响织物的光泽与外观效果,如在平纹织物中,经纬纱捻向不同,则织物表面反光一致,光泽较好,织物松软厚实。斜纹织物,如华达呢,当经纱采用 S 捻,纬纱采用 Z 捻时,则经纬纱捻向与斜纹方向相垂直,因而纹路清晰;又如花呢,当若干根 S 捻、Z 捻纱线相间排列时,织物表面产生隐条、隐格效应。当 S 捻与 Z 捻纱或捻度大小不等的纱线捻合在一起构成织物时,表面会呈现波纹效应。

当单纱的捻向与股线捻向相同时,纱中纤维倾斜程度大、光泽较差,股线结构不平衡,容易产生扭结。而当单纱捻向与股线捻向相反时,股线柔软、光泽好、结构均匀、平衡,故多数织物中的纱线均采用单纱与股线异向捻,即 ZS 捻向(单纱为 Z 捻,股线为 S 捻),由于股线结构均衡稳定,纱线强度一般较大。

(二) 手感

通常普通长丝纱具有冰凉、蜡状手感,而短纤维纱有温暖感。

随着纱线捻度的增加、结构紧密,手感越来越硬,故织物的手感也越来越挺爽。捻度高、手感硬挺的纱线宜做夏季凉爽织物;捻度低、蓬松、柔软的纱线宜做冬季保暖服装。单纱与股线异向捻的纱线比同向捻纱线手感松软。

(三) 舒适性

纱线的结构与服装的保暖性有一定关系,这是因为纱线的结构决定了纤维之间能否形成静止的空气层。通常纱的蓬松性有助于服装保暖,但另一方面,结构松散的纱又会使空气顺利地通过纱线，空气流动又将加强服装和人体之间空气的交换。蓬松的羊毛衫能把空气留在纤维之间，无风时，纱线内存的空气能起到身体和外界空气之间的绝热层作用。棉纱蓬松性较羊毛差，不能留存像羊毛衫中毛纱那样多的空气，因此，防止热传递的能力较差，保暖性不如羊毛。捻度大的低特纱其绝热性比捻度小、较蓬松的高特纱差，即含气量大的纱其热传导性较小，所以纱线的热传导性不仅随纤维原料的特性有差异，还随纱线结构状态有所不同。

纱线的透气、透湿性能是影响服装舒适性的重要方面，而纱线的透气、透湿性又取决于纤维特性和纱线结构。如普通长丝纱表面较光滑，织成的织物易贴附人体，如果织物的质地又比较柔软、紧密，会紧贴皮肤，汗气很难渗透织物，穿着其服装后常会感到不适。短纤维纱因有纤维的绒毛伸出在织物表面，减少了织物与皮肤的接触，从而改善了透气性，使穿着舒适。当织物密度相同，纱线结构虽然紧密，但纱线与纱线间的空隙较大，则织物的透气、透湿性能大大改善。

（四）耐用性能

纱线的拉伸强度、弹性和耐磨性能等与织物和服装的耐用性紧密相关，而纱线的这些品质除取决于组成纱线的纤维固有的强伸度、长度、细度等品质外，同时还受纱线结构的影响。通常长丝纱的强力和耐磨性优于短纤维纱，这是因为长丝纱中纤维具有同等长度，能同等地承受外力，纱中纤维受力均衡，所以强力较大；又由于长丝纱的结构比较紧密，摩擦应力将分布到大多数纤维上，所以纱中的单纤维不易断裂。

纱线的结构同样影响弹性，如果纱中的纤维可以移动，即使移动量少，也能使织物具有可变性；反之，如果纤维被紧紧地固定在纱中，那么织物就发板。若纱线中的纤维呈卷曲状，在一定外力下可被拉直，去除外力又能卷曲，即纱具有弹性。如纱线捻度大，纤维之间摩擦力大，纱中的纤维不容易滑动，所以纱的延伸性能差；随着捻度的减小，延伸性提高，但拉伸回复性能降低，从而影响服装的外观保持性。

纱线所加的捻度明显地影响纱线在织物中的耐用性。捻度过低，纤维间抱合力小，受力后纱很容易瓦解，使强度降低，且捻度小的纱线易使服装表面钩丝、起毛起球；捻度过大时，又因内应力增加而使强度减弱，所以在中等捻度时，短纤维纱的耐用性最好。

第三节　花式纱线

花式纱线指的是通过各种加工方法使之具有特殊的外观、手感、结构和质地的纱线,其主要特征是纱线粗细不匀或捻度不匀,色彩差异,或有圈圈、结子、绒毛等特殊外观。随着新型花式捻线机的问世,纺纱速度有了很大提高、加工工艺缩短、花色品种增加,同时由于化学纤维工业的发展,为花式纱线提供了丰富的原料。在此基础上,花式纱线有了很大的发展,被广泛地应用于各种色织女线呢、精纺花呢、粗纺花呢、家庭装饰织物、手编绒线、围巾等服饰产品中,满足了人们对纺织品花色品种日益增长的需求。

花式线通常是由两根或三根单纱利用其原料的不同、细度的差异、捻向的区别、捻度分布的变化以及不同的制造方法或不同的后处理方法等制成。所以花式线的性能取决于纱的粗细、形式、加捻程度和纤维性能。一般由花式纱线织成的织物外观新颖别致,但大多强力较低,耐磨性差,容易钩丝和起毛起球。

简单的花式线是由花式纱与普通纱或花式纱与花式纱加捻而成,复杂的花式线则由芯纱、饰纱和固纱三部分所组成。芯纱位于纱的中心,起骨架作用,是构成花式线强力的主要成分,一般采用强力较高的涤纶、锦纶、丙纶的长丝或短纤维纺成的纱。饰纱按照要求的形式以各种形态环绕在芯纱上,形成花式线的花式效应,起装饰作用。为了使饰纱能稳定地圈绕在芯纱上,用固纱对饰纱进行固定。花式线基本结构如图3-4所示。

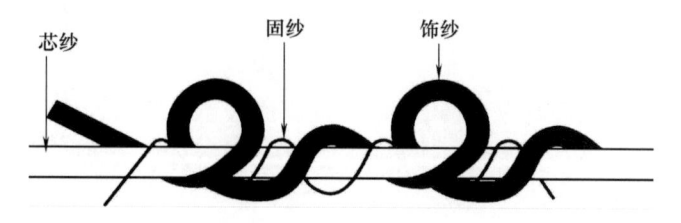

图3-4 花式线结构

花式纱线的种类繁多,名称各异,以下为常见的品种:

1. **圈圈线**

圈圈线的主要特征是饰纱围绕在芯纱上形成圈圈,如图3-5(a)所示。圈圈的大小、距离和色泽均可变化,根据饰纱比芯纱超喂量的多少以及加捻大小,可形成各种波形线、小圈线、大圈线和珠绒线等。这类花式线主要用于色织女线呢、精纺花呢、粗纺花呢、大衣呢和手编绒线等,织成的织物具有毛型感、蓬松、柔软、丰厚、保暖,但圈圈易被擦毛和拉出,穿着和洗涤时需加倍小心。当饰纱为强捻时,将自然成辫,形成辫子线,由它织成的针织汗衫、运动衣等,夏季穿着吸汗凉爽,花型新颖、别致。

2. **竹节纱**

竹节纱具有粗细分布不均匀的外观,是花式纱线中类别最多的一种。就其外形来说,有粗细节状竹节纱、疙瘩状竹节纱、蕾状竹节纱、热收缩竹节纱等;从

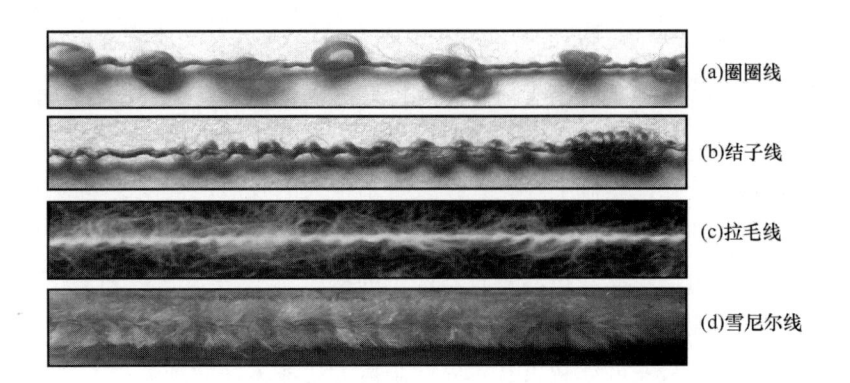

(a) 圈圈线
(b) 结子线
(c) 拉毛线
(d) 雪尼尔线

图 3-5　花式纱线举例

原料分有短纤维竹节纱和长丝竹节纱。利用麻纤维粗细不匀的特性纺成麻竹节纱，在织物上形成的花型随意自然，风格别致，立体感强。竹节纱可用于轻薄的夏令服装和厚重的冬季服饰；可用于衣着织物，也用于窗帘等装饰织物。

3. 结子线

结子线也称疙瘩线，其特征是饰纱圈绕芯纱，在短距离上形成一个结子，如图 3-5（b）所示。结子有各种长度，色泽和间距均可变化，有长结子线和短结子线，有单色结子线和多色结子线。结子线在春夏季服装中应用较多。

4. 彩点线

彩点线主要用于传统的粗纺花呢火姆司本或称钢花呢，其特征为纱上有单色或多色彩点，长度短、体积小。多用于男女秋冬季西便服、夹克衫、短大衣等。

5. 螺旋线

螺旋线是由不同色彩、纤维、线密度或光泽的单纱捻合而成的纱线。一般饰纱较粗、捻度较小，绕在较细、捻度较大的芯纱上，加捻后，纱的松弛能加强螺旋效果，这种纱弹性较好，织成的织物比较蓬松。

6. 花股线

采用两种或两种以上不同色泽的单纱合股而成，称花股线或 AB 线（双色），若 A、B 色互为补色，则合股后有闪光效应。

7. 间隔染色纱线

采用间隔染色方法制得的色段长短不同的印花纱，用它织成的织物，颜色、图案随机无规律，具有独特别致的外观效果。

8. 多股线

先以两股单纱合捻，再把合股加捻的双股线两根或多根加捻而形成的花式线。

9. 夹丝线、拉毛线

在两根合捻的纱线中夹入一小段、一小段黏胶丝或粗纱所形成的花式纱线。蓬松结构纱线经拉毛处理后得到拉毛线，表面呈长绒毛状，如图3-5（c）所示。

10. 金银丝线

大多数金银丝线是在涤纶薄膜上镀一层铝箔，外涂透明树脂保护层，经切割而成，如铝箔上涂金黄涂层的为金丝，涂无色透明涂层的为银丝，涂彩色涂层的为彩丝。由于金银丝具有金光闪闪的色彩，过去多用于礼服、舞台表演服装，显得华贵、高雅、绚丽夺目。近年来金属风格的流行，使金银丝线在日常着装中也常有应用。

在水洗时，铝易氧化，而且由于易与碱性物质发生作用，使其变质、脱落，从而造成金银丝的变色与光泽变暗，所以必须使用中性洗涤剂，以柔和的方式水洗。在穿着过程中，由于汗水的黏着，应经常洗涤，同时由于耐热性差，应使用低温熨烫。

11. 包芯纱线

包芯纱线由芯纱和外包纤维或纱线所组成。芯纱在纱的中心，通常为强力和弹性较好的合成纤维长丝（涤纶或锦纶丝），外包棉、毛等短纤维纱，这样，使包芯纱既有天然纤维的外观、手感、吸湿性能和染色性能，同时兼有长丝的强力、弹性和尺寸稳定性。比较常见的包芯纱以涤纶为芯，外包黏胶或棉纤维，常用作夏季衬衫，舒适、耐用，外观酷似纯棉织物，然而在性能上胜过纯棉织物或涤/棉织物。

以涤纶长丝为芯，棉或黏胶纤维外包时，包芯纱织物按一定图案经酸处理后，腐蚀掉外包纤维，残留透亮镂空的长丝，使织物表面凹凸不平，形成花纹呈现立体感的烂花织物。

当芯纱为弹力纤维，如氨纶长丝时，则包芯纱具有良好的弹性，即使只含有2%~3%的少量氨纶为芯，也能明显地改善弹性。用这种弹力包芯纱织成的针织物或牛仔裤料，穿着时伸缩自如，舒适合体，既可以随人体运动而拉伸，又容易回复，可保持良好的外观，但在穿着和洗涤时，不宜过分拉伸，以防纱芯断裂，熨烫和干燥温度不宜过高。

12. 雪尼尔线

雪尼尔线中的纤维被握持在合股的芯纱上，状如瓶刷，如图3-5（d）所示，手感柔软，具有丝绒感，可直接作为编结用线，也可用于各种装饰织物。

第四节 缝纫线

缝纫线与服装面料用纱线在强度、耐磨性、细度、粗细均匀度等方面都有着不同的要求。缝纫线作为一种很重要的服装用辅助材料，既有功能性，用于明线时又富有装饰性，它直接影响到服装的外观、质量与成本。

一、常用缝纫线的种类与特点

目前服装中使用的主要是化纤缝纫线，包括涤纶、锦纶、腈纶和维纶等，天然缝纫线因成本高等因素，所占比例越来越小。

1. 涤纶缝纫线

涤纶缝线具有强度高、耐磨性好、缩水率小、吸湿性小、耐热性能较好、耐腐蚀、不易霉烂、不虫蛀等优点，此外，还具有色泽齐全，色牢度好，不褪色、不变色、耐日晒等特点。由于涤纶缝纫线质量稳定、价格相对较低，可缝性好，因此涤纶缝纫线已在缝纫线中占有主导地位。

涤纶缝纫线分涤纶短纤维缝纫线和涤纶长丝缝纫线，常用规格有：7.4tex、9.8tex、11.8tex、14.8tex、19.7tex、29.5tex 的 2～3 股。规格齐全、使用方便，是服装中使用范围最广的一种缝纫线，适于各类服装、皮革制品、运动鞋、帐篷等的缝制。涤纶缝纫线中采用低弹涤纶变形丝制得的涤纶低弹丝缝纫线，可用于缝制弹性织物，如针织涤纶外衣、腈纶运动服等。

2. 锦纶缝纫线

与涤纶缝纫线相似，锦纶缝线很结实，常用在较结实的织物上。弹性、吸湿性优于涤纶缝纫线，而且质轻，耐腐蚀性能良好，但耐光、耐热性能不及涤纶。锦纶缝纫线也有锦纶长丝缝纫线和短纤维纱缝纫线，但使用最多的是锦纶长丝缝纫线。锦纶缝纫线可用于化纤、毛料服装的缝制以及各种皮革制品、合成革制品、帆布用品、皮鞋等的缝制。

3. 涤/棉缝纫线

这是当前规格较多、适用范围较广的一类缝纫线。它用 65% 的涤纶短纤维与 35% 的优质棉混纺而成，既能保证强度、弹性、耐磨性及缩水率、柔软性的要求，又能弥补涤纶不耐热的缺陷，经混纺后的涤/棉缝纫线能适应 3000～4000r/min 的高速缝纫，适宜缝制各类涤/棉服装、高档化纤制品、高档棉制品。

4. 维纶与黏胶、腈纶缝纫线

维纶线由于其强度比同规格的棉线高 20%～40%，化学稳定性好，不霉不蛀，价格较低，多用于锁边，还适于缝纫耐腐蚀的织物。腈纶有较好的耐光性，腈纶、黏胶染色鲜艳，黏胶丝光滑、亮丽，有真丝的光泽与外观，常用作装饰缝纫线和绣花线（绣花线比缝纫线捻度约低 20%）。

5. 真丝线

可以是长丝或绢丝线，通常用来缝制真丝服装、羊毛服装等高档产品，其中粗丝线常用于羊毛服装的缝制，用于锁眼、钉扣，特别适合于缉明线，而细丝线常用于缝制绸缎薄料。真丝缝线有极好的光泽，手感柔软，表面光滑，因而缝迹光滑，耐热性也较好，其强度、弹性都优于棉线，但是真丝缝线价格高，在使用时易磨损，缠绕在筒子上易脱落。目前除用于一些高档服装外，已逐步被涤纶长丝线所替代。

6. 棉缝纫线

棉缝纫线适合于纯棉服装的缝制。它具有较高的拉伸强力，尺寸稳定性好，线缝不易变形，并有优良的耐热性，能承受200℃以上的高温，适于高速缝纫与耐久压烫。缺点是弹性与耐磨性差，受潮后易生霉，且缝线表面覆盖一层毛羽，故不够光滑，为此，可采用一些如丝光、上蜡等的后整理方式来增加纱线的强度、提高其耐磨性及表面光滑度。经上蜡处理的线称蜡光线，经丝光处理的线称丝光线。由于原料价格不断上升，近年纯棉缝纫线的使用已越来越少。

二、特种缝纫线

1. 透明线

透明缝纫线的最佳材料是锦纶或涤纶，国外的透明缝纫线用锦纶66或锦纶6较多，加入柔软剂和透明剂而制成。我国也已成功开发锦纶单丝透明线。由于透明缝线能透过各种面料的颜色，使线迹不明显，从而有利于解决缝纫配线的困难，简化了操作。目前该缝纫线主要用于装饰复杂、线迹较多的胸衣等的缝制。

2. 弹力缝纫线

随着紧身服装、弹性服装的流行，针织弹力服装、运动服、健美裤、内衣、紧身服等弹性服装都需要其缝纫用线具有相匹配的弹性伸长。可用于弹性材料缝制的弹力缝纫线有涤纶变形弹力丝、锦纶变形弹力丝等。我国开发的弹力缝纫线弹性回复率在90%以上，伸长率分别为15%和30%以上。

3. 包芯线

包芯线常以合成纤维长丝（锦纶或涤纶，通常是涤纶）作为芯纱，以天然纤维（通常是棉）作包覆纱纺制而成，涤纶芯纱提供了强度、弹性和耐磨性，而外层的棉纱赋予缝纫线以外观、光泽及手感，特别是提高了缝线对针眼摩擦高温及热定型温度的耐受能力。由于包芯纱成本高，且通常纱线较粗，多用于高档衬衫以及高速缝纫并需高强缝迹的服装缝制。

4. 绣花线

绣花线是服装及装饰品上使用的装饰线，花色品种繁多，色泽鲜艳。绣花线以黏胶短纤维、长丝为多，也有腈纶、真丝绣花线，色泽鲜艳、色谱齐全，而且色牢度好。

5. 特殊功能缝纫线

随着功能性服装的开发与应用，与之匹配的功能性缝纫线也发展起来，如阻燃缝纫线、耐高温缝纫线、拒水拒油缝纫线等，以便使功能服装性能更完美。

三、常用缝纫线的规格及用途

表3-5列举了缝纫线的规格及应用范围。

表3-5 各类缝纫线的规格及应用范围

缝纫织物种类		用线种类及规格				
		涤纶线	涤/棉线	锦纶线	真丝线	棉线
棉织物	薄	7.4tex×(2~3) 9.8tex×(2~3)				9.8tex×(2~3) 丝光线，蜡光线
	中厚	11.8tex×(2~3)	13.0tex×(2~3)			13.9tex×(2~3) 丝光线，蜡光线
涤/棉织物	薄	9.8tex×(2~3)	9.8tex×(2~3)			
	中厚	11.8tex×(2~3)	13.0tex×(2~3)			
毛织物	薄	9.8tex×(2~3)			9.8tex×(2~3)	
	中厚	14.8tex×(2~3)			14.8tex×(2~3)	
	厚	19.7tex×(2~3)			19.7tex×(2~3)	
化纤织物	薄	9.8tex×(2~3)		9.8tex×(2~3)		
	中厚	14.8tex×(2~3)		14.8tex×(2~3)		
	厚	19.7tex×(2~3)		19.7tex×(2~3)		
丝织物	薄	7.4tex×(2~3)			7.4tex×(2~3)	
	中厚	9.8tex×(2~3)			9.8tex×(2~3)	
裘皮、皮革	薄	19.7tex×(2~3)		19.7tex×(2~3)		
	厚	29.5tex×(2~3)		29.5tex×(2~3)		

四、缝纫线的选用

缝纫线是服装材料中的重要辅料，对服装的质量、美观和穿着寿命有重要影响。所以在选用缝纫线时必须注意以下几点。

（1）通常越轻薄的织物，所需缝线越细，较粗的缝线只能用于厚重的织物，而且较粗的缝线还需要配合较粗的缝针，因此线、面料、针三者应配合得当。在接缝强度足够的情况下，缝线不宜粗，因粗线要使用较粗的针，易造成织物损伤。

（2）高强度的缝线对强度小的面料来说是没有意义的。为了防止织物被撕破，缝线强度为织物强度的60%时，两者配合最佳。

（3）要使缝纫线与面料色泽相配，可以选择相同、相近色泽，根据需要，也可以是对比色，起装饰作用。牛仔服是面料与缝线补色搭配的成功案例。

（4）缝纫线与面料的原料应尽可能相同或相近，这样才能保证其缩率、化学性能、耐热性等相匹配，避免由于线与面料性能差异而引起的外观皱缩等弊病。如化学纤维制品，通常用化学纤维缝纫线。

（5）选择缝纫线时，还应考虑服装的用途、穿着环境和保养方式。如弹力服装需用富有弹性的缝纫线；特种功能服装（如消防服），需要经特殊处理的缝线，以便耐高温、阻燃和防水。

（6）服装的缝制，可根据不同缝制部位的不同要求，选择不同规格的缝线，如明线、暗线、码边、锁眼、钉扣等。

（7）注意缝纫线的色牢度问题。目前绝大多数缝纫线的色牢度已不成问题，但对于纤维素类纤维而言，应注意其色牢度级别。

（8）缝纫线的价格、档次应与服装的档次相一致。缝纫线档次过高，提高了服装的成本；缝纫线价格、质量过低，又会影响缝纫质量及效率。

习题与思考题

1. 不同种类纤维混纺的目的是什么？
2. 纱线捻度对成品织物有何影响？
3. 精梳纱与粗梳纱的区别是什么？
4. 请计算14tex、36tex纱相当于多少英支、公支与旦？21英支纱相当于多少特、公支与旦？
5. 选用缝纫线时应注意哪些问题？
6. 调查并收集市场上的花式纱线的样品实物，按照下表制作样品集。

花式纱线样品	名称	外观	主要用途

7. 调查目前市场上出售的缝纫线的规格与特性，并收集实物样品，按照下表制作样品集。

缝纫线样品	成分	规格	特性

第四章
机织服装面料

传统的织物形成方式是：先由纤维纺成纱（该过程简称"纺"），再由纱线织成织物（该过程简称"织"）。服装中常用织物有机织物和针织物两种。本章与第五章将分别对机织物和针织物进行介绍。

第一节　概述

机织物是由相互垂直排列的经纬纱按一定规律交织成的织物，是目前服装面料中使用量较多、使用范围较广、花色品种较为丰富的一类产品。

一、机织物的分类

1. 按原料分类

在织物中，采用一种原料的织物称纯纺织物，使用两种或两种以上的原料织成的织物可分为混纺织物和交织织物：

（1）两种或两种以上的原料混纺成混纺纱，然后再织成的织物称混纺织物。

（2）经纬纱分别采用不同原料的单纱或股线相互交织而成的织物，称为交织织物。

2. 按纤维长度和细度分类

纤维的规格尺寸与形态对织物的外观风格影响很大，其中纤维的长度与细度是影响织物外观风格的两个重要因素。因而根据纤维的长度与细度分类如下：细而短的纤维纺成棉型纱线，织成棉型织物，通常其手感柔软，光泽柔和，外观朴实、自然；中长稍粗的纤维纺成中长型纱线，织成中长织物，中长织物大多加工成仿毛风格，也有少量仿棉风格的织物；用较长、较粗的纤维纺成毛型纱线，再织成毛型织物，通常具有蓬松、柔软、丰厚的特征，给人以温暖感。用长丝织成的织物称长丝型织物，其表面光滑、无毛羽、光泽好、手感柔滑、悬垂性好、色泽艳丽，给人以华丽感。

3. 按纺纱工艺分类

按不同的纺纱工艺过程进行分类可分为精梳（纺）织物和粗梳（纺）织物。在同一类型的纤维中，细而长，且细度和长度较为均匀的纤维采用精梳工艺纺成精梳纱，织成精梳（纺）织物；反之则采用粗梳工艺纺成粗梳纱，织成粗梳（纺）织物。故毛纺有精梳毛织物和粗梳毛织物、棉纺有精梳棉织物和普（粗）梳棉织物之分。一般精梳织物比粗梳织物光洁、平整、轻薄、品质较好。

4. 按经、纬用纱分类

机织物经、纬纱可用单纱或股线，分别称为纱织物（经、纬纱均为单纱）、线织物（经、纬纱均为股线）、半线织物（经、纬纱分别为股线与单纱）；可用普通纱线、变形纱或花式线等，称为普通纱线织物、变形纱织物、花式线织物。

5. 按印染加工方法分类

未经任何染整加工的织物称为坯布，通常不直接用于成品服装。坯布经漂白加工得到漂白布，经染色加工得到色布，经印花加工得到印花布。当然也可采用纱线（或纤维）漂白或染色，用不同颜色的经、纬纱织成的织物称色织布；也可对纱线进行印花，用印花纱线织成外观新颖、别致的织物。

以上织物分类方法及命名亦适合于针织物。

二、机织物的主要规格

1. 密度与紧度

机织物的经向或纬向密度，系指沿织物纬向或经向单位长度范围内经纱或纬纱排列的根数。一般采用10cm（或1英寸）内的纱线根数来表示。例如，236×220表示织物经向密度为236根/10cm，纬向密度为220根/10cm。织物密度的大小以及经、纬向密度的配置，对织物的性能，如重量、手感、坚牢度、透气性、悬垂性等都有重要影响，具体如下：

（1）织物的密度与其重量成正比。

（2）在其他条件相同的情况下，密度越大织物手感越硬挺。

（3）在一定范围内，织物的强度随密度的增大而增大，但当经、纬向密度过大时，织物强度反而降低。

（4）织物的吸湿性、透气性、传热性、保温性、悬垂性、抗皱性等都不同程度地受其密度的影响，最终影响到织物的用途。

对不同特数纱线构成的织物紧密程度，不能用密度指标来衡量，因为密度相同的两种织物，纱线特数大的织物比较紧密，而纱线特数小的织物比较稀疏。为了比较组织相同而纱线特数不同的织物的紧密程度，必须同时考虑经纬纱特数和密度，求出紧度指标。织物经（或纬）向的紧度是指经（或纬）向纱线的直径与两根经纱（或纬纱）间的平均中心距离之比，以百分数来表示。

2. 织物的匹长、幅宽和厚度

织物的匹长通常以米来表示，棉织物的匹长一般在 30~60m，毛织物的匹长，大匹为 60~70m，小匹为 30~40m。织物的匹长主要根据织物用途、织物厚度与织物的卷装容量等因素而定。

织物的幅宽一般以厘米来表示，根据织物的用途、生产设备、产量和节约用料等因素而定。如棉织物幅宽为 80~120cm 和 127~168cm 两大类。随着服装工业的发展、设备的不断改进，特别是无梭织机出现后，最大幅宽可达 300cm 以上，而幅宽在 91.5cm 以下的织物正在逐渐被淘汰。

织物的厚度与织物的服用性能关系很大。如织物的坚牢度、保暖性、透气性、防风性、悬垂性和刚度等性能，在很大程度上均与织物厚度有关。织物厚度一般用厚度仪测定，并以毫米为单位来表示。在织物贸易中一般不测其厚度。

3. 织物重量

织物重量以每平方米克重（g/m^2）或以每米克重（g/m）计量。它不但影响服装的服用性能、加工性能、外观造型及用途，见表 4-1，亦是价格计算的主要依据。如棉织物大多为 50~250g/m^2。精纺毛织物中，170g/m^2 以下的属轻薄型毛织物，宜作春夏季服装；170~260g/m^2 的属中厚型毛织物，宜作春秋季服装；280g/m^2 以上的属厚重型毛织物，只宜作冬令服装。随着生活水平的提高，人们要求更加轻便、舒适的服装，为此人们对轻薄、厚重的概念也发生了变化，原来的薄型织物变得更加轻薄，而原来一些厚重型织物也向轻薄方向发展。

表 4-1 织物重量与用途

类型	克重（g/m^2）	用途举例
非常轻薄型	25	面纱、头巾、时装、礼服
轻薄型	50~95	里料、夏季的裙子、衬衫、围巾
中厚型	120~170	春夏西服、薄夹克
厚重型	215~260	秋冬季西服、套装、套裙、工作服
非常厚重型	350 以上	冬季大衣、外套

第二节 机织物的织物组织

织物组织是影响织物性能的又一重要因素，它能影响织物的外观、手感及特性。利用织物组织不仅可得到各种大小花纹，而且还可产生起绉、加厚、起绒、起孔或毛圈等效应，从而影响到织物的外观、手感及其他特性。

一、织物组织的基本概念

机织物长度方向上的纱线称为经纱,另一组纱线与经纱呈90°角,以一定的规律与经纱沉浮交织,这一组纱线称为纬纱,这种沉浮交织的规律,便称为织物组织。经纱与纬纱的交叉点,称为组织点,凡经纱浮于纬纱之上的点称经组织点(或经浮点),两个以上连续的经浮点称经浮线;凡纬纱浮于经纱之上的点称纬组织点(或纬浮点),两个以上连续的纬浮点称纬浮线。如图4-1所示,织物组织是由依照一定的规律排列的经、纬组织点所构成的。

当经组织点和纬组织点的排列规律达到循环重现时,就形成一个组织循环,又称为一个完全组织。图4-1中用箭矢 A 和 B 标出织物组织的一个循环,箭矢 B 左侧的经纱根数为 R_j,称为完全经纱数;箭矢 A 下方的纬纱根数为 R_w,称为完全纬纱数,图4-1中 $R_j = R_w = 2$。织物组织一个完全组织中的纱线数又称枚数,(当完全经、纬纱根数相同时)可以用完全经(或纬)纱数称呼该组织,如 $R_j = R_w = 4$ 的四枚斜纹;$R_j = R_w = 8$ 的八枚缎纹。

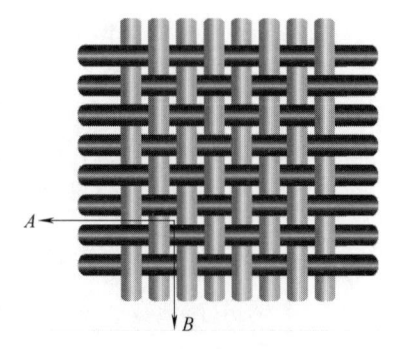

图4-1 机织物结构示意图

二、基本(或原)组织

织物组织的种类繁多,大致可分为四类:基本组织、变化组织、联合组织、复杂组织。其中基本组织是织物组织中构成其他组织的基础,包括平纹组织(Plain weave)、斜纹组织(Twill weave)和缎纹组织(Satin weave)三种。通常又称为三原组织。

三原组织尽管在外观、性能上有很大差异,但它们具有共性,如在组织循环中,完全经纱数与完全纬纱数相等($R_j = R_w$),一个系统的每根纱线上(经或纬)只有一个单独的组织点。

1. 平纹组织

(1)形成:每根经纱与每根纬纱间隔地沉浮交织,$R_j = R_w = 2$。

(2)外观:表面平坦,呈小颗粒状(图4-2),正反面外观相同。

(3)特性:与其他组织相比,平纹组织的经、纬纱交织次数最多,因而纱线不易相互靠紧,织物可密性差,易拆散。由于组织中浮线短,故织物不

图4-2 平纹组织及外观

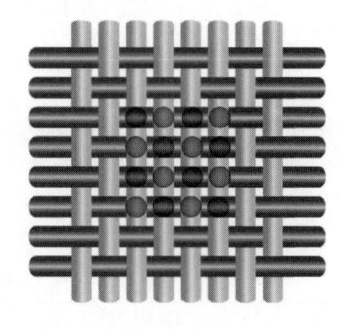

易磨毛、抗钩丝性能好。平纹组织由于纱线不易靠紧，故在相同规格下，与其他组织织物相比最轻薄。平纹组织织物质地坚牢、耐磨而挺括，手感较硬挺，又由于纱线一上一下交织频繁，纱线弯曲度较大，故织物表面光泽较柔和。平纹组织是所有机织物组织中最简单然而却使用最多的一种组织。

当采用不同粗细的经纬纱，不同的经纬密度以及不同的捻度、捻向、张力、颜色的纱线时，就能织出呈现横向凸条纹、纵向凸条纹、格子花纹、起皱、隐条、隐格等外观效应的平纹织物，若应用各种花式线，还能织出外观新颖的织物。图4-3为麻竹节纱平纹织物，其随意粗细节的外观是春夏季休闲装的首选面料。

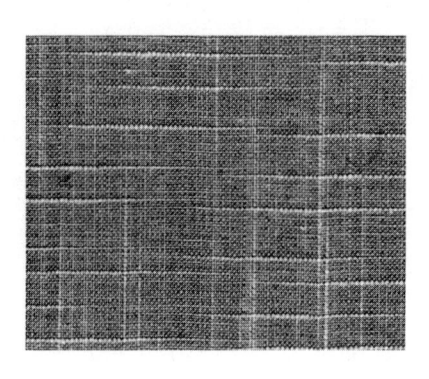

图4-3 麻竹节纱平纹织物

（4）典型产品：平布、府绸、泡泡纱、绒布、巴厘纱、凡立丁、派力司、粗花呢、法兰绒、双绉、乔其纱、电力纺、洋纺、雪纺等。

2. 斜纹组织

（1）形成：纬（经）纱连续地浮在两根（或两根以上）经（纬）纱上，且这些连续的线段排列呈一条斜向织纹［图4-4（a）］，$R_j = R_w \geq 3$。

根据纹路指向，由左下指向右上者为右斜纹，以↗表示［图4-4（b）］；由右下指向左上者为左斜纹，以↖表示［图4-4（c）］。斜纹组织由三根或三根以上的经纬纱组成一个完全组织，图4-4（b）、（c）是两个最小循环的斜纹组织。

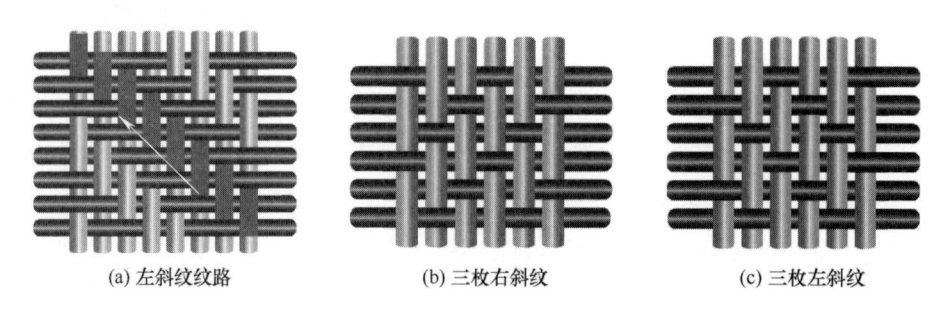

(a) 左斜纹纹路　　　　(b) 三枚右斜纹　　　　(c) 三枚左斜纹

图4-4 斜纹组织结构图

（2）外观：织物表面呈较清晰的左斜或右斜斜向纹路。通常正面呈右斜纹，反面呈左斜纹。

（3）特性：与平纹组织相比，斜纹组织的交织次数减少。由于斜纹组织中不交错的经（纬）纱容易靠拢，织物单位长度内可排列的纱线根数增多，因而增大了织物的密度和厚度。又因交织点少，织物光泽提高，手感较为松软，弹性较好，抗皱性能提高，使织物具有良好的耐用性能。

（4）典型产品：牛仔布、哔叽、卡其、华达呢、美丽绸、斜纹绸、羽纱等。

3. 缎纹组织

（1）形成：每间隔四根或四根以上的纱线才发生一次经纱与纬纱的交错，且这些交织点为单独的、互不连续的、均匀分布在一个组织循环内，$R_j = R_w \geq 5$（6除外）。

缎纹组织结构图如图4-5所示。

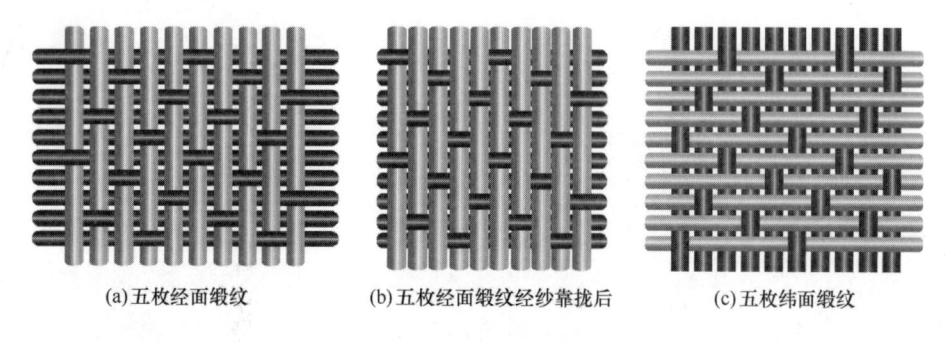

(a) 五枚经面缎纹　　(b) 五枚经面缎纹经纱靠拢后　　(c) 五枚纬面缎纹

图4-5　缎纹组织结构图

根据缎纹组织一个完全组织中的纱线数（称为枚数），图4-5可称作五枚缎纹组织。枚数越大，织物组织中的浮线越长。

缎纹组织有经面缎纹和纬面缎纹之分，织物正面呈现经浮长居多的，称为经面缎纹；织物正面呈现纬浮长居多的，称纬面缎纹。图4-5（a）、（b）为经面缎纹，图4-5（c）为纬面缎纹。

（2）外观：缎纹组织表面平整、光滑，富有光泽。因为较长的浮线可构成平整、光滑的表面；交错较少使得经（或纬）纱易靠拢［图4-5（b）］，形成平整、光滑的表面，从而更容易对光线产生反射，特别是采用光亮、捻度很小的长丝纱时，这种效果更为强烈，如真丝缎（图4-6）。

（3）特性：缎纹组织是三原组织中交错次数最少的一类组织，因而有较长的浮线浮在织物表面，这就造成该织物易钩丝、易磨毛和易损伤，从而降低耐用性能。由于缎纹组织交错次数少，因而纱线相互间易靠拢，织物密度增大［图4-5（b）］，通常该类织物比平纹、斜纹厚实，质地柔软，悬垂性好。

图4-6　光亮的真丝缎

现代服装材料学 | 067

(4) 典型产品：横贡缎、直贡呢、软缎、绉缎、桑波缎等。

三原组织的进一步比较见表4-2。

表4-2 三原组织外观特性及用途比较

组织名称	光泽	表面效果	手感	厚薄程度	抗钩丝、抗起毛起球性	耐磨性	用途举例
平纹	柔和	正反面外观相同，布面平坦	稍硬	轻薄	好	好	春夏服装、风衣、羽绒服等紧密织物
斜纹	好于平纹	清晰的斜向纹路，正反面斜向相反	软于平纹	居中	好	好	春秋季服装、裤子
缎纹	光亮	光滑匀整	最松软	厚重	差	差	礼服、装饰织物

三、变化组织

原组织是构成织物组织的基础，在其基础上变化某些条件（如组织循环数、浮长等），而派生出来的各种组织称为变化组织。在三原组织基础上，分别得到三个变化组织，即平纹变化组织、斜纹变化组织、缎纹变化组织。

1. 平纹变化组织

平纹变化组织有重平、方平以及变化重平和变化方平等组织。重平组织是以平纹为基础，沿着一个方向延长组织点（即连续同一种组织点）而形成（图4-7）。沿经纱方向延长组织点所形成的组织称为经重平组织，如图4-7（a）所示；沿纬纱方向延长组织点所形成的组织称为纬重平组织，如图4-7（b）所示。经重平织物表面呈现横凸条纹，纬重平织物呈现纵凸条纹，并可借助经、纬纱的粗细搭配而使凸纹更为明显。当重平组织中的浮长长短不同时称变化重平组织［图4-7（c）］，传统的麻纱织物即采用这种组织，利用织物组织获得粗细不匀的仿麻风格。

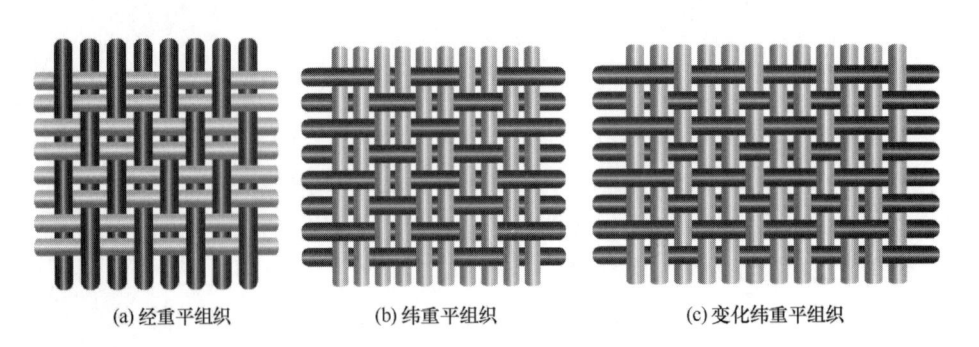

(a) 经重平组织　　　　(b) 纬重平组织　　　　(c) 变化纬重平组织

图4-7 重平组织结构图

方平组织也是在平纹组织的基础上，沿着经、纬方向同时延长其组织点，并把组织点填成小方块而成，如图4-8所示。方平组织织物外观呈板块状席纹，结构较松软，有一定的抗皱能力，具有良好的抗撕裂能力，悬垂性较好，但易钩丝，耐磨性不如平纹组织。中厚花呢中的板司呢就是采用了方平组织。

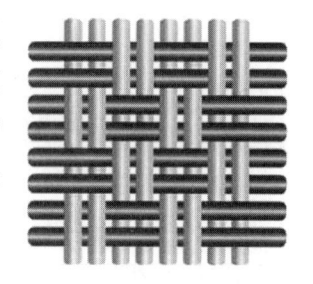

图4-8 方平组织结构图

2. 斜纹变化组织

在斜纹原组织基础上，通过多种变化与组合可以得到外观变化多端的斜纹变化组织，如改变斜纹方向、变化斜纹线与纬纱间的角度、增加一个组织循环中的斜纹线根数等，若再配合纱线颜色、结构等的变化，效果更明显。

（1）加强斜纹：是在简单斜纹的组织点旁沿经向或纬向增加其组织点而成，即令斜纹线变粗或间隔变大。毛织物中很多产品都采用该组织，如华达呢、啥味呢等。如图4-9所示。

（2）复合斜纹：是在一个完全组织中具有两条或两条以上不同宽度或不同间隔的斜纹线。采用这种组织的织物如巧克丁。图4-10为复合斜纹的外观效果，其特点是两根相同粗细的斜纹线一组、组内距离小、组间距离大。

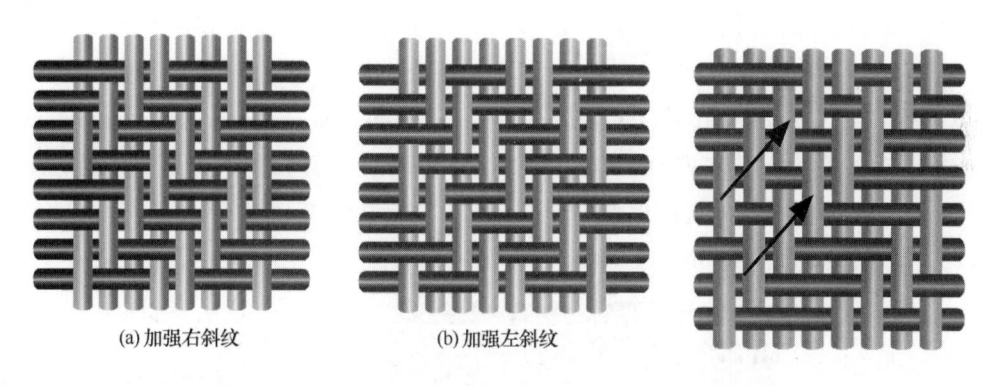

(a) 加强右斜纹　　(b) 加强左斜纹

图4-9 加强斜纹结构图　　图4-10 复合斜纹结构图

（3）角度斜纹：在斜纹组织中，当经纬密度相同时，若斜纹线与纬纱的夹角约呈45°，该斜纹组织为正则斜纹；若斜纹线与纬纱的夹角不等于45°，便称为角度斜纹。当斜纹角度大于45°时为急斜纹，小于45°时为缓斜纹。其中以急斜纹应用较多，如毛料中的马裤呢。

（4）山形斜纹：改变斜纹线的方向，使其一半向右倾斜，一半向左倾斜，在织物表面形成对称的连续山形纹样，其组织即为山形斜纹组织。

（5）破斜纹：若在山形斜纹方向处，组织点不连续，使经、纬组织点相反，呈现"断界"（即斜纹被切破）效应，这种组织称破斜纹组织。

山形斜纹与破斜纹大量应用在各类花呢、大衣呢中，海力蒙就是其中典型的织物。

3. 缎纹变化组织

为了缩短缎纹组织的浮长线或使缎纹组织中单独的组织点分布更均匀，出现了缎纹变化组织。变化方法之一是以原组织中的缎纹为基础，在其单个经（或纬）组织点四周添加单个或多个经（或纬）组织点而构成。与原组织中的缎纹相比，缎纹变化组织的外观没有发生大的改变，只是在抗起毛起球、抗钩丝性与耐磨性能上得到一定程度的改善。

四、联合组织与复杂组织

联合组织与复杂组织均属织物组织中较为复杂的组织，但都是在原组织、变化组织基础上变化而来，由于种类繁多，这里不一一介绍，仅就在服装面料中较为常用的几种组织作简要叙述。

1. 绉组织

织物组织中由不同长度的经、纬浮线，在纵横方向上错综排列，在织物表面形成分散且规律不明显的细小颗粒（图4-11），使织物呈现起绉外观的组织称为绉组织。其特点是：结构稍疏松、手感柔软、反光柔和。绉组织多用于女衣呢及各类花呢中。

2. 透孔组织

因该组织表面具有明显的均匀密布的孔眼（图4-12），故称为透孔组织；又因其外观与复杂组织中的纱罗组织相似，又称为假纱罗组织。透孔组织的孔眼可以按一定的规律排列出任何花型。其织物具有轻薄、透气、凉爽的特点，宜做夏季服装和窗帘、桌布等装饰织物。

图4-11 绉组织织物效果　　图4-12 透孔组织结构图

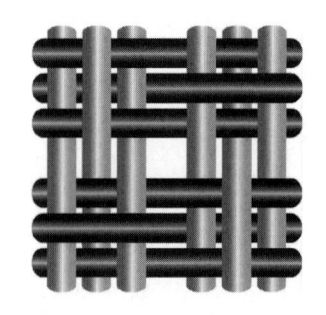

3. 条格组织

用两种或两种以上的组织沿织物的纵向（构成纵条纹）或（和）横向（构

成横条纹）并列配置而成，使织物表面呈现清晰的条、格外观。图4-13为加强斜纹与方平组织纵向并列的纵条纹组织。

4. 蜂巢组织

由长浮线重叠在短浮线之上，形成中间凹、四周高的蜂巢状外观的组织称为蜂巢组织[图4-14（a）]。该组织立体感很强、吸湿、吸水性好，可用于毛巾、浴衣、夏季吸汗服装、吸水抹布、装饰布等[图4-14（b）]。

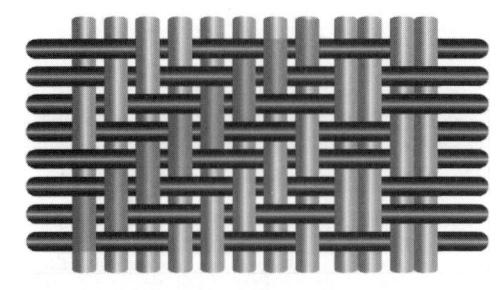

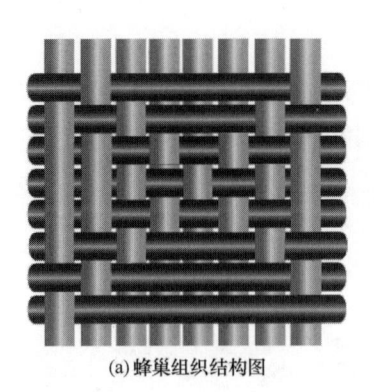

图4-13 条（格）组织结构图

(a) 蜂巢组织结构图　　(b) 蜂巢组织毛巾

图4-14 蜂巢组织结构图及实物

5. 凸条组织

该组织中既有交织频繁的短浮线区域，也有长浮线区域，这样反面长浮线收缩，使得正面紧密交织的部位凸起（图4-15），形成空气层，蓬松、保暖，而且凸起部位呈条状，故称凸条组织。利用条状凸起，可组合成任意几何形纹样。

6. 双层组织

由两组各自独立的经纱分别与两组各自独立的纬纱交织，同时构成相互重叠的两层织物[图4-16（a）]，这两层织物可以相互分离，也可连接在一起。如香岛绉、冠乐绉均采用双层组织。双层组织可以获得丰富的色彩和纹样效果，可以用于两面穿服装，图4-16（b）是西服用双面毛料；可以因正反面原料不同而降低成本；可以提高织物厚度等，因而具有广泛的用途。

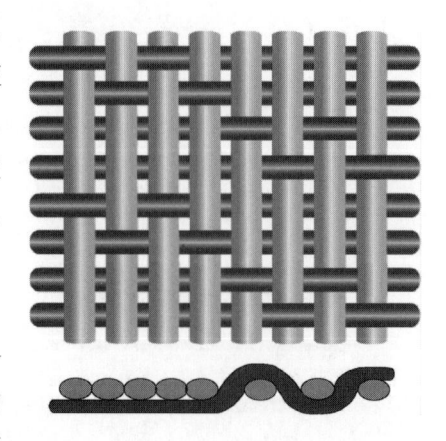

图4-15 凸条组织结构图及侧面图

现代服装材料学 | 071

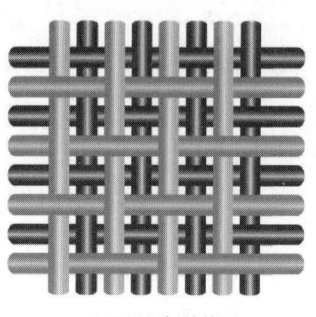

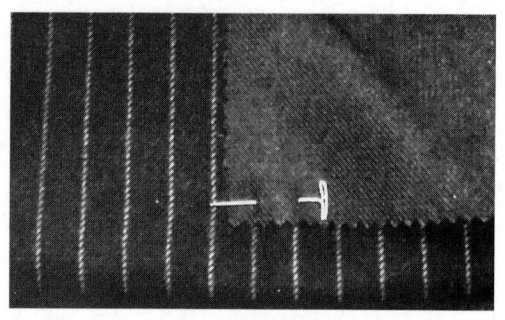

(a) 双层组织结构图　　　　　　　　(b) 双层组织带来的双重吸引

图 4-16　双层组织结构图及双面织物

7. 起毛组织

用一种起毛纱与普通的经、纬纱交织成坯布后 [图 4-17（a）]，经整理加工，使成品织物上呈现毛圈或毛绒的外观 [图 4-17（b）]，这种组织便称为起毛组织。起毛组织织物很多，如灯芯绒、平绒、天鹅绒、立亚绒等，它们大多质地厚实，保暖性好，手感柔软。

(a) 起毛组织结构图　　　　　　　　(b) 起毛组织织物起绒后

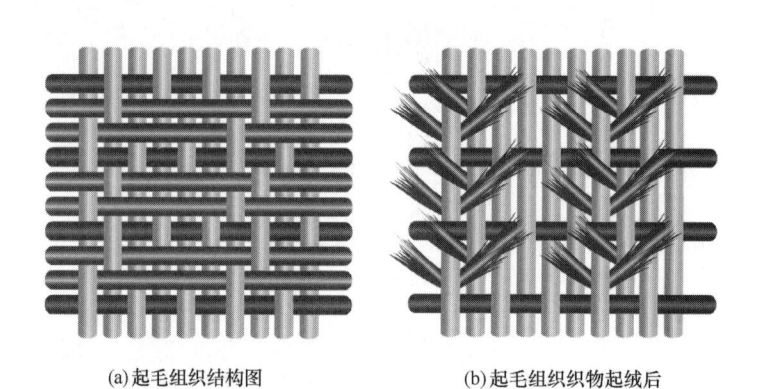

图 4-17　起毛组织结构图及绒毛的形成

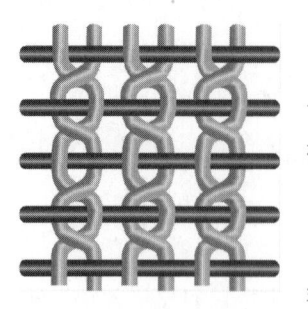

8. 纱罗组织

在各类织物组织中，通常经纱与纬纱是各自相互平行排列的，唯有纱罗组织的经纱以一定的规律发生扭绞，凡扭绞处纬纱不易靠拢，故形成较大的纱孔（图 4-18）。纱罗组织的表面具有清晰而匀布的孔眼，因而具有良好的透气性，且质地轻薄，适用于夏季服装面料及窗帘、蚊帐等室内装饰用品，还有工业用筛网。

图 4-18　纱罗组织结构图

第三节　织物的服用性能及简易测试方法

织物的品种繁多，用途广泛，不同用途的织物对性能要求不同。服用织物一般在外观上要求能保持原有的外形，即有一定的保型性；有一定的抗伸长能力、抗折皱能力和抗压缩能力；有理想的悬垂性、色彩与光泽。在舒适性方面，要有一定的透气性；能维持满足人体生理需要的热湿平衡，既透湿又保暖；具有一定的手感。在耐用性方面，要求具有一定的抗拉强度、抗撕破强度、耐冲击、耐磨和耐疲劳能力。在物理、化学性能方面，希望耐热、耐光、耐汗及耐化学试剂。在生物性能方面，能耐虫蛀、防霉等。此外，还要求上述性能稳定，即服装在制作时所具有的性能，经一段时间使用后，仍保持这些性状。以上诸性能是织物作为服装面料使用时所要求的总性能，称之为服用性能。但是即使在服用织物范围内，不同用途的服装对面料性能的要求也是不同的。如内衣与外衣、成人服装与儿童服装、夏季服装与冬季服装之间对面料要求都不相同。而且织物以上诸方面的性能在不同的时期，随着经济的发展，随着人民生活水平的提高，各自所占据的分量、比重不同，为人们所重视的程度也不同。

织物的服用性能取决于组成织物的原料、纺纱、织造工艺、纱线结构、织物结构及后整理加工方法等一系列因素，其中原料是最根本、最重要的一个因素，因而根据织物的用途，合理选配原料是织物设计的基本内容之一。

为简单地讨论织物的基本服用性能，把上述性能综合为外观、舒适和坚牢耐用三个方面加以讨论。

一、织物的外观性能

织物的外观性能包括两方面：一方面是指人们通过视觉和触觉感知到的面料外在的表现性能；另一方面是指织物的外观保持性，它决定了织物制成服装后，在穿着过程中能够保持其形状稳定的能力。

（一）织物的表现性能

面料性能中通过人的视觉和触觉所能感知到的性能称为面料的表现性能，主要包括软硬感、粗滑感、轻重感、透明或不透明感、冷热感、悬垂性等。面料的表现性能可能会因人的个体差异、主观感觉、环境因素的变化而有所差异。

1. 软硬感

软硬感表示面料的硬挺度及柔软感。面料硬挺度测试原理如图 4-19 所示，根据试样条被推出的长度可判断织物的硬挺度。在织物规格相同的情况下，被推出长度越大,织物越硬挺。

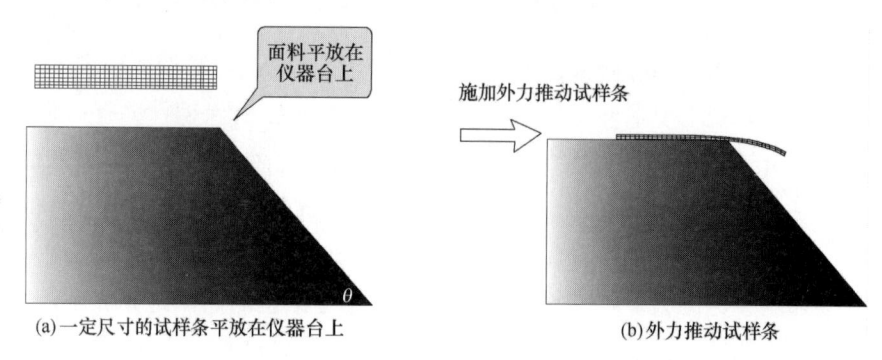

(a)一定尺寸的试样条平放在仪器台上　　(b)外力推动试样条

图4-19　面料硬挺度测试原理

通常认为丝织物和棉织物柔软,而麻织物则相对硬挺些,但随着现代面料后加工技术的发展,上述观念也在不断更新。

挺括的面料适用于线条明朗的款式,且硬挺的面料会使身体与面料之间形成空隙,可用来弥补瘦小体型的缺陷。柔软的面料适宜柔和、随身、优雅的款式,造型上不宜有尖锐、强硬的线条设计。

2. 粗滑感

面料触感有粗糙或光滑的区别。粗细不匀的纱线和组织结构的变化可使布面呈凹凸不平状,富有立体感,此类织物给人以原始、自然的感觉,这种面料应以简洁、随意自如的设计取胜。而纤维光滑、纱线均匀、紧密的织物,布面平整、光滑、细腻,这种织物外观略显平淡,常在款式设计时采用分割线或缝迹变化等手段来丰富服装效果。

3. 轻重感

轻薄的面料使人感觉飘逸、轻快,厚重的面料使人感到庄重、沉稳、安定。通常轻薄的面料凉爽、透气,多用于春夏季服装;厚重面料大多防风、保暖,多用于秋冬季服装。

4. 透明或不透明感

面料有不透明、半透明、透明,全部透明和部分透明之分。透明面料朦胧、飘逸,极具神秘感。当透明面料呈现重叠效果时,与单层时的感觉有所差异,尤其颜色的差异最大,通过重叠层次数量、重叠面积大小等方面的变化,可产生各种深浅不同的色彩及变化,并产生阴影而富有情趣。因此服装中常使用自然垂褶、百褶等造型(图4-20)。

透明面料为近年流行时尚之一。透明织物在设计中,缝头的处理、省道的位置、衬料的选用等问题必须加以慎重考虑,否则会妨碍面料的表现力。作为防止透明的手段,可考虑使用衬里和内衣,它们的色、形、材质均会影响到面料的表现性。

5. 冷热感

一般来说，丰满、厚实、毛茸茸的织物有温暖感，而光滑的织物则有冰凉感。温暖感的面料多用于秋冬季服装，用于老人、儿童保暖服装；冰凉感的面料用于夏季服装。

6. 悬垂性

由于面料的自身重量，在下垂时能产生优雅形态的特性叫悬垂性。悬垂是一种视觉效果。轻、硬挺、粗涩的面料不易下垂，重、柔软、光滑的面料容易下垂。黏胶纤维织物悬垂性非常好，毛、丝织物的悬垂性也较好，棉、麻织物则较差。

悬垂性好的面料，能够表现女性的优雅，多用于女裙、裙裤、晚礼服以及台布、窗帘、舞台帷幕等装饰织物。轻薄、透明又具有悬垂性能的面料（如乔其纱），能表现出优雅、清纯的风格，常用于婚礼服的垂纱和拖裙。

图4-20 透明面料的服装

悬垂性的测试采用悬垂性测试仪，测试原理如图4-21所示。悬垂性简易测试方法是：用圆台将织物托起，令其自然下垂，如果织物越贴近圆台、波浪数越多，弯曲面小而均匀［图4-21（b）中的投影面积越小］，则表示悬垂性好。

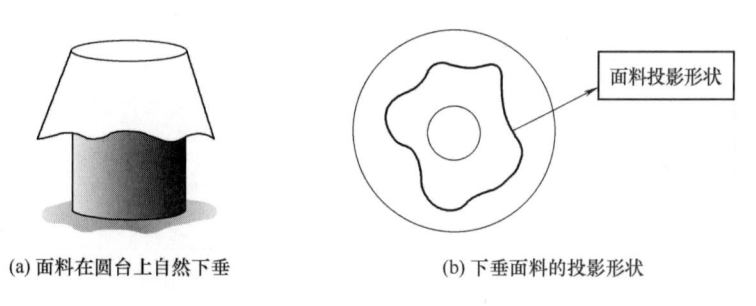

(a) 面料在圆台上自然下垂　　(b) 下垂面料的投影形状

图4-21 面料悬垂性测试原理

（二）织物的外观保持性

1. 抗皱性

服装使用过程中，织物抵抗由于揉搓而引起弯曲变形的能力称为抗皱性。实际上，抗皱性大都反映在除去引起织物折皱的外力后，织物由于自身的弹性而逐渐回复到初始状态的能力，因此也常常称抗皱性为折皱回复性。由抗皱性差的织物制成的服装，在穿着过程中容易起皱，即使该服装在色彩、款式及合体性方面均较为理想，也无法保持美好的外观，而且还会因皱纹处产生剧烈的磨损而加快服装的损坏。因此在面料选择时，必须对织物的抗皱性予以一定的注意。一般弹性好的纤维所织成的织物其抗皱性往往较好，如涤纶、羊毛（干态）织物；弹性差的纤维，如棉、麻、黏胶纤维织物，抗皱性就较差。织物的抗皱性需考虑干态和湿态两种情形。

测定织物折皱回复性的基本原理见图4-22。判断织物抗皱性的简易方法是，用手在布头上折起一角，稍加压，待释压后观察其回复能力及折痕深浅（图4-23）；或大把捏衣料，然后放松，观察其回弹情况及折痕深浅。凡抗皱性好的面料，表现出高的回复能力，不留折痕线或折痕线不明显。

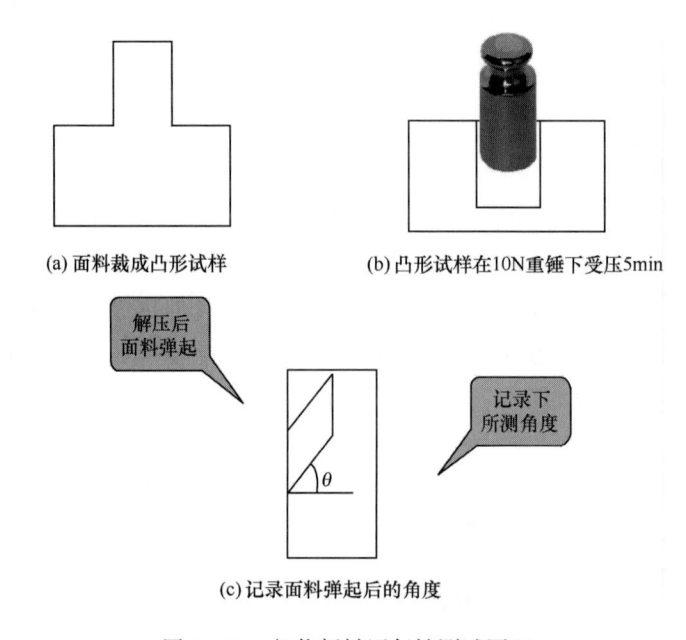

(a) 面料裁成凸形试样　　(b) 凸形试样在10N重锤下受压5min

(c) 记录面料弹起后的角度

图4-22　织物折皱回复性测试原理

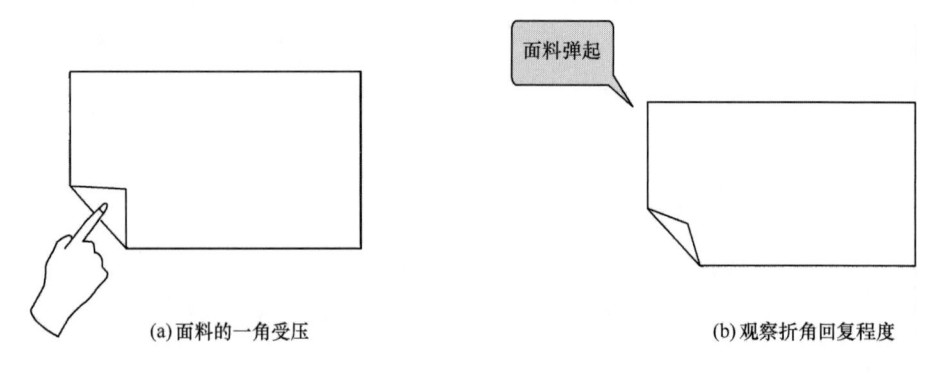

(a) 面料的一角受压　　(b) 观察折角回复程度

图4-23　织物折皱回复性简易测试法

2. 免烫性

织物经洗涤后，不经熨烫而保持平整状态的性能称为免烫性，又称"洗可穿性"。

织物的免烫性与纤维吸湿性、织物在湿态下的折皱回复性及缩水率密切相关。一般来说，纤维吸湿性小、在湿态下的折皱回复性好、缩水率小，织物免烫性就好。合成纤维能较好地满足这些性能，如涤纶织物免烫性尤佳。而毛纤维，虽然干弹性很好，但吸湿后可塑性变大、弹性变差，所以毛织物的洗可穿性能并不好，必须熨烫后才能穿用。

织物的免烫性可通过将织物下水揉洗，然后拎起晾干，观察其表面平挺程度，来判断免烫性优劣。

3. 收缩性

新的面料在使用过程中会发生收缩，其中有自然回缩、受热收缩和遇水收缩。自然回缩是指织物从出厂到使用前产生的收缩现象。受热收缩主要是指熨烫过程中的收缩，大多数合成纤维是热塑性高聚物，熨烫温度过高时，就会发生收缩。收缩性中表现最为明显的是织物遇水后的收缩，称为缩水。

缩水产生的原因主要有：

（1）纤维吸湿膨胀，导致织物收缩（图2-4），因此吸湿性好的纤维，缩水就大，而涤纶、丙纶等吸湿性很差，由此引起的缩水也小。

（2）伸长形变的收缩。由于织物在生产加工过程中，始终受到机械拉伸力的作用，使纤维、纱线以致织物产生伸长形变，当拉力去除，便有产生自然回缩的趋势，而遇水后，伸长形变的回缩更加显著，这种收缩在各类纤维中都存在。

（3）羊毛缩绒引起的收缩。这种收缩只有一些毛制品才存在。

缩水的大小是服装制作时考虑加放尺寸的依据之一。对缩水大的面料，最好预先进行缩水处理，然后再进行裁剪。

收缩性一般用缩率来表示：

$$缩率 = \frac{缩前尺寸 - 缩后尺寸}{缩前尺寸} \times 100\%$$

收缩性的测试可分为自然缩率试验、干烫缩率试验、喷水缩率试验及浸水缩率试验。

（1）自然缩率试验。自然缩率即自然回缩率，测试方法是从面料包装件中取出整匹面料，测试并记录面料长度和幅宽，然后将整匹折叠的面料拆散抖松，静置24h后进行复测，计算经、纬向缩率。一般组织结构疏松的面料自然回缩率较大。

（2）干烫缩率试验。干烫缩率是指面料不经水的处理，直接熨烫使面料受热收缩，测定经、纬向收缩的程度。这种方法大多用于丝绸面料或喷水易产生水渍的面料，如维纶布、柞丝绸等。

具体方法是在距面料端部 2m 处（为防止引头不准确而避让 2m）剪取一个幅宽 50cm 长的试样一块。按原料所能承受的最高温度熨烫 15s 后，使其充分冷却，然后测量面料的长度、宽度，计算经、纬向缩率。

（3）喷水缩率试验。喷水缩率是指面料经喷水熨烫后，测定经、纬向收缩的程度。取样方法与上述相同。将试样用清水均匀喷湿，然后将试样用手捏皱，再捋平、晾干，用熨斗烫平（不要用手拉平），测量长度与宽度，计算经、纬向缩率。

（4）浸水缩率试验。浸水缩率是将面料在水中浸透，然后测其经、纬向缩水长度，计算缩率。这种测量方法实际应用较多，还常用于辅料。

取样方法也与上述相同。将试样浸在 60℃ 左右的清水中，用手揉搓，使面料完全浸透，浸泡 15min 后取出，压去水分（不能拧绞）、捋平、晾干，测量长度与宽度，计算缩率。

需要注意的是上述不同试验条件下得到的面料缩率仅仅是面料真正缩率的一部分（可能与其他书中所附面料缩率不完全一致），使用时可以因不同的工厂、不同的要求、不同的试验条件，采用不同的试验方法。

4. 织物起毛起球性和钩丝性

（1）起毛起球性。织物受外界物体摩擦，纤维端伸出织物表面形成绒毛及小球状突起的现象称为起毛起球性。织物起毛起球后，外观明显恶化。

在各种纤维织物中，天然纤维织物（除羊毛、羊绒外）很少有起毛起球现象，再生纤维织物也较少起球（有起毛现象），而合成纤维织物大多存在起毛起球现象，其中尤以锦纶、涤纶、腈纶织物最为严重，丙纶、维纶织物次之。另外，普梳织物比精梳织物易起毛起球；捻度小的织物比捻度大的织物易起毛起球；缎纹织物比平纹织物易起毛起球；针织物比机织物易起毛起球。

测定织物起毛起球性有不同类型的专用设备，基本原理是使织物在受到机械摩擦力的情况下，产生毛球，然后评定。如使织物先受到剧烈的毛刷摩擦［图 4-24（a）］，再受到柔和的面料摩擦［图 4-24（b）］后，观察起毛起球现象。根据所起毛球的长度与密度进行评级，分为五级，一级起毛起球最严重，五级最好。亦可用如图 4-25 所示的简易方法进行定性评判。用一块布包裹食指指尖，在被测试布上顺时针、逆时针各摩擦 50 次，之后观察被测试布面情况。

（2）钩丝性。织物在使用过程中，纤维被钩出或钩断而露出于织物表面的现象称为钩丝。织物钩丝主要发生在长丝织物、针织物及浮浅较长的织物中。钩丝不仅使织物外观明显恶化，而且影响织物的耐用性。随着弹力长丝针织物大量进入服装领域，这一缺点显得十分突出。但变形长丝纱的抗钩丝性能有明显的

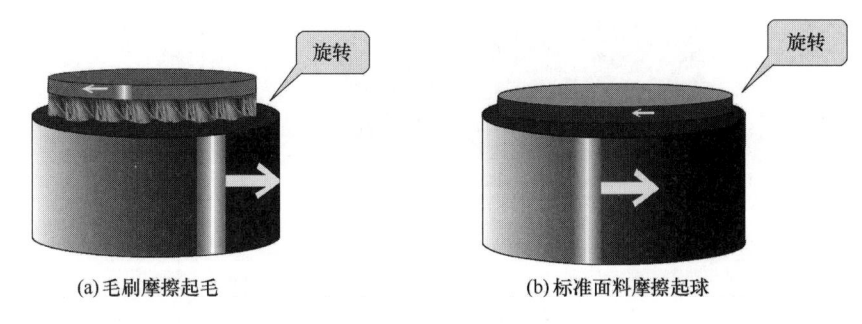

(a)毛刷摩擦起毛　　(b)标准面料摩擦起球

图4-24　织物起毛起球测试方法

改善。

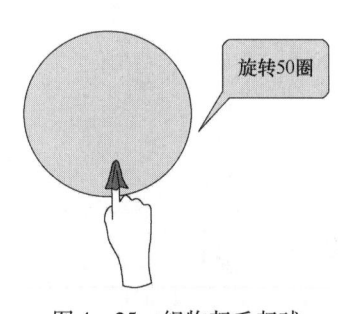

测定织物抗钩丝性的基本原理是使织物受到坚硬的钉或锯齿等作用[图4-26（a）]，产生钩丝现象[图4-26（b）]，然后与标准样品对比评级，分为五级，五级抗钩丝性最好，一级钩丝严重。

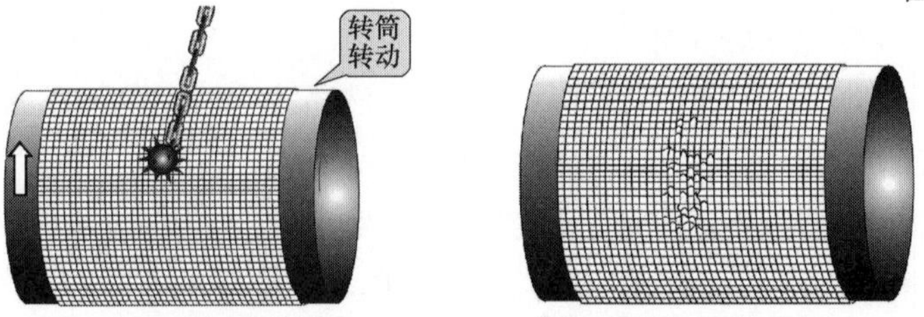

图4-25　织物起毛起球简易测试方法

(a)织物受钉锤钩刮　　(b)织物上的钩丝现象

图4-26　织物抗钩丝性测定原理

5. 染色牢度

织物的染色牢度是指有颜色的织物在加工、缝制及使用过程中受外界因素的影响，仍能保持原有色彩的一种能力，外界因素是指摩擦、熨烫、皂洗、日晒、汗渍及唾液等。染色牢度与使用染料的性能、纤维材料性能、染色方法和工艺条件有着密切的关系。

染色牢度主要分为以下五个方面：

（1）耐摩擦色牢度。色布（或印花布）的耐摩擦色牢度分为干磨和湿磨两种。简易评判方法如图4-27所示。用一块干的（或湿的）白色棉细布在色布上来回摩擦一定次数[图4-27（a）]，然后观察色布的褪色情况和白布的沾色情况[图4-27（b）]，如果色布与未磨前一样，或白布上未沾上颜色，则表示干（或湿）耐摩擦色牢度好。耐摩擦色牢度的准确评定要严格按照标准作实验，并用"染色牢度褪色样卡、染色牢度沾色样卡"中所规定的等级来评定。其中共分五级，一级最差，五级最好。

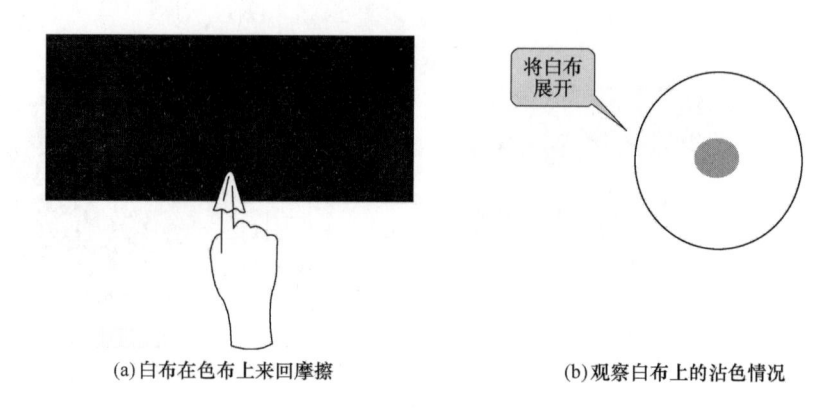

(a)白布在色布上来回摩擦　　　　　　(b)观察白布上的沾色情况

图 4-27　色布耐摩擦色牢度简易判断方法

（2）耐熨烫色牢度：色布（或印花布）在允许承受的熨烫温度下，不加压熨烫 15s 后，将试样取出，置于暗处 4h 后和未试原样对比，按"染色牢度褪色样卡"评定。耐熨烫色牢度分为五级，一级最差，五级最好。试验时可分湿熨烫和干熨烫两种。

有些色布熨烫时颜色会变，但冷却后仍能恢复原来的色泽，且不变质。所以试样取出后要充分冷却才能评判。

（3）耐皂洗色牢度：色布经皂洗后，用清水洗净晾干，观察其褪色情况，称为耐皂洗色牢度。试验时要在色布上缝一块相同大小的白布同时皂洗，然后评定色布的褪色及白布的沾色程度。耐皂洗色牢度分为五级，一级最差，五级最好。

（4）耐日晒色牢度：耐日晒色牢度是指色布（或印花布）在天然日光或日晒机下暴晒后变色的程度。暴晒后按褪色样卡进行评判。耐日晒色牢度分为八级，一级最劣，八级最优。

（5）耐汗渍色牢度：耐汗渍色牢度是指有色织物经汗液浸沾后的变色程度。并非所有织物都要进行耐汗渍色牢度测试，通常夏季穿着的面料要做该项测试，如棉布中的府绸、丝绸织物。试验时，将试样浸入已配好的模拟汗渍溶液中，经过反复挤压，取出烘干，与原样比较，并按"染色牢度褪色样卡"中所规定的等级进行评级。耐汗渍色牢度分为五级，一级最差，五级最好。

此外，在欧洲生态纺织品标准中，还为婴幼儿服装增加了耐唾液色牢度的测试，试验与评定方法与耐汗渍色牢度接近。

二、织物的舒适性能

服装的舒适性是人们心理、生理因素的综合，其中主要决定于织物的性能。与服装的舒适性有关的织物性能主要有透气性、透湿性、吸湿性、吸水性、保暖性及织物表面性能（如粗糙度、软硬度）等。

1. 透气性、透汽性

气体、液体以及其他微小质点通过织物的性能，称为织物的通透性。织物的通透性主要包括透气性和透汽性。

透气性是指织物透过空气的性能。夏季衣着用织物应有较好的透气性，冬季外衣用织物的透气性应尽可能地小，以保证服装具有良好的防风性能，防止人体热量的散失。影响织物透气性的因素很多，主要是织物的密度、厚度、组织结构及表面特征，此外还与纤维的截面形态、纱线的细度与密度有关，染整加工也会影响织物的透气性。

透汽性是指织物透过水蒸气的性能，即织物对气态水的通透能力，也常常称为透湿性。当织物处于高水蒸气压与低水蒸气压状态之间时，高水蒸气压处的水蒸气要通过织物向低水蒸气压力一边移动。如图4-28所示为服装内高蒸汽压的水蒸气向衣外扩散。水蒸气的移动一方面依靠织物内纤维之间、纱线之间的空隙，作为移动的通道；另一方面凭借纤维的吸湿能力，接触高水蒸气压力的织物表面纤维吸收气态水，并向织物内部传递，直到织物的低水蒸气压力一面，形成另一条传递通道。所以织物的透湿性与织物结构、织物的原料组成有着密切的关系，与织物的透气性有着一定的相关性。织物的透湿性对于内衣很重要。无论冬季还是夏季，人体都在不断散发汗气，透湿性好的内衣，能及时排除人体散发的水蒸气，使穿着舒适。

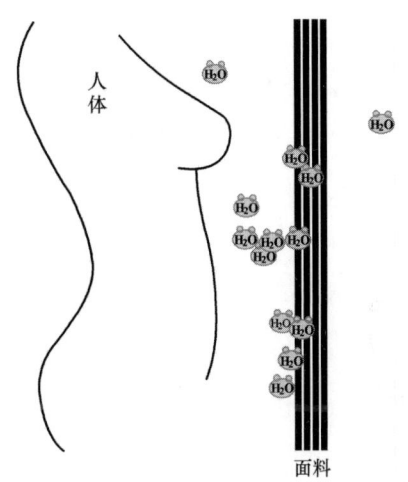

图4-28 面料的透湿性

织物透湿性的测定是将透湿杯（或烧杯）内盛定量蒸馏水，然后杯口覆盖所测试样，经一定时间后测定杯内水分重量的降低率，此法称为蒸发法。也可用吸收法，即杯内放置易吸湿的材料，杯口用被测织物封盖，经一定时间后测量杯内材料的增重率。

2. 吸湿性、吸水性和透水性

吸湿性是织物对气态水分子的吸收能力，主要取决于组成该织物的纤维的吸湿能力。对于亲水性纤维，气态水分子不但能吸附在纤维表面，而且能进入纤维内部，与纤维的亲水性基团相互吸引；对于疏水性纤维，气态水分子只能吸附在纤维表面，所以吸湿量很小。无论何种形式的吸湿都要释放能量，并以热的形式出现，即所谓的"吸湿放热"。由于人体不停地进行新陈代谢，也就不停地散发"汗气"，这就要求服装，特别是内衣用织物要吸湿能力较强，才能使人体与内衣间的空气层不至于相当潮湿而使人感到不舒适。

吸水性的好坏也是服装舒适与否的重要指标之一。特别是在大汗淋漓时，织物的吸水性就显得相当重要。织物有两个吸水途径，一是组成织物的纤维吸湿，把水分从织物表面传递到纤维内部，另一个途径是借织物内纤维间或纱线间的空隙，由毛细管作用吸水。亲水性纤维吸水有以上两种途径，疏水性纤维所制成的织物仅靠第二种途径吸水。人体出汗时，与身体接触的织物表面吸水，并把水分传递到另一与干燥空气相接触的表面，再向空气中散发。织物吸水快、散发也快，才能使人感到舒适。

透水性是指水分子从织物一面渗透到另一面的性能。由于织物的用途不同，有时采用与透水性相反的指标——防水性来表示织物对水分子透过时的阻抗性。透水性和防水性对于雨衣、鞋布、防水布、帐篷布及工业用滤布的品质评定有重要意义。

3. 保暖性

热量传递的形式有传导、对流和辐射三种。传导可发生在空气中，也能在纤维内存在，材料的导热系数是影响保暖性的因素之一，材料的导热系数越小，保暖性就越好。由于静止空气的导热系数大大地小于各种纤维的导热系数，因此服装内包含的空气愈多，由热传导所致的热损失就愈少。此外织物的含湿状态对保暖性也有很大影响。对流和辐射主要存在于空气中，更多地由环境因素而非材料本身所决定，而且纤维内部、纤维与空气的接触面上不存在对流，纤维对辐射热又比较迟钝。因此，织物的保暖性主要取决于纤维本身的导热系数、织物中所含的静止空气量以及材料的含湿量，织物越厚、越蓬松、材料弹性越好、含湿量越少、静止空气量越多，保暖性越好。

比较不同材料保暖性的简易方法如图4-29所示，即在烧杯内盛等量、相同温度的热水，烧杯外包不同材料制成的相同规格的织物，经过一定时间后，通过各烧杯中温度计的刻度高低比较各种材料的保暖性。

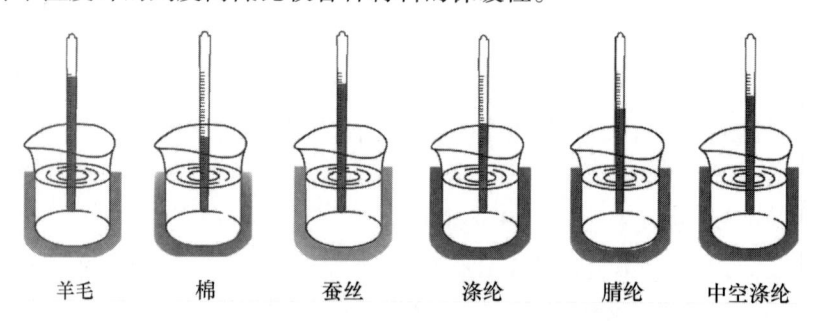

羊毛　　棉　　蚕丝　　涤纶　　腈纶　　中空涤纶

图4-29　织物保暖性简易测试方法

三、织物的耐用性能

服用织物的耐用性能既要求不易损坏，又要求服用初期和服用一段时间后，仍能保持外观与性质不变或变化甚微；既能经受穿着过程中所受各种外力，又能经受服装加工过程的损伤。

（一）耐拉伸、撕裂和顶裂

织物受拉伸外力作用而导致破坏的形式称为拉伸破坏［图 4-30（a）］。一般穿用情况下，这种破坏不多，只是在多次反复的拉伸力作用下，产生的疲劳破坏较多。织物内局部纱线受到集中负荷而撕裂［图 4-30（b）］，或织物周围固定，从织物的一面给以垂直的力使其破坏的顶裂［图 4-30（c）］，较易发生在穿用一段时间后的服装上。从耐用角度考虑不希望此类破坏发生，希望织物经得起拉伸、撕裂和顶裂。

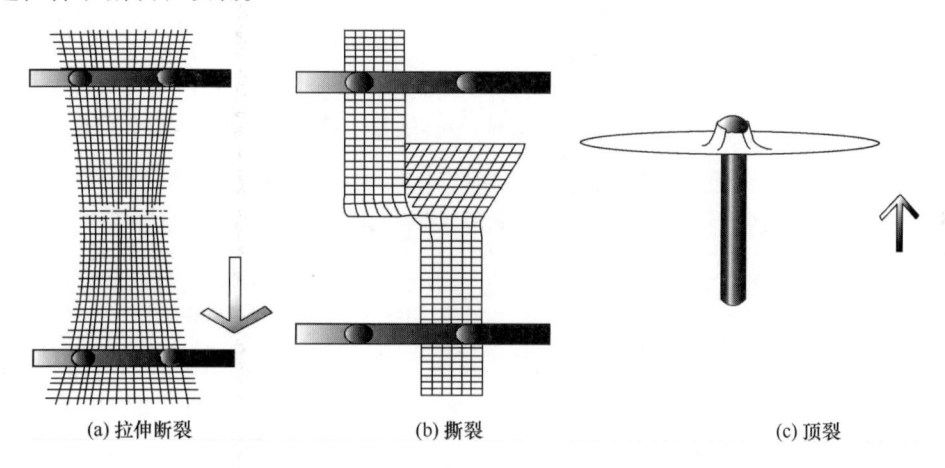

(a) 拉伸断裂　　　　(b) 撕裂　　　　(c) 顶裂

图 4-30　织物三种破坏形式

（二）耐磨性

耐磨性是指在服装穿着过程中织物与外界物体（或织物与织物之间）相互摩擦，织物不产生明显损伤的一种性能。耐磨性包括平磨、折边磨与曲磨三种类型，分别模拟服装臀部、领口、肘部等不同部位受摩擦的情况。

织物的耐磨性与所用纤维的种类、纱线结构、织物组织结构、织物密度等因素均有关。在织物密度相同的条件下，交织点少的缎纹织物就不如交织点多的平纹织物耐磨。纤维耐磨性差，其织物耐磨性也差，如棉、黏胶纤维耐磨性差，其面料就不如耐磨性好的涤纶、锦纶织物。所以常用两种或多种纤维进行混纺来弥补各自的不足，提高面料的使用价值。

（三）缝纫强度与可缝性

服装耐用与否，除了上述破坏因素外还与缝纫强度有关。缝纫强度取决于缝纫线强力、缝迹类型、缝迹密度及缝合织物的紧密程度、纱线表面的光滑程度等因素。无论是平行还是垂直于接缝处的单向或多向作用外力，都会引起缝纫线的断裂、被缝合织物内纱线的断裂或被缝合织物内纱线滑脱而造成缝合处裂缝的出现。一般缝迹密度大，即单位长度内的针数多，缝纫强度高；但缝迹密度过大，也会影响缝纫强度。

织物的可缝性是指在一定的缝纫条件下，使用适当的缝纫线、缝纫针，由织物自身结构和特征所决定的缝纫加工的难易程度。通常从缝合是否顺利、缝合时是否损伤缝纫材料（包括织物和缝纫线）、缝合后织物表面是否起皱三个方面来衡量织物的可缝性。

（1）是否容易缝纫、是否适于高速缝纫。具体观察针刺入织物时的阻力大小；观察高速缝纫时针温升高程度是否会导致被缝的合纤织物和所用的合纤缝纫线熔融；是否会导致被缝织物的破坏。

（2）织物缝合后是否起皱。一般织物缝制后的起皱有以下三种情况：

①缝制后自然起皱。

②缝制后起皱不太明显或有轻微起皱，经熨烫加压后能消失，但穿洗后又会重新出现。

③由于材料尺寸不稳定，缝制和穿用后都会发生起皱。

（3）缝制时，织物内纱线是否会被切断。

由上可知，织物的可缝性与被缝织物的厚度、组织、紧度、弯曲刚度、可压缩性、尺寸稳定性以及缝纫线的粗细、刚度、延伸性、尺寸稳定性等因素有关，也和缝纫条件，如缝型、缝合方法、缝迹密度等有关。

（四）耐熨烫性

耐熨烫性对于服装加工企业及消费者来说都非常重要，尤其是使用化学纤维面料时，如果不掌握其耐熨烫性，将会给企业及个人带来不必要的损失。

耐熨烫性实验可采用调温熨斗，温度由低开始，在试样上熨烫10s左右，待其冷却后观察布样变化情况，若无损伤可逐渐升高温度，直至发生变化。试样无损伤的标准是：

（1）不发亮、不泛黄、不变色或热时泛黄变色，但冷却后仍能恢复原样色泽。

（2）试样的各项物理机械性能指标基本不受影响。

（3）不发硬、不熔化、不变质、不皱缩、手感不变。

第四节　机织面料常见产品及应用

各类面料除以其组成成分、加工方法、后整理方式等命名外，还常常因其特殊的外观风格及质感而得名，这里介绍具有代表性的典型产品，且以其外观风格划分类别。

一、棉型织物的风格特征及应用

1. 平布

平布（Plain cloth）是一种以纯棉、纯化纤或混纺纱织成的平纹织物。它的特点是：经纱与纬纱的粗细、经向与纬向的密度相等或接近。平布根据其风格不同，分为粗平布、中平布（市布）、细平布三类。中平布用中等粗细的棉纱织成，厚薄适中，坚牢耐用；细平布布身轻薄、平滑细洁、手感柔韧，光泽好，属于较高档产品；粗平布又称"粗布"，用较粗的棉纱织成，布身粗厚、结实、坚牢，用于衬料或工作服、夹克、裤子等服装，因粗平布厚实、挺括、不易起皱，近年较多应用于男衬衫（图4-31），特别是手工粗布更为挺实，用于床单、沙发布等装饰用布（图4-32）。细平布、中平布经漂白、染色、色织或印花后，可用作内衣、婴幼儿服装、衬衫、裙子、睡衣睡裤等。

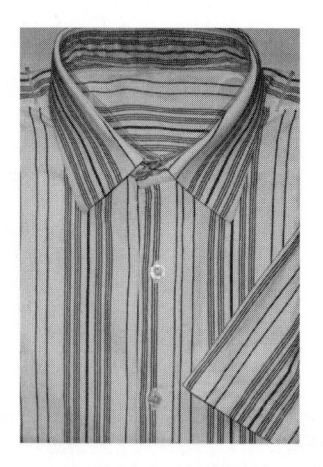

图4-31　粗布男衬衫

(a)何氏老粗布品牌　　(b)粗布床单

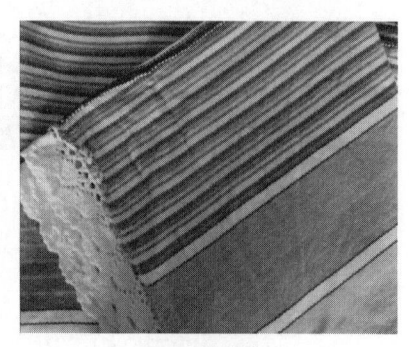

图4-32　手工粗布品牌及床上用品

2. 府绸

府绸（Poplin）是用较细的纱线织成的平纹或提花棉织物。外观细密、布面光洁匀整，手感平挺滑爽，表面的菱形颗粒清晰、丰满、匀称是府绸的显著特点，这是由于较大的经密所造成的，也是与平布最显著的差异（图4-33）。府绸以原料分，有纯棉府绸、涤/棉府绸；按工艺分，有普梳府绸、半精梳府绸和精梳府绸；按印染加工分，有漂白府绸、杂色府绸、印花府绸；按织造花式分，有普通府绸、条子府绸、提花府绸。此外，府绸的品种还有经过特殊整理的防缩府绸、防皱府绸及经防水整理的永久性防雨府绸等。薄型府绸（特别是高支高密府绸）适用于高级男女衬衫，印花府绸可作为夏季女装及童装衣料，厚重府绸是男女外衣、制服、裤子、风衣及夹克衫的理想面料。但府绸的纬纱密度较经纱小很多，经常会因用久纬纱断裂而产生面料的"破肚"现象。

(a) 经纱凸起的府绸　　　　　　　　(b) 经纬纱均衡呈现的平布

图 4-33　府绸与平布的比较

3. 泡泡纱

泡泡纱（Seersucker）是具有特殊外观效应的夏季用薄型平纹布。布面呈凹凸不平的泡泡状，造型新颖，风格独特，透气性好，立体感强，穿着不会紧贴人体，洗后免烫，适宜做衬衫、裙子、睡衣、睡裤、薄型夹克等，也可用作被套、床罩，甚至窗帘、沙发布等（图 4-34）。泡泡纱的缺点是多次洗涤后泡泡易消失，其服装保型性差，因而泡泡纱的服装会

图 4-34　泡泡纱沙发套

越穿越大，故裁剪时放松量不要太大，而且泡泡部分易磨损。为保持泡泡的持久，洗涤时不要用太热的水和搓板洗，不要用力拧绞。

泡泡纱常用的加工方法有三种。

（1）化学处理法：利用纤维遇某种化学试剂会引起收缩的特性，在布面上凡接触化学试剂处就收缩，未接触处就凸起。

（2）机械方法：在布面上直接轧出凹凸效果。

（3）织造方法：织造时控制经纱张力松紧不一，得到布面泡泡效果（图 4-35）。其中以第三种加工方法应用最多，泡泡最持久。也可以采用氨纶弹力纱，形成布面一部分收缩、一部分凸起的泡泡效果。

4. 巴厘纱

巴厘纱（Voile）是一种稀薄半透明的平纹或平纹小提花棉织物。由于该织

物透明度较高，故又称"玻璃纱"。巴厘纱虽很稀薄，但由于纱线加强捻，故布面光洁，身骨较挺，触感爽快，透气性良好。主要用做夏季衣着，如女套裙、连衣裙、女衬衫、男用礼服衬衫、童装等，以及手帕、面纱、窗帘、家具布等装饰用布，在国内外市场上颇受欢迎。

图 4-35　机织泡泡纱的泡泡凸起

5. 牛津布（纺）

牛津布（纺）（Oxford）以纯棉为主，也有涤/棉、棉/维等混纺产品。曾流行于英国牛津地区，被牛津大学采用为校服面料，故名牛津布。该布经、纬纱色泽不同，经纱染色、纬纱漂白，以重平或方平组织交织而成，布面形成饱满的双色颗粒效应（图 4-36），色泽调和文静，风格独特，穿着舒适。主要用于男衬衫、休闲服等。

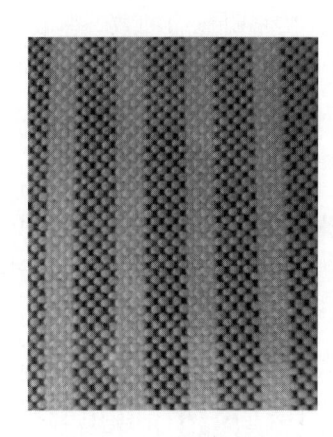

图 4-36　牛津布

6. 卡其

卡其（Khaki drill）是棉织物中紧密度最大的斜纹织物之一，布面呈现细密而清晰的倾斜纹路。卡其品种较多，按所用纱线可分为纱卡其、线卡其、半线卡其；按布面纹路分为正反面均有斜纹而方向相反的双面卡其，仅一面有清晰斜纹的单面卡其。卡其质地结实，布身紧密，不易起毛，布面光洁，纹路清晰，色泽鲜明均匀，手感丰满厚实，适于做各种制服、工作服、风衣、夹克衫、休闲裤、男女春秋衫及童装等（图 4-37）。经过防水整理后，可加工成雨衣、风衣等。卡其原料有纯棉、涤/棉、棉/维和涤/黏

图 4-37　儿童卡其裤和时尚的印花卡其短裤

中长纤维混纺等，特别是以各种不同比例混纺的涤/棉、棉/涤卡其品种更是多种多样，而且强力、耐磨性能、保型性能、洗可穿性、免烫性能都优于全棉卡其。为了使卡其穿着更舒适，加入弹性纤维的弹力卡其、磨毛卡其甚为流行；另外印花卡其也使其用途更加广泛。卡其由于经向密度过于紧密，耐折边磨性能差，故衣服领口、袖口、裤脚口等处往往易于磨损折裂，同时由于坯布紧密，在染色过程中染料不易渗透到纱线芯部，因此有些染色产品布面容易产生磨白现象。

7. 棉华达呢

华达呢（Gabercord or cotton gabardine）为双面斜纹织物。该织物斜纹倾斜角度接近63°，比卡其纹路间距稍宽，比哔叽纹路明显而细致，紧度大于哔叽、小于卡其（图4-38）。华达呢质地较为厚实，手感比卡其稍软，布面富有光泽，布身挺而不硬，耐磨损而不折裂，适宜制作春、秋、冬季各种男女外衣、裤装。

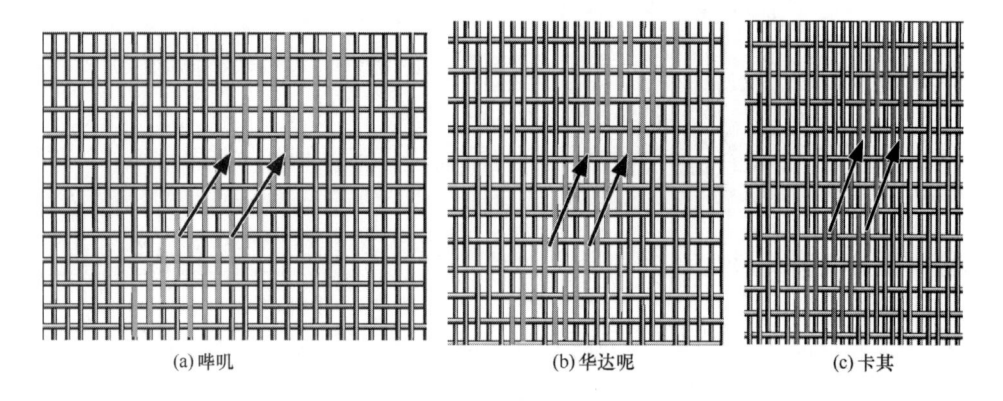

(a) 哔叽　　　　　(b) 华达呢　　　　　(c) 卡其

图4-38　三块斜纹织物外观比较

8. 棉哔叽

哔叽（Cotton serge）为传统棉织物中的一种。哔叽的经纬密较接近，紧度比卡其、华达呢都小，表面斜纹纹路的倾斜角度接近45°（图4-38），正反两面呈形状相同而方向相反的斜纹，但正面比反面清晰。哔叽质地比斜纹布略松，手感柔软，斜向纹路宽而平。哔叽多用作妇女、儿童服装和被面，也可用于男装。

9. 斜纹布

斜纹布（Drill）属中厚偏薄型的斜纹棉布，全纱织物，一般采用三枚斜纹组织，正面斜纹线条较为明显、呈45°左斜，反面斜纹线条则模糊不清。斜纹布质地较平布厚实，手感比平布松软，经漂白、染色或印花加工后，可用于男女便装、制服、工作服、学生装、童装等面料及床上用品，薄型斜纹布用于男衬衫，穿着柔软舒适。

10. **劳动布/牛仔布**

劳动布（Denim/jean）是一种质地紧密、坚牢耐穿的粗斜纹棉织物，又名坚固呢，俗称牛仔布。一般布面呈现向左或向右的斜纹，经纱用染色纱、纬纱为漂白纱，深浅分明，布正面深而反面浅，形成了牛仔布正反面色泽深浅不同的外观特征。由于织物用纱的线密度高、经纬向密度大，故布身厚实、结构紧密，织物结实耐用，外观粗犷，穿着休闲随意，尤其受到年轻人的偏爱。为了使牛仔布呈现泛白、仿旧等更加随意的效果，并使手感更加柔软，常采用水洗、砂洗、石磨等工艺处理牛仔布，另外近年使用的酶洗处理工艺可获得更加柔软的手感而且较为环保。随着消费者需求的变化，其品种不断丰富，有重型、中型和轻薄型牛仔；颜色从单一的藏青色发展到五彩缤纷；除单色外又有普通印花、涂料印花、烫金印花、植绒印花、绣花、提花等更多花色品种（图4-39）。

(a) 绣花牛仔　　　　　　　　(b) 印花牛仔

图4-39　丰富多彩的牛仔面料

11. **贡缎**

贡缎（Sateen）包括横贡缎与直贡缎。贡缎的经纬纱大多用优质棉纱，采用纬（或经）面缎纹组织，布面仅呈现纬纱（或经纱），且用纱条干细洁，织物紧密，缎纹在光线的照射下反光较强，有丝绸的风格。贡缎布面润滑，手感柔软，很像丝绸中的缎类织物，为高档的素色、印花或色织布。贡缎适宜做女外衣、便服、套装、裙、高级衬衫等服装及时装，近年也常用于床单、被套、枕套等中高档床上用品。缺点是不耐磨，易起毛，洗涤时不宜剧烈刷洗。

12. **灯芯绒**

灯芯绒（Corduroy）织物表面呈现耸立的绒毛，排列成条状或其他形状，外观圆润似灯芯草，故称之为灯芯绒。布面绒条圆润，绒毛丰满整齐，手感厚实、柔软，质地坚牢耐磨。灯芯绒按单位尺寸[2.54cm（1英寸）]内的条绒数分为：6条以下的称阔条灯芯绒，6~9条的称粗条灯芯绒，9~14条的称中条灯芯绒，15~19条的称细条灯芯绒，20条以上为特细条灯芯绒。

灯芯绒的用途很广，适合男、女、老、幼做春、秋、冬三季各式服装、鞋、帽（图4-40），也适宜做窗帘、沙发套、幕帷、手工艺品、玩具等。不同宽窄、粗细的灯芯绒外观风格不同，中条灯芯绒最为常见，其条纹适中，适合做男女各式服装；阔、粗条灯芯绒的绒条粗壮，外观粗犷，可制作夹克衫、两用衫、猎装、短大衣等，适合青年男女穿着；细条和特细条灯芯绒绒条细密，外观细腻，质地柔软，可制作衬衫、罩衫、裙料、儿童服装等。花式灯芯绒（图4-41）外观更加富于变化，可呈现几何纹样、仿针织毛衫纹样，多用于女装面料。

图4-40 灯芯绒布鞋

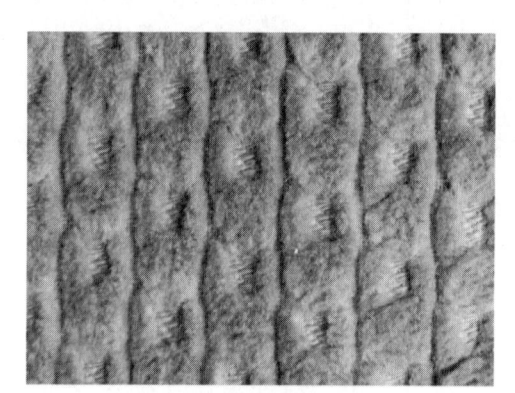

(a) 几何图案的花式灯芯绒　　(b) 仿针织纹样的花式灯芯绒

图4-41 丰富多彩的花式灯芯绒

灯芯绒服装裁剪时一定要注意倒顺毛方向，如果采用倒、顺毛不同方向做成两条裤腿，就会出现两条裤腿颜色深、浅不一的现象，这是由于倒顺毛不同引起对光线反射不同所造成的。

灯芯绒服装穿着日久，在肘部、膝部与口袋内壁，因经常受到摩擦，绒毛容易脱落。若洗涤时用力过猛，或用硬毛刷用力擦刷等洗涤方式不当，也会造成灯芯绒脱毛。若在缝制时局部衬上一层软、薄的衬里，可减缓脱毛的现象。

近年，为了满足人们穿着舒适的要求，在灯芯绒的底布纱线中加入氨纶或氨纶包芯纱，制成弹力灯芯绒，亦有黏胶人造棉灯芯绒。

13. 平绒

平绒（Velveteen）是棉织物中起绒织物的一种。它的表面绒毛耸立，将布面全部覆盖，形成平整的绒面，所以称为平绒。织物表面绒毛稠密，绒面整齐而富有光泽，布身柔软厚实、弹性好、不易起皱、坚牢耐用。由于织物表面由竖立的绒毛所组成，所以不仅具有柔软的手感和优良的弹性，而且布身借竖立的绒毛组成空气层，因此保暖性能也好。表面借绒毛与外界摩擦，故耐磨性能比一般织物高，厚实耐穿。

平绒适宜做妇女、儿童冬季罩衣、夹袄、马甲、短外套以及鞋帽料、滚边等。

14. 绒布

绒布（Flannelette）是在原来无绒毛的平纹或斜纹坯布表面，经单面或双面起绒，拉起一部分纤维形成绒毛而成的产品。它的品种较多，按织物组织可分为平布绒、斜纹绒等；按拉绒方法可分为单面绒和双面绒；按织物厚度可分为厚绒和薄绒；按印染加工方法可分为漂白绒、杂色绒、印花绒和色织绒等，其中色织绒布中又有条绒、格绒、彩格绒、芝麻绒等；按使用原料成分的不同，可分为纯棉绒布、涤/棉绒布和腈纶绒布等。绒布由于表面纤维蓬松，有一层绒毛，所以保暖性好，穿着时可减少人体热量的散失，并具有一定的吸湿性。绒布的外观优美，手感柔软，有舒适温暖的感觉，适用于男女睡衣裤、内衣、婴幼儿服装、童装等。但织物表面经反复拉绒，强力受到损失，特别是纬向强力降低一半左右，因此该织物洗涤时忌用力搓洗，以免损伤织物和绒面绒毛的丰满度。

15. 帆布

帆布（Canvas）是经纬纱均采用多股线织制的粗厚织物，因最初用于船帆而得名。具有紧密厚实、手感硬挺、坚牢耐磨等特点。一般采用平纹或方平组织，与高线密度的纱线相配合形成饱满的颗粒效果（图4-42），用料以棉、棉混纺为主。按纱线粗细可分为粗帆布和细帆布两种，服装制作多使用细帆布。帆布外观粗犷、朴实、自然，特别是经水洗、磨绒等处理后，赋予帆布柔软的手感，穿着更舒适，多用于男女秋冬外套、夹克衫、风雨衣或羽绒服。

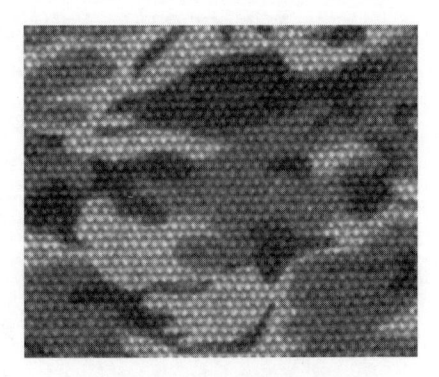

图4-42 帆布的颗粒效果

二、麻型织物的风格特征及应用

1. 苎麻平布

苎麻平布（Ramie plain cloth）是用苎麻纤维纺制而成的平纹布。其强力高、刚性大，挺爽，透气性好、吸湿散湿快、散热性好，穿着透凉爽滑，出汗不贴身，凉爽舒适，是夏季衣着的理想面料，传统的"夏布"即为手工织成的苎麻布。苎麻布表面常常有不规则的粗节纱，形成独特的风格。纯苎麻布弹性差、容易起皱、耐磨性也差、折边处易磨损、表面易磨毛，稍有刺痒感。适宜作夏季男女服装以及工艺品抽绣用布、绣花底布、窗帘、床罩、台布、手帕等。

2. 亚麻平布

亚麻平布（Linen plain cloth）是以亚麻纺制而成的纯亚麻平纹布。它透凉爽滑、服用舒适，与苎麻一样弹性较差，不耐折皱和磨损。亚麻平布表面呈现粗细条痕并夹有粗节纱，形成麻布特有的风格。由于亚麻单纤维相对较细、短，故较苎麻平布松软，光泽柔和。适合作衬衫、裙子、西服、短裤、工作服、制服，还可制作床单、台布、餐巾、茶巾、窗帘以及精致的高级手帕等。为了改善亚麻的不足，亚麻/棉、亚麻/黏胶平布也占有很大比例。

3. 苎麻/亚麻平布

苎麻/亚麻平布（Ramie/flax blending cloth）是将苎麻的落麻与一定比例的原色亚麻相混纺织制的平纹布，无需染色，利用亚麻固有的色彩进行装饰点缀，似雪花状。产品风格自然、绿色环保。最先开发此产品的企业将其命名为"雪松麻"，形象地展现出面料的特征。

4. 麻的确良

"麻的确良"（Polyester/ramie blending cloth）即"涤/麻细布"是苎麻和涤纶的混纺织物，常见的混纺比例有涤纶/苎麻（65/35）、涤纶/苎麻（70/30）混纺等。通过涤纶与麻的混纺，不仅使织物保持了麻织物原有的特性，而且还改善了其许多不良性能，使成品强力高、手感爽挺、弹性好，织物硬挺、透气、散热、穿着凉爽舒适，出汗后不粘身，且具有易洗、快干、免烫的特点。麻的确良结构稀疏，轻薄透气，适宜做夏季男女各式服装及绣衣、窗帘、台布、床罩等工艺品。

随着麻制品的不断丰富，麻的混纺或交织产品增多，有苎麻、亚麻与天然纤维或化学纤维的混纺、交织产品，较常见的有麻/黏、麻/棉、麻/涤、麻/醋酯混纺及交织面料。

三、毛型织物的风格特征及应用

（一）精纺毛织物

精纺毛织物是用精梳毛纱织成，所用羊毛品质高，织物表面光洁、织纹清晰，手感柔软，富有弹性，平整挺括，坚牢耐穿，不易变形，大多用于春秋及夏令服装。主要品种如下。

1. 华达呢

华达呢（Gabardine）又名"轧别丁"，属中厚斜纹织物。传统产品的色泽以藏青、米色、咖啡、银灰等色为主，亦有少量本白色或以花式线织成的闪光华达呢。有纯毛、混纺及化纤华达呢，由于使用原料不同而各具特色。品种有正反两面都呈现明显的斜向纹路的双面华达呢，正面呈右斜纹，反面呈左斜纹；另一种是正面斜纹纹路突出，反面纹路模糊的单面华达呢；还有一种是正面外观与普通斜纹效果相同，背面是缎纹的缎背华达呢。缎背华达呢因过于厚重，近年已较少使用。无论是哪一种华达呢，经密都远大于纬密，布面呈63°左右的清晰斜纹，纹路间距较窄，斜纹线陡而平直，手感滑糯而厚实，质地紧密且富有弹性，耐磨性能好，呢面光洁平整，光泽自然柔和，颜色纯正，无陈旧感。

采用花式线织成的华达呢外观上具有混色效果，用不同色泽的经纬纱交织的华达呢，具有闪色或闪光的特点。华达呢主要用作外衣面料，如春秋季各式男女西服；中厚型的双面华达呢以做秋冬男装、大衣为宜；薄型的单面华达呢多用做女裙、女西服面料；经过防水处理的华达呢可做晴雨大衣；此外，华达呢还可作帽和鞋面料等。

2. 哔叽

哔叽（Serge）为素色的双面斜纹织物，经、纬密度接近，斜纹角度约45°，纹路较宽，表面平坦，身骨适中，手感软糯。有全毛哔叽、毛混纺哔叽、纯化纤哔叽等多种。适用于春秋季男女各式服装、制服、军装、鞋料、帽料等，其中薄哔叽还可做女套装、裙子等。

3. 啥味呢

啥味呢（Worsted flannel）又称"精纺法兰绒"，是模仿粗纺法兰绒开发出的产品。布面柔和细腻，结构松紧适中，布面斜纹倾斜角呈50°左右，与哔叽相似，属中厚型产品。传统的啥味呢通常由深色毛与白色（或浅色）毛混合而成，故呈混色效果。传统色泽以灰色、咖啡色等混色为主，目前亦有纯色或条格产品。经轻缩绒处理的啥味呢，正反面均有毛绒覆盖，毛绒短小均匀且丰满，无长纤维散布在呢面上，底纹隐约可见，手感不板不烂，软糯而不糙，有弹性、有身骨，光泽自然柔和。适宜做春秋季男女西服、两用衫、夹克衫、西服裙裤、女式风衣等。

4. 凡立丁

凡立丁（Valitin）与派立司都是以平纹组织织成的轻薄型精纺毛料，在春夏季服装中应用最广。采用优质羊毛为原料，也有混纺及化纤产品，所用纱线细而捻度大。织物轻薄挺爽、富有弹性、呢面光洁、织纹清晰，多为素色，以浅色为主，亦有黑色、藏青色、草绿色及咖啡等深色，光泽自然柔和，适于制作春夏季男女西服、西裤、衬衫和裙料等，也可用作春夏季军装、制服。

5. 派立司

派立司（Palace）是外观呈夹花细条纹的混色薄型毛织物，有全毛、毛混纺以及纯化纤仿毛派立司。色泽主要有浅灰、中灰为主，亦有少量杂色。常采用色毛与白毛异色混色纱，呢面呈散布均匀的白点和纵横交错、隐约可见的混色雨丝状细条纹，这成为派立司所特有的风格（见彩页Ⅱ）。其表面光洁、质地轻薄、手感挺爽，毛/涤派立司更为挺括抗皱、易洗易干，有良好的服用性能，为春夏季理想的男女西服套装、两用衬衫、长短西裤等用料。

6. 女衣呢

女衣呢（Worsted lady's dress）是精纺呢绒中结构较松、专用于女装的一类织物。女衣呢花色变化繁多，色谱齐全，颜色鲜艳明快，呢面有各种细致图案或凹凸变化的纹样，织纹新颖，一般以羊毛为主要原料，还有毛与化纤混纺和纯化纤的品种，如毛/涤、毛/腈、涤/毛、涤/粘、纯腈纶等；高档女衣呢常采用特种动物毛，如羊绒、马海毛、兔毛等，以及各种新型化纤和金银丝等。女衣呢的色泽有紫红、橘红、铁锈红、草绿、艳蓝等众多色谱，花型有平素、直条、横纹，还有各种传统的格子。利用各种花式纱线可作花俏活泼的点缀或利用闪烁金属光泽的金银线作富丽豪华的装饰。女衣呢质地细洁松软，富有弹性，织纹清晰，色泽匀净，光泽自然，大多为素色产品，也有混色、花色品种。适宜做春秋季妇女各式服装，如上班族的职业套装、西服、风衣、连衣裙等，该产品时令适应性强，为理想的女装面料（图4-43）。

图4-43 绉纹女衣呢套裙

7. 花呢

花呢（Fancy suiting）外观呈点子、条、格等多种花色，是精纺呢绒中花色变化最多的品种，因而是应用范围最广的一类产品。经、纬纱常利用各种不同种类的纱线，如素色、混色、彩色、异色合股、圈圈线、结子线、正反捻线以及丝线、金银线等，并配合不同组织变化，织出丰富多彩的花色，如素花呢、条花呢、格花呢、隐条隐格花呢等，不同的面料花色可获得不同的着装风格（图4-44）。花呢品种按重量和厚薄分为薄花呢、中厚花呢和厚花呢三种。呢面一般平整细洁，花纹图案精巧，色泽鲜明匀净，手感柔软有弹性，挺括丰满，因此花呢按不同厚薄分别适用于四季西装、套装、上衣、西裤等。

8. 板司呢

板司呢（Basket）属中厚花呢中的一种，由于采用方平组织，呢面形成细格状花纹。板司呢风格独特、呢身平挺、弹性足、抗皱性能好、花色新颖、配色和谐、织纹清晰，适合做男女西装、西服裙、两用衫、夹克衫、猎装等。

9. 海力蒙

海力蒙（Herringbone）属中厚花呢中的一种，呢面呈山形或人字形条状花纹，类似鲱鱼骨状。海力蒙织纹细致、素雅、呢身紧密，弹性好，不易折皱。海力蒙分素色和花色两种，素色织物表面呈隐约可见的人字形条状织纹；花色海力蒙有采用混色花线作经、纬纱的，也有采用不同色泽或深浅不同的同色调的经、纬纱交织，从而产生混色或闪色效果，新颖美观。该织物可用作男女西服套装、两用衫、西裤等，因花色典雅、庄重大方，也常用作中老年的各式服装。

图 4-44 儒雅的格花呢男西服

10. 雪克斯金

雪克斯金（Sharkskin）是以阶梯状花型为特征的紧密中厚花呢，名称来自于音译，意为呢面外观条纹斑驳，像鲨鱼皮。雪克斯金以四枚斜纹组织织制，经、纬色纱均以一深一浅间隔排列，组织与色纱的配合使呢面呈阶梯状花纹。呢面洁净、花型典雅，适宜作男女套装、西裤等。

11. 贡呢

贡呢（Venetian）是精纺呢绒中用纱细、密度大、光滑、光亮的中高档产品。贡呢中最常用的品种是直贡呢，采用经面缎纹组织，当经密较大时，其布面呈角度约为75°的斜向贡子，呢面平整、细洁、光滑，色泽稳重鲜明，光泽明亮，质地紧密厚实，富有弹性，手感丰厚饱满，不板硬，穿着舒适，但因浮线较长，耐磨性稍差，容易起毛、钩丝。适用于制作秋冬服装，如高级礼服、西服、制服、大衣、便装等，也可用作鞋料和帽料。随着面料向轻薄方向发展，贡呢用纱的线密度逐渐减小，织物重量也大大降低。

12. 驼丝锦

驼丝锦（Doeskin）英文原意是母鹿的皮，用以比喻品质的精美。驼丝锦属缎纹变化组织，表面呈不连续的条状斜纹，斜线间凹处狭细，背面似平纹。呢面平整，织纹细致，光泽滋润，手感柔滑、紧密，弹性好，常用作礼服、西服套装等，属中高档毛织物。

驼丝锦和贡呢织物均一面光亮、一面光泽柔和，为了防止织物光亮面穿着摩擦后出现极光，常常用光泽柔和的一面做服装的正面，使服装既有悬垂的造型、挺括的手感又不易出现极光。

13. 马裤呢

马裤呢（Whipcord）是精纺呢绒中身骨最厚重的品种之一，由于最初用作军用马裤和猎装马裤，故名马裤呢。马裤呢用纱较粗，结构紧密，呢面呈现陡急的斜向凸纹，倾斜角度在60°~80°之间，斜纹纹路粗壮、清晰、凸出、饱满。织物正反面不同，正面有粗而凸出的纹路，反面织纹平坦。马裤呢质地丰厚，呢面光洁，织纹粗犷，手感挺实而富有弹性，呢身结实坚牢，光泽自然柔和。马裤呢以深色为主，有黑灰、深咖啡、黄棕、暗绿等素色，也有混色和用花式线织成的夹花、闪光等花色。它适于做高级军大衣、军装、猎装及两用衫、夹克衫等，亦可做帽料。近年因面料过于厚重，除军装外应用较少。

（二）粗纺毛织物

粗纺毛织物采用粗梳毛纱织成，织物一般经过缩绒和起毛处理，故呢身柔软而厚实，质地紧密，呢面丰满，表面有绒毛覆盖，不露或半露底纹，保暖性好，适宜做秋冬季外衣。

1. 麦尔登

传统麦尔登（Melton）呢面有细密绒毛覆盖，品质较高。按使用原料可分为全毛和混纺麦尔登。它质地紧密、身骨结实、手感丰厚柔软，呢面有丰满密集的绒毛覆盖，不见底纹，且细洁平整不起球，耐磨性能好，富有弹性，抗皱性好，成衣平挺，保暖性好，穿着舒适。色泽以藏青、黑色或其他深色居多，少量也有中浅色产品。适宜制作冬季服装，如长短大衣、制服、中山装、青年装、军服、西裤、帽料等。

2. 海军呢

海军呢（Navy cloth）所用羊毛品质比麦尔登稍低，有时也把海军呢归为制服呢类，但属制服呢中的上好品种。海军呢呢面有紧密的绒毛覆盖，基本不露底纹，有类似麦尔登的风格特征，织物细洁平整，质地紧密有身骨，基本不起球，手感柔软有弹性，保暖性好。一般染成藏青色，也有墨绿、草绿、米色、灰色等，色泽匀净。主要制作军装、制服、中山装、大衣、两用衫、西裤等。

3. 制服呢

制服呢（Uniform cloth）是粗纺呢绒中的大路品种，其价格较低、结实耐用、使用面广。制服呢所用羊毛品质较低，呢面较粗糙，不及海军呢细腻，色泽不匀净，不及海军呢鲜明，色光较差。制服呢质地厚实，保暖性好，但因使用较粗、短的羊毛，手感粗糙，呢面织纹不能完全被绒毛覆盖而轻微露底，特别是穿着稍久，经多次摩擦更易出现落毛露底现象而影响外观。它一般用作制服、大衣、外套、夹克衫等。

4. 法兰绒

传统的法兰绒（Flannel）是先将部分原料进行散纤维染色，再掺入部分白色纤维，均匀混合后得到混色毛纱，色泽以黑白混色为多，呈中灰、浅灰或深灰色。随着品种的发展，现在法兰绒也有很多素色及条格产品。法兰绒以纯毛及毛混纺为多，采用平纹或简单斜纹织成，表面有绒毛覆盖，半露底纹，丰满细腻、混色均匀，手感柔软而富有弹性，身骨较松软，保暖性好，穿着舒适。适宜做春、秋、冬季各式男女服装，如中山装、两用衫、西裤、春秋女式大衣、风衣、马甲、夹克衫以及帽料等；薄型法兰绒还可做衬衫、裙子、连衣裙等。

5. 女式呢

女式呢（Woollen lady's cloth）又称"女服呢"、"女士呢"，多为单色产品，也可通过色织得到各种条、格及印花品种，色泽鲜艳、丰富，常用流行色谱以适应不同服饰的需要。女式呢按外观风格分为：平素女式呢，其色泽鲜艳，不露底纹或微露底纹；顺毛女式呢，其绒毛较长并向一个方向倒伏，滑润细腻，光泽好；立绒女式呢，其绒毛密立平齐，不露底，手感丰厚、有身骨、有弹性；松结构女式呢，其呢面纹路粗犷，清晰露底，手感松软稍有粗糙感。此外，还有各种风格不一的花式女式呢。女式呢按原料分为全毛、混纺和纯化纤女式呢。全毛女式呢按其所含动物纤维的不同，又可分为羊绒女式呢、兔毛女式呢、驼绒女式呢等。女式呢手感柔软，丰厚保暖，颜色齐全，但以浅色居多。女式呢适宜做各式女装，其中厚型产品适于做秋冬女大衣，中厚及薄型则适于春秋上衣、西服套裙、女便服、两用衫等。

6. 粗花呢

粗花呢（Tweed）用单色纱、混色纱、合股线、花式纱线等和各种花纹组织配合在一起，形成人字、条格、圈圈、点子、小花纹、提花等各种花型，花色新颖，配色协调，保暖性好，适用面广，穿着美观舒适。粗花呢有纯毛、混纺或化纤产品，根据用毛的质量有高、中、低三档。该产品呢身较粗厚，构型典雅，色彩协调，粗犷活泼，文雅大方，是女时装、女春秋衣裙、男女西服上装、长短大衣、童装、中老年服装、围巾等的价廉物美的理想面料（图4-45、图4-46）。

7. 钢花呢

钢花呢（Homespun）亦称"火姆司本"，属粗花呢的一种，因表面均匀散布红、黄、蓝、绿等彩点，似钢花四溅而得名。它的用料、织物重量、组织、染整工艺等都与其他粗花呢相似，外观色彩斑斓，风格独特。宜做春秋季男女西服上装、夹克衫、长短大衣、两用衫等。

图4-45　女式粗花呢大衣　　　　　　图4-46　男士粗花呢围巾

8. 海力斯

海力斯（Harris）是粗纺呢绒中的传统品种之一，其原料主要为中低档粗花呢用料，用纱较粗，为混色产品。呢面混色均匀，覆盖的绒毛较稀疏，织纹清晰，手感挺实、粗糙，夹有枪毛（一种较粗的毛），有弹性，色泽以中深色为主，具有粗犷的风格。海力斯适合制作男女春秋大衣、外套、西装、夹克衫、猎装等。

9. 大衣呢

大衣呢（Overcoating）质地丰厚，保暖防风，品种繁多，原料各异，有高、中、低三档。高级大衣呢常采用部分特种动物毛，如兔毛、羊绒、驼绒、马海毛等制成羊绒大衣呢、银枪大衣呢等。大衣呢品种有平厚大衣呢、立绒大衣呢、顺毛大衣呢、拷花大衣呢、花式大衣呢等各种不同风格的产品，适合做大衣、风衣、帽料等。

四、丝型织物的风格特征及应用

丝绸是丝型织物的总称，具有华丽、富贵的外观，光滑的手感，优雅的光泽，穿着舒适，是一种高档服装面料。丝织品可制成薄如蝉翼、厚如呢绒的各类产品。根据我国的传统习惯，结合绸缎织品的外观风格、组织结构、加工方法，丝型织物分成纺、绉、缎、锦、绡、绢、绒、纱、罗、葛、绨、呢、绫、绸14大类。

1. 纺类

纺类（Plain habutai）是一种质地平整细密、比较轻薄的平纹丝织物，是丝绸中组织最简单的一类。该织物手感滑爽，平整轻薄，比较耐磨。有漂白、染色和印花等多种品种，原料上有真丝纺、黏胶丝纺、合纤纺和交织纺。其中真丝纺包括桑蚕丝、柞蚕丝、绢丝、双宫丝等为原料织成的纺。如电力纺、洋纺、杭纺、缎条纺、绢丝纺等，适宜作夏季衬衫料、裙料、裤料等。以黏胶丝为原料织成的黏胶（人）丝纺质地比真丝纺厚实，且由于黏胶丝具有优良的吸湿性和染色性，故产品平滑细洁、色泽鲜艳、穿着爽滑舒适，缺点是强力低，特别是水洗后强力更低，耐磨性能不如真丝纺，表面容易起毛，多用作衬衫、裙子、睡衣、棉袄面料、戏装、里料等。其主要产品如无光纺、有光纺、彩条纺、彩格纺等。合纤纺以合成纤维为原料织成，如涤丝纺、锦纶（尼）丝纺等，它们具有挺括平整、免烫快干等特点，且强力和耐磨性都比真丝纺、黏胶丝纺好，缺点是夏季穿着闷热不透气，可用作衬衫、裙子及中低档服装里料，羽绒服的面料、里料，还可作为装饰用布。纺类中代表性产品如下。

（1）电力纺、洋纺。电力纺亦称纺绸，通常为真丝织物，质地平整细致，无正反面之分，布身比绸类轻薄，柔软滑爽平挺，飘逸透凉，具有桑蚕丝的天然色泽。重磅电力纺可做夏令衬衫、裙子、连衣裙、夹袄、棉袄面料；较轻磅电力纺可用作服装里料、头巾、围巾、窗帘等；更轻的可用作西裤膝盖绸、灯罩里等；重量在 $20g/m^2$ 以下的轻磅电力纺，外观呈半透明状，称为洋纺，可做夏季服装、头巾、里料等。

（2）杭纺。杭纺是纺类中最重、质地最厚的一种平纹纺，以产地杭州命名，为历史悠久的传统品种。绸面织纹颗粒清晰，色光柔和，手感厚实紧密，富有弹性，质地坚牢耐穿，穿着舒适凉爽。适宜做夏令男女衬衫、裤、裙料，尤适于制作中、老年服装。

（3）富春纺。富春纺是由黏胶丝和黏胶棉型短纤维纱交织的平纹丝织物。富春纺的绸面光洁，手感柔软滑爽，色泽鲜艳，价格低廉，吸湿性能好，穿着舒适，但耐磨性差，易起毛、易折皱，且下水后强力大大降低，因此要采用正确的洗涤方法。富春纺不仅可做男女衬衫、裙裤、连衣裙等夏令服装，还可做被面及皮箱、拎包里料等。

（4）绢丝纺。绢丝纺以绢丝为原料织成。绢丝是用桑蚕或柞蚕的下脚丝为原料纺成的短纤维纱。织物具有蚕丝的特点和性能，虽不如真丝长丝纺光滑，但也较细致匀净，质地较厚实而富有弹性，成品有漂白、染色和印花，光泽淡雅悦目大方，穿着凉爽舒适。缺点是久藏容易泛黄。适宜做男女衬衫、睡衣睡裤、床上用品和其他装饰用绸。

2. 绉类

绉类（Crepes）是外观呈绉效应的一类丝织物。绉织物外观风格独特，光泽柔和，手感滑爽，有一定弹性和抗皱性能，服用时不易紧贴皮肤，透气舒适，常见的品种有双绉、顺纡绉、乔其绉、碧绉、留香绉、香岛绉等。可用于男女衬衫、内衣、连衣裙、裙裤、风衣及羽绒服面料。缺点是缩水率较大。绉类中典型产品如下。

（1）双绉。双绉采用左、右两种不同捻向的强捻纬丝，且每两根间隔排列而织成，经后整理因强捻丝的退捻作用，表面形成绉纹［图4-47（a）］。双绉为我国古老传统产品，很早传至欧洲，法国称双绉为"中国绉"。由于其特殊的纱线结构与工艺，使其表面呈现出均匀的细鱼鳞状绉纹，织物光泽柔和，稍有弹性，抗皱性能较好，手感柔软，轻薄凉爽。按所用原料，分为真丝双绉、合纤双绉、黏胶丝双绉、交织双绉等；按染整加工，有漂白、染色、印花等品种；另外还有真丝砂洗双绉，砂洗后，织物变厚，手感细腻、柔滑，有弹性，悬垂性好，洗可穿性也大为改善，弥补了真丝织物易皱的缺陷，提高了服用舒适性能。双绉砂洗绸面浮现出细腻、均匀的绒毛，手感丰满，光泽柔和，带有褪色仿旧感，古朴自然，是其他仿丝面料无法媲美的。双绉是女式衬衣、长裙、连衣裙、裙裤、绣衣等服装的理想面料。

（2）顺纡绉。顺纡绉是绉类中的另一种风格。与双绉的区别在于纬强捻丝只有一个捻向。织物经练漂后，纬丝朝着一个方向扭转，形成一顺向的绉纹［图4-47（b）］。顺纡绉除具有双绉织物光泽柔和、抗皱性能好、手感柔软、轻薄凉爽等特点外，绉纹比双绉明显而粗犷，弹性更好，穿着时与人体接触面积减少而更为舒适。可用作男女衬衫、连衣裙、裙裤等。

（3）乔其绉。乔其绉亦称"乔其纱"，是用强捻丝织成的轻薄、稀疏、透明、起绉的平纹丝织物。经向和纬向都采用两根左捻、两根右捻的强捻丝相间排列，经漂练后强捻丝产生退捻作用，而使绸面产生乔其纱的风格特征，即均匀、明显的绉纹和细孔［图4-47（c）］。再经染色或印花，成品色泽鲜艳，手感柔

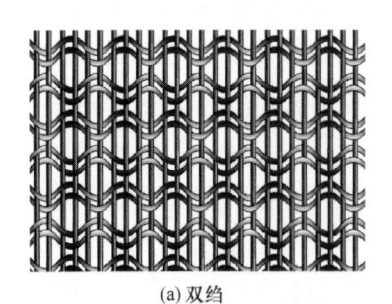

(a) 双绉 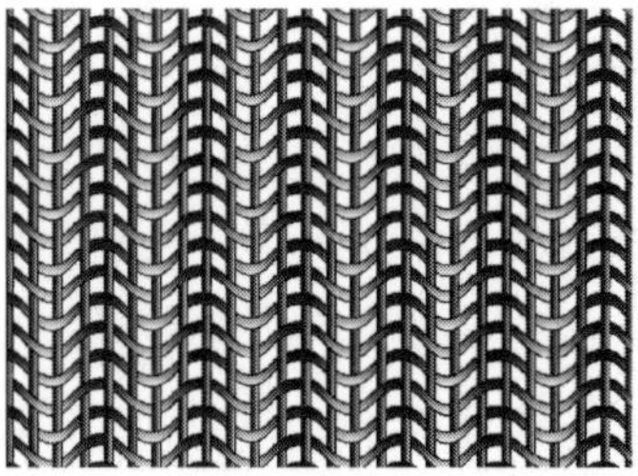　　　　　　　　(b) 顺纡绉 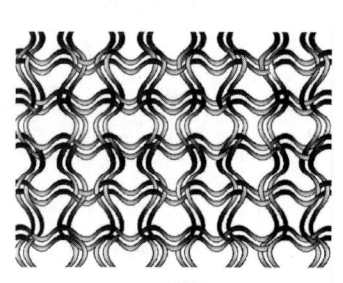　　　　　　　　(c) 乔其绉

图4-47　3种绉织物的结构与外观比较

软滑爽，富有弹性，质地细致轻薄，呈透明飘逸状，无正反面区别。宜做裙子、高级晚礼服、衬衫等，亦可作围巾、头巾、面纱等，还可用作轿车和飞机窗帘、灯罩等，更是少数民族喜爱的服装用料。

3. 缎类

缎类（Satin silks）织物是以缎纹组织织成的，手感光滑柔软、质地紧密、光泽明亮的一类丝织物。缎类丝绸品种很多，按原料分有真丝缎、黏胶丝缎、交织缎等；按提花与否，又可分为素缎和花缎。缎类织物质地厚实，外观光亮平滑，色彩丰富，配以提花则效果更为显著。其用途因品种而异，较轻薄的可做衬衫、裙子、头巾、戏装，较厚重的可做高级外衣、棉袄面料、旗袍、床罩、被面和其他装饰用品。缎类织物中常见产品如下。

（1）软缎。软缎是我国丝绸中的传统产品，为缎类中的代表性品种之一。有桑蚕丝与黏胶丝的交织缎，也有纯黏胶的黏胶丝缎。根据花色，有素软缎、花软缎之分。素软缎素净无花；花软缎纹样多为月季、牡丹、菊花等自然花卉，色泽鲜艳，花纹轮廓清晰，花型活泼，光彩夺目，富丽堂皇。软缎由于采用了缎纹组织，且经、纬丝线均为无捻或弱捻，因而缎面具有平滑光亮、手感柔软滑润、色泽鲜艳、明亮细致的特点，背面呈细斜纹状。但穿着日久缎面易摩擦起毛。软缎适宜做旗袍、晚礼服、晨衣、冬季棉袄面料、儿童斗篷和披风面料，也可作高级服装的里子、服装镶边用料、毛毯镶边、戏装、被面、锦旗、绣花枕套、绣花靠垫、绣花台毯等，中低档软缎可用于高级礼品的包装材料（图4-48）。

图4-48 软缎包装材料

（2）绉缎。绉缎是真丝缎中的一个品种，一面缎纹平滑光亮，另一面呈绉纹效应。织造时强捻纬丝以两根左捻、两根右捻相间织入，经练漂后因退捻作用而使织物一面呈现起绉效果，另一面则在有光泽的缎面上显出隐约的鱼鳞形绉纹。该绸面平整光滑，质地紧密，手感柔软润滑，色泽鲜艳而不耀眼，使织物有雍容华贵之感。绉缎为两面用织物，绉面、缎面都可做织物正面。常用作妇女春、夏、秋三季各类服装，如裙子、衬衫、连衣裙、礼服、绣花衣裙等高级服装，也是戏装用料。花绉缎与素绉缎基本相同，不同之处在于花绉缎缎面用提花机提织出各种花卉图案，外观较素绉缎活泼而丰富多彩，多用于高档女装、女时装。

（3）桑波缎。桑波缎属于提花真丝缎。该织物经丝由两根桑蚕丝并合，而纬丝由两根桑蚕丝以 S 捻向先并合，再与一根桑蚕丝以 Z 捻向并合，并加强捻，经漂练后，出现缎面光泽柔和、地部略有微波纹的外观效果，所以桑波缎又称桑波绉。该织物手感柔软舒适、弹性好，纹样以写实花卉或几何图案为主，采用正反缎纹组织分别作花、地。适宜做男女衬衫、连衣裙、套裙等。

（4）织锦缎和古香缎。织锦缎是丝织物中最为精致的产品，素有"东方艺术品"之称。它有真丝、黏胶丝、交织、金银丝织锦缎等多种，尤以黏胶丝最能表现出织锦缎绚丽多彩的特点，故花色品种最多。织锦缎的缎面光亮、细致紧密，质地平挺厚实，色彩鲜艳夺目，花纹丰满，瑰丽多彩。传统织锦缎的图案采用具有民族传统特色的梅、兰、竹、菊等四季花卉、禽鸟动物和自然景物，再配以"福、禄、寿、喜"等字样，造型精细活泼，反面因纬丝分段换色，故呈横条纹效应。近年民族传统服装的盛行，使织锦缎大量用于现代服装服饰中，也使其花色纹样更具现代风格，多呈现几何形、小花型图案。织锦缎可用于高级礼服、棉袄面料或戏装，也可用作手提包、香包、鞋面及各种装饰品（图 4-49、图 4-50）。

图 4-49 织锦缎手提包　　图 4-50 织锦缎鞋面的"老虎鞋"

古香缎和织锦缎的外观十分相似，但古香缎的缎面不如织锦缎光亮，质地稍松软，纬花不如织锦缎丰满。纹样上古香缎的取材多为民族风格的山水风景、亭台楼阁、小桥流水等风景图案，用色古色古香，风格古朴、典雅。因古香缎不如织锦缎细腻，多采用花型满地布局。古香缎可用于棉袄面料、戏装、台毯、靠垫以及书画装帧等。

4. 锦类

锦（Brocades）的特点是外观五彩缤纷，富丽堂皇，花纹精致古朴，质地较厚实丰满，采用的纹样多为龙、凤、仙鹤和梅、兰、竹、菊以及文字"福、禄、寿、喜"、"吉祥如意"等，再配合上几何纹样，构成具有浓郁民族特色的花纹图案。锦类品种繁多，中国传统名锦有蜀锦、云锦、宋锦［图4-51（a）］及壮锦四大名锦。锦类织物多用作装饰布，如室内装饰的织锦台毯、织锦床罩、织锦被面以及各种高级礼品盒的封面和名贵书册的装帧［图4-51（b）］。在服饰方面多用于制作领带、腰带、棉袄面料以及少数民族的大袍等。

(a) 典型的宋锦纹样　　　　　　　　(b) 宋锦封面请柬

图4-51　典型的宋锦及其产品

5. 绡类

绡（Sheer silks）是一类稀薄、质地爽挺、透明、孔眼方正清晰的丝织物。原料有真丝、黏胶丝、合纤丝、金银丝等；花色有素绡、条格绡、剪花绡、烂花绡等风格。织物质地轻薄飘逸，呈透明状，凉爽透气。用闪光涤纶丝制成的"欧根纱"（organdy）透明、轻薄、挺括并有闪光，宛如蝉翼。绡适宜做各种头巾、面纱、披纱和裙衣、晚礼服，也可作为窗帘、帷幕、灯罩等室内高级装饰材料。

6. 绢类

绢（Taffeta）是采用平纹或平纹的变化组织，经、纬纱先染色或部分染色后进行色织或半色织套染的丝织物。质地比缎、锦轻薄而坚韧，绢面细密平整，手感挺括，光泽柔和。常用作外衣、礼服、羽绒服面料、羽绒被套料，还可用作床罩、毛毯镶边、领结、帽花、绢花等服饰及女用高级伞绸等。绢中常见的产品有塔夫绸、天香绢等，如羽绒服面、里料大多使用涤纶塔夫绸。

7. 绒类

表面全部或局部呈现毛绒或毛圈的丝织物称为丝绒（Velvet）。丝绒品种繁多，花式变化万千。例如乔其绒、天鹅绒、金丝绒、光明绒、利亚绒等，花式有立绒、印花绒、烂花绒、拷花绒、条格绒、彩经绒等。丝绒织物色泽光亮，手感舒适，悬垂性极好。适宜做旗袍、裙子、时装及装饰用料等。特别是以丝绒制成的裙子、旗袍，有华贵庄重感。丝绒中的典型产品有天鹅绒和利亚绒。

（1）天鹅绒。天鹅绒又称"漳绒"，源于中国福建漳州，故得名，是中国传统丝织物之一。天鹅绒有花、素两类。素天鹅绒表面全部为绒圈；花天鹅绒则是部分绒圈按花纹割断成绒毛，使绒毛与绒圈相互衬托，构成花地分明的花纹，其图案多是清地团龙、团凤、清地五福捧寿一类的题材。天鹅绒的绒毛或绒圈紧密耸立，绸面手感厚实，富有光泽，织物坚牢耐磨，色泽以黑、绛、红、青等为主。天鹅绒适于作旗袍、时装等高级服装面料，以及帽子、披肩和沙发、靠垫等装饰布。

（2）利亚绒。属黏胶丝绒的一种。采用双层织造法，地经、地纬、绒经均为黏胶丝，绒毛丰满，色彩鲜艳，光泽明亮夺目，手感柔软，可用于妇女各类服装，也可作为围巾、披肩、帷幕、沙发套面料等。

8. 纱类

纱（Gauze silks）是采用加捻丝或纱罗组织织成的表面呈现出清晰而均匀分布的纱孔、质地轻薄透明、具有飘逸感的丝织物。常见的产品有乔其纱、香云纱、夏夜纱、芦山纱等。纱类织物透气性好，纱孔清晰、稳定，透明度高，具有轻薄、爽滑、透凉的特点。适合做晚礼服、夏季连衣裙、短袖衫以及高级窗帘等。纱中的典型产品有香云纱和雪纺（纱）。

（1）香云纱。香云纱又名莨纱绸，正面乌黑光亮、光滑，外观类似涂漆效果，反面为咖啡色，呈正反深浅不同的双色效应的丝织物，是我国广东省传统产品。因利用植物薯莨块茎的胶液涂于坯绸上加工而成，故名。按绸坯不同有莨绸和莨纱两种。莨绸是普通平纹丝织物，莨纱是有透孔小花纹的提花纱罗织物，总称莨纱绸。莨纱绸手感较硬，具有挺爽、凉快、舒适、防水、易洗、快干、免烫等优点，非常适宜做夏季服装，缺点是绸面黑色拷胶不耐磨，日久易磨损脱胶露底。近年莨纱绸在一些服装品牌中较流行，但其莨纱绸的加工并非沿用传统的工艺，只是仿莨纱绸的外观效果。

（2）雪纺（纱）。雪纺织物轻薄、透明、柔软、飘逸，名称来自法语"chiffe"的音译，意为轻薄透明的织物。雪纺以蚕丝、黏胶丝或合纤长丝为原料，经、纬纱使用强捻纱，平纹组织织成，经、纬密度相近，织物起皱后再进行平整处理，最终获得轻薄、透明、有一定刚度、稍有光泽的织物。适宜做女晚礼服、连衣裙、高档女衬衫、披纱、头巾等。

9. 罗类

罗（Leno silks）是全部或部分采用罗组织织成的丝织物。绸面呈现有规律的横条或直条纱孔，纱孔呈横条的称"横罗"，呈直条的称"直罗"。如盛产于杭州的杭罗，其绸面形成有规律的横条或直条纱孔，以横罗为多，原料以桑蚕丝为主。罗身紧密结实，经洗耐穿，质地轻薄，平挺爽滑，孔眼透明，清晰稳定，风格雅致，穿着凉爽舒适，可用于夏令男女衣衫、两用衫、长裤和短裤等。

10. **葛类**

葛类（Poplin grosgrain）织物一般经纱比纬纱细，经密大纬密小，地纹表面具有比较明显的横向凸纹，是质地较厚实的一类丝织物。葛就其外观特点分为提花葛和不起花的素葛两类。提花葛是在横棱纹的地上起缎花，花纹光亮平滑，花、地层次分明，有的还饰以金银线，外观更加富丽堂皇。素葛表面素净，除横棱纹外无花纹。葛大多质地厚实而坚牢，地纹表面光泽少。装饰用葛织物外观粗犷，横棱凹凸更明显，并在织物结构中嵌有粗且蓬松的填芯纬纱或饰以闪烁的金银丝，提花葛是较高级的装饰织物。服装用葛织物较为轻薄，质地细致，织纹清晰，可用作男女衬衫、裙子、冬季棉袄面料等。

11. **绨类**

以黏胶丝或其他化纤长丝作经纱，棉纱或上蜡棉纱作纬纱，织成质地较粗厚的丝织物称为绨（Bengaline）。一般在平纹地组织上提花，以小花纹图案为多，也有格花、团龙、团凤等大花纹图案。小花纹线绨与素线绨一般用作面料或装饰绸料，大花纹线绨可用作被面及装饰用绸。常见品种有素线绨、花线绨、蜡线绨等。绨类织物较厚实，坚牢耐用，由于采用了黏胶丝、棉线，故吸湿透气性好，且价格便宜。多用作夹衣面料、棉袄面料、高级服装里料及戏装面料。

12. **绫类**

表面具有明显的斜纹纹路，或以不同斜向组成的山形、条格形以及阶梯形等花纹的丝织物称为绫（Twills）。绫品种繁多，有素绫和提花绫之分。素绫表面除简单的斜纹纹路外，还有山形、条格形、阶梯形等几何图案；而提花绫的变化则更多，常见有盘龙、对凤、环花、麒麟、团寿等民族传统纹样，花与地互相衬托，极为别致。常见品种有斜纹绸、美丽绸、羽纱、素广绫、花广绫、采芝绫、棉线绫。绫类织物光泽柔和，质地细腻，穿着舒适。中厚型绫织物适宜做衬衫、头巾、连衣裙和睡衣等；轻薄绫宜做服装里料，或专供裱装书画经卷，以及装饰精美的工艺品包装盒用。绫类中常见产品如下。

（1）斜纹绸。斜纹绸为纯桑蚕丝的绫类丝织物。表面有明显的斜向纹路，质地柔糯、滑爽、轻盈，光泽较好。坯绸精练后可染色，也可印花。适于做连衣裙、旗袍、衬衫和头巾等。

（2）美丽绸。又名美丽绫，纯黏胶绫类丝织物，多以四枚右斜纹织成，绸面光亮平滑，斜纹纹路清晰，可染成与服装相匹配的多种颜色，用作秋冬季中高档服装里料。

（3）羽纱。羽纱为纯黏胶丝或黏胶丝与棉纱交织的绫类丝织物，四枚斜纹组织织成，较美丽绸稀松，绸面较光亮平滑，斜纹纹路清晰，手感松软，主要用作中、低档服装里料。

13. 呢类

有毛型感的丝织物称呢（Crepons）。织物表面光泽柔和，质地丰满厚实，手感松软，坚韧耐穿，富有弹性，大多为素色织物，也可印花，特别是染成深色者更具有稳重感。常见品种有四维呢、大伟呢、博士呢等，多用做衬衫、套裙、夹克衫、两用衫面料以及冬季棉袄面料等。

呢类中常见的四维呢的纬丝比经丝粗1倍，且纬丝以2S、2Z捻向加中等捻度交替织入。绸面有明显的细横凸条纹，色光柔和，反面横条扁平，光泽比正面明亮。绸身紧密，手感丰糯柔软，有毛料感，坚实耐用，穿着舒适。宜做男女秋冬季各式夹、棉衣面料、春夏季的衬衫、连衣裙面料。

14. 绸类

在丝织物中，无其他13大类特征的各种花、素织物称为绸（Chou silks）。其类型最多，用料广泛，桑蚕丝、柞蚕丝、黏胶丝、合纤丝等都可使用。绸类织物质地细密，比缎稍薄、比纺稍厚，如双宫绸、绵绸、柞丝绸、涤闪绸、蓓花绸、寿衣绸、新华绸等。轻薄型的绸质地柔软、富有弹性，常用作夏装，如衬衫、连衣裙；较厚重的绸挺括有弹性，光泽柔和，强力和耐磨性能较好，可做西服、礼服、外套、裤料或供室内装饰用。绸类中典型产品如下。

（1）双宫绸。经丝用桑蚕丝、纬丝用双宫丝织制而成的一种真丝绸。双宫丝是蚕丝中的一种特殊品种，其丝身具有天然的瘤节，再加上纬丝比经丝粗，因此织成的双宫绸表面粗糙不平整，纬向呈现不规则的疙瘩状竹节（图4-52），具有特殊的风格，亦称"疙瘩绸"。双宫绸外观粗犷，绸身坚挺、厚实，比一般真丝绸坚牢。适宜做夏令衬衫、裙子、西服、外套以及窗帘等室内装饰品。

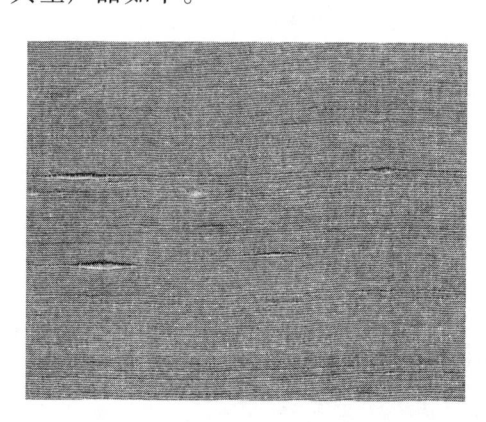

图4-52 双宫绸纬向的疙瘩效果

（2）绵绸。绵绸是绢纺厂生产的真丝绸产品，所用原料主要为桑蚕䌷丝。由于所用原料纤维较短、整齐度差、含杂质多，因此纺成的䌷丝粗细不匀，不光洁。绸面外观不平整，而且散布着粗细不匀的绵粒，形成绵绸的独特风格（图4-53）。绵绸手感厚实，有温暖感，富有弹性，质地坚韧，具有粗犷的自然美，价格低廉。主要用作衬衫、裙子、棉衣和夹衣面料以及练功服、少数民族服装等。

（3）柞丝绸。柞丝绸以柞蚕丝为原料。柞蚕丝呈天然的淡黄色，丝线较粗，但手感柔软，光泽柔和，吸湿性、透气性良好，且湿强力高。其织物比桑蚕丝绸厚实，而细洁度、弹性稍差，易起皱，易产生水渍印，易泛黄。适宜做夏季男、女西装、套装、衬衫、连衣裙、便服等。

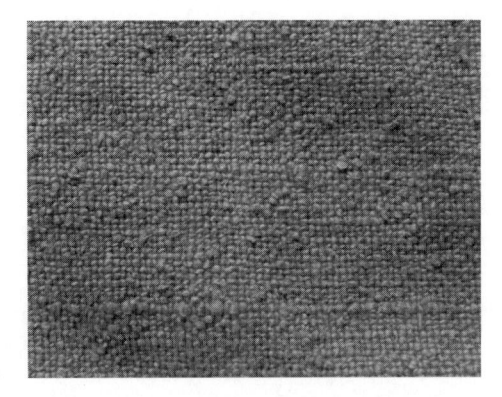

图4-53 布满绵绸表面的绵粒

以上是传统的分类方法，随着时代的发展，科技的进步，人们的着装观念、消费观念和对服用面料要求的改变，在评价或选择织物时，往往不再注重其成分、不再注重面料种类及名称，传统的面料类别之间的界线也越来越模糊，特别是随着原料的不断改性，各种纤维的固有性能均发生了飞跃性变革，人们将打破传统的经典分类法，更注重面料的风格特征。

习题与思考题

1. 混纺织物与交织织物有何区别？用什么方法可以判断？
2. 名词解释：纯纺、混纺、普梳、精梳、密度、紧度。
3. 请在你的服装中找出哪些是短纤维类织物，哪些是长丝织物？各有什么风格特征？
4. 调查目前市场上，棉布、精纺毛织物、粗纺毛织物、丝绸的幅宽。
5. 请举出三块交织织物的例子，分别叙述其交织的目的与意图。
6. 平纹织物采用哪些手段改变其外观效果？（举例说明）
7. 三原组织的本质区别是什么？说明各自的特性及用途。
8. 调研市场上男衬衫、休闲裤、风衣各自采用了哪些组织？为什么？
9. 哪些服装要求面料具有良好的悬垂性？或要求有较高的耐日晒牢度？或对织物的抗皱性要求较高？
10. 何为缩水率？引起缩水的原因有哪些？哪些面料易缩水？为什么？
11. 试分析哪些面料易起毛起球？
12. 名词解释：免烫性、色牢度、悬垂性、透湿性。
13. 泡泡纱的风格特征和用途如何？
14. 简述纯棉绒布的外观及特性如何？适宜做什么服装？
15. 灯芯绒在穿着、使用及服装制作过程中，需注意些什么？
16. 卡其、哔叽、华达呢有什么异同点？

17. 请区别女衣呢与女式呢、法兰绒与啥味呢、凡立丁与派力司、软缎与绉缎、双绉与顺纡绉、棉型黏胶短纤维平布与纯棉平布。

18. 试分析一块市场上较为流行的面料，包括织物结构、纱线结构以及纤维原料，并预测其服装的效果及用途。

19. 请设计一块夏季轻薄、凉爽面料（如做连衣裙），说出所用原料、纱线及织物结构、色彩等特点。

20. 自行收集并分析机织面料实物样品，填入下表。

面料样品	中英文名称	
	外观风格	
	主要性能	
	用途	

21. 到市场上寻找传统面料的应用实例。

选定一种传统面料，简要说明面料外观与性能特点，到市场上找到其成品用途，以图片形式说明其用途，从服装款式角度分析该图片中面料与款式之间的关联性。

22. 系列服装的面料选择与搭配。

自行选择上下装、内外衣、男女装、情侣装、亲子装、系列服装、各季服装中任一系列，进行面料选择与搭配。画出效果图，说明设计意图、设计特色及销售卖点。

第五章
针织服装面料

针织品是纺织品中的一个大类，其以柔软、舒适，富有弹性与休闲、随意的优良性能和风格，深受人们喜爱。随着高新技术的广泛应用，针织面料的品种越来越丰富，产品的设计开发水平越来越高，应用的领域也越来越广。服装用针织产品除了广泛用于内衣、T恤衫、羊毛衫、运动休闲服、袜品、手套等领域外，多功能、高档化和独特外观使之在外衣甚至时装领域也得到广泛应用，其发展前景广阔。

第一节 概述

针织物的分类方法、基本规格、性能特点与机织物有许多相似的地方，但也有其独特之处，这里主要就针织物特有的分类方法、规格参数、针织物的独特性能进行介绍，相似之处不再赘述。

一、针织及针织物的分类

（一）针织的基本概念

针织是利用织针将纱线弯曲成圈并相互串套而形成织物的一种方法。针织物是指用针织方法生产的可供加工服装用的坯布。由于可应用各种原料在不同的针织设备上进行编织，所以服用针织物品种繁多、风格各异，适应性很强。

针织物的基本结构单元为线圈，如图5-1所示。线圈在横向连接的行列称为线圈横列，线圈在纵向串套的行列称为线圈纵行。线圈在横列方向上两个相邻线圈对应点的水平距离 A 称为圈距；线圈在纵行方向上两个相邻线圈对应点的垂直距离 B 称为圈高。圈距和圈高的大小直接影响针织物的紧密程度。

如图5-1所示，线圈由针编弧、沉降弧及圈柱三部分组成，针编弧为2—3—4；沉降弧0—1，5—6（或5—6—7）；圈柱1—2，4—5。针编弧的作用是使线圈进行纵向串套，沉降弧的作用是横向连接相邻的两个线圈。

根据线圈在针织物中的形态不同分为开口线圈和闭口线圈,如图5-2所示。开口线圈是线圈沉降弧不交叉[图5-2(a)],闭口线圈的沉降弧交叉[图5-2(b)]。

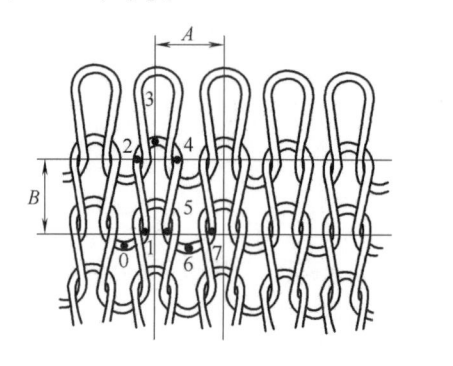

图5-1　针织线圈结构　　　　　　图5-2　线圈形式

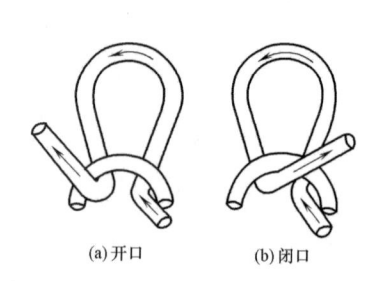

由于针织物在受到外力时圈柱或圈弧(针编弧和沉降弧)能互相转移,线圈各部分的转移恰好提供给针织物良好的延伸性和弹性。而开口线圈和闭口线圈各部分的转移量是不同的,因此,针织物是由开口线圈还是闭口线圈组成,直接影响针织物的延伸性和弹性。

(二)针织物的分类

1. 根据针织物的生产方式分

根据针织物生产方式的不同,针织物可分为纬编针织物和经编针织物。经、纬编针织物的比较见表5-1。

表5-1　针织纬编与经编织物比较

名称	结构	特性	用途
纬编针织物 Weft-knitted fabric	编织时用一根或数根纱线(顺序)由纬向喂入针织机的工作针上,使纱线在横向顺序地弯曲成圈并在纵向相互串套而形成的织物,如图5-3所示	是应用最早的针织物,具有较高的伸缩性,易于脱散,单面织物易卷边	主要用于内衣、外衣、毛衫、T恤衫、运动服、休闲装、袜子和手套等,其中内衣所占比重最大
经编针织物 Warp-knitted fabric	编织时将一组或几组(甚至几十组)平行排列的纱线由经向绕垫在针织机所有的工作针上,同时进行成圈,线圈纵向互相串套、横向连接而形成的织物,如图5-4所示	具有纵横向尺寸稳定的特点,织物具有一定的延伸性,但小于纬编织物,且大多质地轻薄,抗皱性强,脱散性小	适宜于时装、外衣及装饰织物等

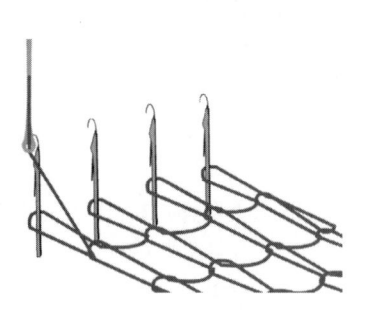

图5-3 纬编针织 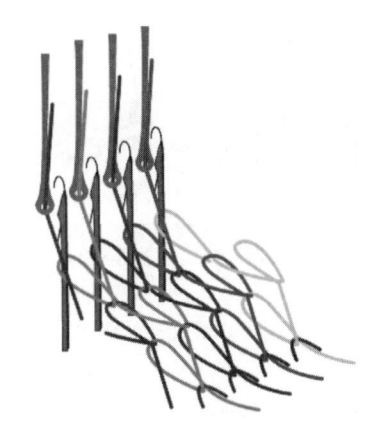　　　　　图5-4 经编针织

2. 按针织物的组织分

按针织物的组织不同，可分为原组织、变化组织、花色组织等针织物。

原组织针织物是线圈以最简单的方式组合而形成的针织物。

变化组织针织物是在原组织的基础上进行变化或在一个原组织的基础上配置另一个原组织而形成的针织物。

花色组织针织物是以基本组织或变化组织为基础，利用线圈结构的变化，或另外编入一些辅助纱线和其他纺织原料而形成的具有特殊花式效应或特殊性能的针织物。

3. 按针织物编织的针床数分

按针织物编织的针床数不同，针织物可分为单面针织物和双面针织物。

单面针织物是在单针床针织机上编织的织物。单面针织物的正面是圈柱遮盖圈弧的一面，如图5-5（a）所示，反面是圈弧遮盖圈柱的一面，如图5-5（b）所示。

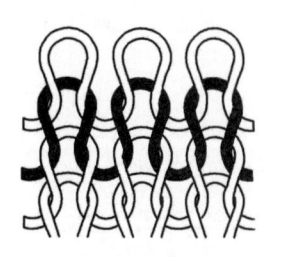

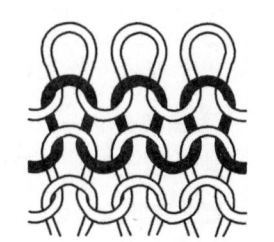

(a)正面线圈　　　　　(b)反面线圈

图5-5 单面（平针）针织物

双面针织物是在双针床针织机上编织的织物，分为双正面和双反面针织物两种，前者即针织物的两面外观都是圈柱遮盖圈弧，如图5-6、图5-7所示；后者即针织物的两面外观都是圈弧遮盖圈柱，如图5-8所示。

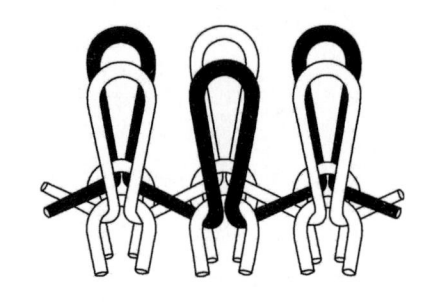

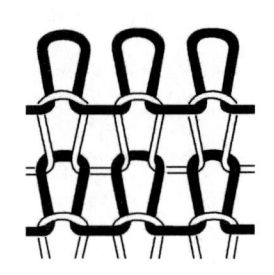

图5-6 双正面（罗纹）针织物　　图5-7 双正面（双罗纹）针织物　　图5-8 双反面针织物

针织物除以上分类方式外，亦可像机织物一样按照使用的原料、染整方式、纺纱工艺等分类（见第四章第一节）。

二、针织物的主要规格

1. 线圈长度

针织物的线圈长度即圈柱与圈弧长度之和（图5-1中0—1—2—3—4—5—6的长度），一般以毫米计。线圈长度直接影响织物的密度、脱散性、延伸性、弹性、耐磨性和抗起毛起球性等，即直接关系到针织物的服用性能。线圈长度是针织物重要的物理指标。

2. 密度

针织物的密度与线圈长度、纱线特数和织物组织直接相关。

针织物的密度是指织物单位长度内的线圈数，分为横密和纵密。横密是沿线圈横列方向上，以50mm内的线圈纵行数来表示。纵密是沿线圈纵行方向上，以50mm内的线圈横列数来表示。实际生产中，当纱线粗细相同时，常用密度来比较不同织物的稀密程度。

密度除了影响针织物的脱散性、延伸性、弹性和抗起毛起球等性能外，还影响织物的手感和尺寸稳定性等。

3. 未充满系数

未充满系数表示针织物在相同密度条件下，纱线特数对织物稀密程度的影响。用线圈长度与纱线直径的比值来表示，这也是反映织物覆盖能力的一项指标。

4. 单位面积重量

单位面积重量是针织物的重要物理指标之一，用单位织物面积克重（多用每平方米织物的克数）来表示。产品的用途不同，针织物的单位面积重量不同，其重量范围与机织物相似，具体可参照表4-1。其中大多数产品克重在140~260g/m²之间，100g/m²以下的轻薄型针织物是近年针织面料中的亮点。

5. 幅宽

针织物的幅宽取决于参加编织的针数和织物的组织、密度以及纱线线密度等因素。由于针织机有单面机、双面机、罗纹机、提花机等多种，每种机器可编织不同的组织结构，因此，针织物的幅宽变化较大，一般为 150～185cm，罗纹类产品变化幅度更大。

6. 厚度

针织物的厚度与其风格特征有着密切的关系。厚度取决于针织物的线圈长度、纱线线密度和组织结构等因素。

三、针织物的主要特性

机织物和针织物是最主要的服装用织物，因构成方式不同，其服用性能及用途等各具特色。由于针织物是线圈状结构，因此它具有机织物所没有的性质。

1. 伸缩性

伸缩性是延伸性和弹性的总称。延伸性是指针织物在拉伸时的伸长特性；弹性是指外力去除后形变回复的能力。

由于针织物中线圈互相串套，在受拉伸外力作用下线圈的各个部分会发生一定程度的变化，原来弯曲的纱线段可能伸直或更加弯曲，从而使拉伸方向上的织物长度增加，而与其垂直方向上的织物长度缩短（图 5-9）；纱线在线圈中配置的方向发生变化，如在纵向拉伸时，线圈的圈柱与织物纵行方向的夹角变小，从而使纵向长度增加；当进一步拉伸时，线圈中纱线与纱线之间的接触点开始移动，线圈的各部段（圈弧和圈柱）相互转移，即在横向拉伸时部分圈柱变成圈弧，在纵向拉伸时部分圈弧变成圈柱，使织物在拉伸方向上伸长，而在另一个方向上缩短；当拉伸外力消除后，伸长了的线圈又回复到原来稳定的形状。这就使针织物具有较大的延伸性和弹性。

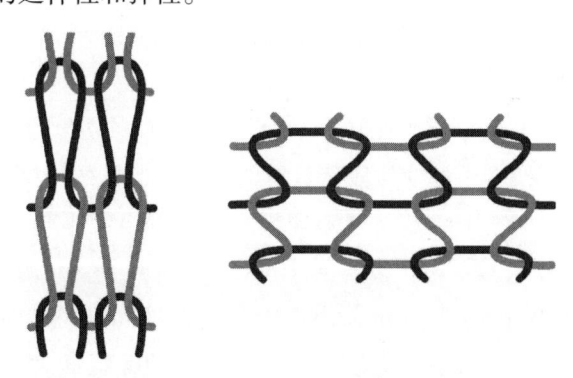

(a)受纵向外力的拉伸　　(b)受横向外力的拉伸

图 5-9　针织物受外力拉伸后线圈的变形

针织物的伸缩性使得服装随人体各部位运动而变化，便于人体运动，服装穿着时无压迫感。但针织物的延伸性会造成织物尺寸不稳定（特别是材料弹性较差时），服装容易变形；也会给服装加工带来麻烦，使针织服装的缝纫工艺、设备与机织服装有很大的差异。针织物的纵向与横向的延伸性大小不同，故常常将延伸性大的横向作为服装的围度方向，而把延伸性小的纵向作为服装的长度方向来使用。

2. 脱散性

针织物的脱散性是指当针织物的纱线断裂时线圈失去串套连接，造成线圈与线圈的分离，线圈就会沿纵行方向脱散下来［图 5 - 10 (a)］，使织物外观和强力受到影响。脱散性标志着织物内纱线的固紧程度。

脱散性在服装穿用过程中是一个缺点，但在编织中可以利用这一特点，形成特殊的风格，如图 5 - 10 (b) 所示；也可使织物脱散后重新编织，使纱线重复使用，节约原料。

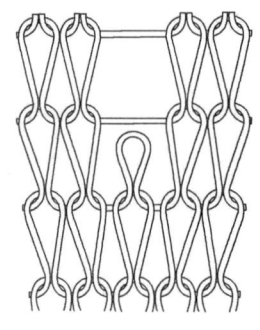

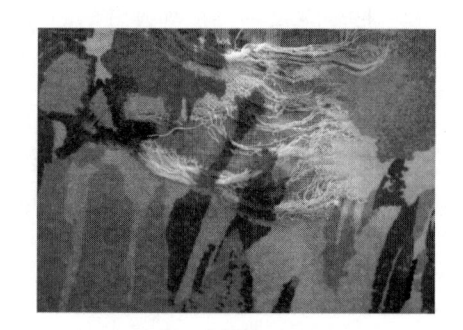

(a) 针织物（平针）的脱散现象　　(b) 表层利用脱散特性开发的双层织物

图 5 - 10　针织物（平针）的脱散现象及脱散造型的织物

根据组织结构不同，针织物的脱散性大小不同。脱散性的大小与线圈长度成正比，与纱线的抗弯刚度及摩擦力大小成反比。

3. 卷边性

在自由状态下，某些针织物的边缘发生包卷的现象称为卷边（图 5 - 11）。这是由于线圈中弯曲线段所具有的内应力造成的（弯曲线段力图伸直）。

图 5 - 11　针织物的卷边现象

双面组织和经编组织不易卷边，纬编中的平针组织卷边现象严重。针织物的卷边现象会造成裁剪和缝纫的困难，生产中经过整理和定型等加工可以消除或暂时消除。缝纫加工中易卷边的针织物大多以双层折边或双面组织收口防止卷边的发生。当然还可以利用卷边特性设计一些特殊的服装造型或面料肌理效果，如图 5 - 12 所示，如将卷边应用到针织服装的领口、袖口或兜口等边缘部位，可获

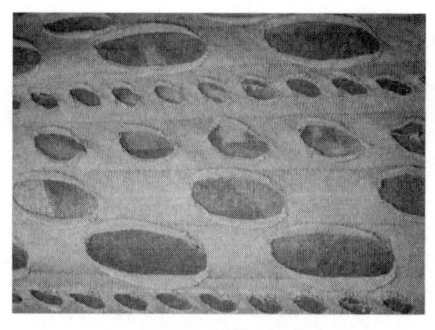

(a) 卷边+脱散造型的织物 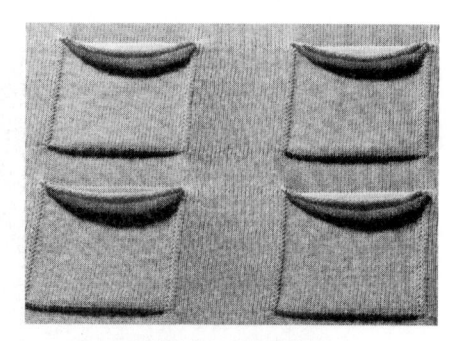　　　　(b) 服装兜口的卷边造型

图 5-12　卷边现象的应用

得休闲随意的效果。

纱线的抗弯刚度、纱线线密度和织物的密度都可以影响到织物的卷边性。

此外，由于针织物的基本结构为线圈，并且针织物使用的纱线都较机织纱线捻度小，因此，针织物通常柔软、蓬松；针织纱、针织物结构松，纱线内的纤维、织物中的纱线容易移动，往往在加工和使用过程中容易因摩擦而起毛或被尖硬物钩出而形成丝环，因此针织物抗起毛起球性和抗钩丝性能较差。当针织物折皱时，线圈可以移动以适应受力处的变形，当折皱外力去除后，被移动的纱线在线圈平衡力作用下可迅速回复原状。

总之，针织物手感柔软，弹性、延伸性和抗皱性好，但容易卷边、脱散、起毛起球及钩丝，尺寸稳定性较差。

以上是针织物的独特性能，除了结构上导致的一系列与众不同的性能外，其他性能（如与材料相关的性能）的影响因素与评价方法基本与机织物相似，故可参考第四章第三节。

第二节　针织物的织物组织

针织物的组织是指线圈在织物中的排列、组合与连接方式，它决定着针织物的外观和特性。

由于经编和纬编的编织方式不同，故形成两类不同的组织，但都包括原组织、变化组织和花色组织三类。

一、纬编组织

纬编针织物的原组织是针织物组织的基础，如纬平针组织、罗纹组织和双反面组织；纬编针织物的变化组织，如双罗纹组织；纬编针织物的花色组织，如衬垫组织、集圈组织、提花组织、毛圈组织、长毛绒组织等。

1. 纬平针组织

纬平针组织（Weft plain stitch/jersey stitch）是由连续的单元线圈以一个方向依次串套而成，是单面纬编针织物的基本组织，如图5-5所示。其实物如图5-13所示。

图5-13 纬平针组织实物图

（1）外观：由于纬平针组织正面一个线圈纵行具有2根呈纵向配置的圈柱，形成纵条纹；反面每个线圈横列具有与线圈横列同向配置的圈弧，形成横条纹，所以两面具有不同的外观，正面比反面平整、光滑，反面光泽较暗淡。

（2）特性：纬平针组织具有横向比纵向更易延伸的特性，而且横向延伸度几乎是纵向的2倍；纬平针组织的边缘具有显著的卷边现象，织物的纵行边缘线圈向织物的反面卷曲，横列边缘线圈向织物的正面卷曲，故在使用时最好是反反相对（而不要正正相对）更有利于提高效率（图5-11）；纬平针组织的脱散性最大；有些纬平针织物线圈常发生歪斜，这在一定程度上影响到织物的外观与使用。

2. 罗纹组织

罗纹组织（Rib stitch）是由正面线圈纵行和反面线圈纵行以一定的组合相间配置而成，如图5-6所示。其实物如图5-14所示。

图5-14 罗纹组织实物图

（1）外观：根据正反面线圈纵行的不同组合，如1+1、2+2、3+1，罗纹组织的外观呈多变的纵条纹效应。

（2）特性：罗纹组织具有优异的横向延伸性和弹性，因为它一方面具有针织线圈特有的变形性（图5-9），另一方面还会发生正面线圈纵行与反面线圈纵行的相互重叠（图5-15）；正反面线圈数相同的罗纹组织，卷边力彼此平衡，不出现卷边现象。正（或反）面线圈数较多的罗纹组织，同类纵行可以产生包卷的现象，使罗纹织物的纵条纹圆润、饱满，富有立体感。1+1罗纹只逆编织方向脱散，其他如2+2、3+3罗纹组织等除逆编织方向脱散外，织物中的同类线圈也会沿纵行顺编织方向脱散。

(a) 收缩前　　　　　　　　(b) 收缩后

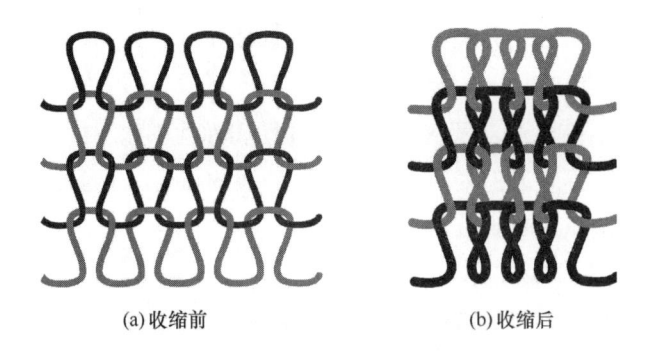

图 5-15　罗纹组织横向收缩前后

3. 双反面组织

双反面组织（Purl stitch）是由正面线圈横列和反面线圈横列相互交替配制而成，如图 5-8 所示。其实物如图 5-16 所示。

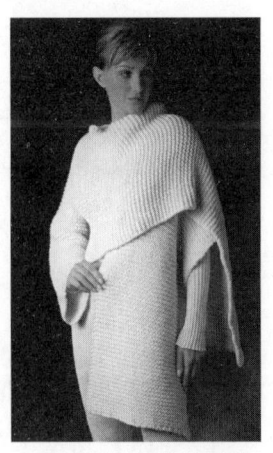

(a) 双反面组织实物图　　　(b) 双反面组织设计的服装

图 5-16　双反面组织实物图及用双反面组织设计的服装

（1）外观：由于双反面组织正、反两面都显示出线圈反面的外观，故称双反面组织。根据组合形式的不同，如 1+1、2+2、3+3、2+3 双反面组织等，可以形成风格多样的横向凹凸条纹，其织物比较厚实。

（2）特性：双反面组织纵横向的弹性和延伸度较大且相近；卷边性随正面线圈横列和反面线圈横列的组合不同而不同，如 1+1、2+2 的组合，因卷边力互相抵消而不卷边；脱散性与纬平针组织相同。双反面组织主要用于毛衫、手套、袜子以及婴幼儿产品。

4. 双罗纹组织

双罗纹组织（Interlock stitch）又称棉毛组织，是由两个罗纹组织彼此复合而成，即在一个罗纹组织的线圈纵行之间配置了另一个罗纹组织的线圈纵行，如图 5-7 所示。

(1) 外观：双罗纹组织正反两面均被正面线圈覆盖，外观相同，表面平整，织物厚实保暖。

(2) 特性：双罗纹组织的延伸性和弹性都比罗纹组织小，尺寸稳定性好；双罗纹组织不卷边；因两个罗纹相互摩擦的阻碍，双罗纹组织不易脱散，但边缘横列可逆编织方向脱散。

5. 集圈组织

在针织物的某些线圈上，除套有一个封闭的旧线圈外，还有一个或几个未封闭的圈弧，这种组织称为集圈组织（Tuck stitch）。

集圈组织有单面集圈和双面集圈两种类型。

单面集圈是在单面组织基础上进行集圈编织而形成的，如图5-17（a）所示。把集圈线圈按一定的规律组合，单面集圈组织花纹变化繁多。如利用集圈可形成凹凸效应和网眼效应，采用色纱编织可形成彩色花纹效应。

双面集圈一般是在罗纹组织或双罗纹组织的基础之上进行集圈编织而成，如图5-17（b）所示。双面集圈组织可以利用集圈位置交替和数量上的变化织出各种图案的网眼，或使织物表面产生小方格或形成横楞的外观效应。如果适当增加编织集圈的弯纱深度和集圈的列数，则线圈结构变化就更为突出，网眼和小方格的花色效应就更加明显，同时还可增加织物的透气性，有双层立体感。

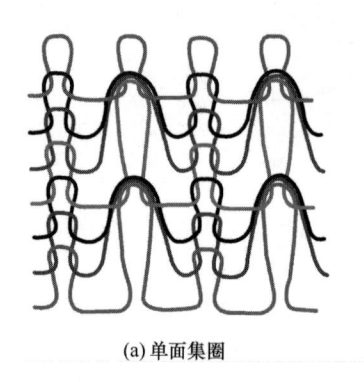

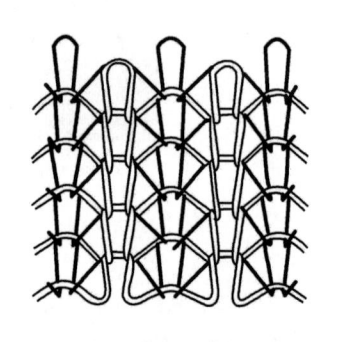

(a) 单面集圈　　(b) 双面集圈（畦编组织）

图5-17　集圈组织

6. 衬垫组织

衬垫组织（Laying-in stitch/Laid-in stitch）是在地组织的基础上衬入一根或几根衬垫纱线（图5-18中的粗纱），按一定比例在织物的某些线圈上形成不封闭的圈弧，在其余的线圈上呈浮线停留在织物反面的一种纬编花色组织，如图5-18所示。

在后整理时可以对衬垫组织中衬垫纱（一般较粗、捻度较小）的圈弧进行拉

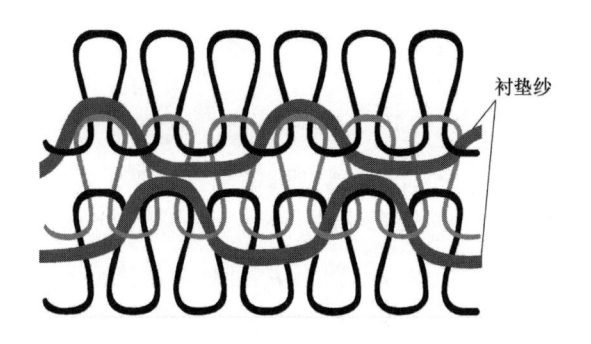

图 5-18 衬垫组织

毛处理，也可以不对衬垫纱进行拉毛处理。两种效果的面料均经常应用在服装中。衬垫组织由于衬垫纱的存在，横向延伸性小，织物尺寸稳定。

7. 毛圈组织

毛圈组织（Plush stitch）是由平针线圈和带有拉长沉降弧的毛圈线圈（图 5-19 中的黑色纱）组合而成，如图 5-19 所示。毛圈组织一般由两根纱线编织而成，一根编织地组织线圈，另一根编织毛圈线圈。

毛圈组织可分为普通毛圈和花色毛圈，并有单面毛圈和双面毛圈之分。普通毛圈组织是每一根毛圈纱不仅与地组织纱线一起成圈，同时拉长沉降弧形成毛圈。而在花色毛圈组织中，毛圈是按照花纹图案，仅在一部分线圈中形成毛圈。双面毛圈组织的毛圈在织物的两面形成。

8. 长毛绒组织

凡在编织过程中将纤维束同地纱一起喂入织针编织，纤维以绒毛状附着在针织物表面的组织，称为长毛绒组织（High - pile stitch）。长毛绒组织一般是在纬平针组织基础上形成的，如图 5-20 所示。

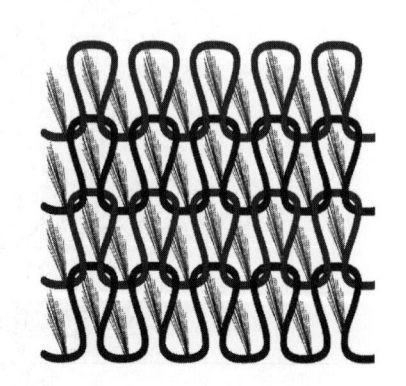

图 5-19 毛圈组织   图 5-20 长毛绒组织

二、经编组织

经编针织物的原组织，如编链组织、经平组织和经缎组织；经编针织物的变化组织，如变化经平组织和变化经缎组织等。

1. 编链组织

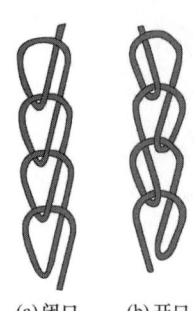

编链组织（Pillar stitch）是每根经纱始终在同一枚织针上垫纱成圈而成，如图5-21所示。

编链组织只能编织成细条子，纵行间相互没有连接，故一般不单独使用。编链组织纵向延伸性小，横向收缩小，布面稳定性好。织物中的编链组织采用色纱配合，可获得纵条效果。

(a)闭口　(b)开口

图5-21　编链组织

2. 经平组织

经平组织（Tricot stitch）是每根经纱在相邻的两枚织针上轮流垫纱成圈而成，如图5-22所示。

与其他的经编组织相比较，经平组织在纵向或横向具有较大的延伸性；经平组织在受力情况下可以产生一定的卷边，横向拉伸时织物的横列边缘向正面卷曲，纵向拉伸时纵行的边缘向反面卷曲；经平组织在一个线圈断裂后，横向受到拉伸时，线圈纵行有逆编织方向脱散的现象，并能导致织物纵向分裂。

经平组织一般不单独使用，经常与其他组织结合得到不同性能和外观效果的织物。

3. 经缎组织

经缎组织（Atlas stitch）是每根经纱顺序地在三枚或三枚以上的织针上垫纱成圈，然后再顺序地逐针成圈返回原位，如图5-23所示。

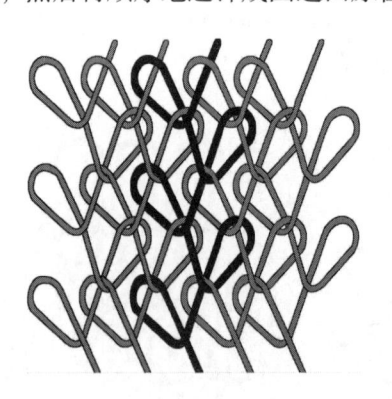

图5-22　经平组织　　　　　　　　图5-23　经缎组织

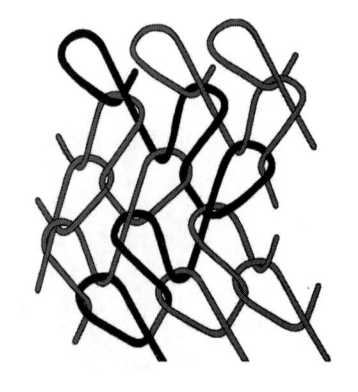

经缎组织中既有开口线圈也有闭口线圈，而且开口线圈和闭口线圈各自在自己的横列上，形成明显的条纹效应。经缎组织的性能有些类似经平组织，延伸性好，有一定卷边现象；当一根纱线断裂时可逆编织方向脱散，但纵向不分裂。

第三节 针织面料常见产品及应用

针织纬编面料因延伸性大、易变形、便于运动、穿着舒适等特点，多用于内衣、T恤、夏季服装、睡衣睡裤、运动装、休闲装以及时装等领域；与纬编面料不同，经编面料以平整、挺括、保型、轻薄、花色多变等特点见长，多用于外衣、装饰织物等领域。

一、纬编面料

1. 汗布

汗布（Single jersey）是一种纬平针织物。因主要用于制作内衣中的汗衫、背心而得名。除内衣外，也可用来制作T恤衫、文化衫、童装、居家服、睡衣等。

汗布是较轻薄的纬编针织物。有漂白汗布、特白汗布、烧毛丝光汗布、素色汗布、印花汗布和色织汗布（图5-24）等。

汗布的原料有棉纱、黏胶纤维、真丝、苎麻、腈纶、锦纶、涤纶、丙纶等纯纺纱及各种混纺纱。如真丝汗布滑爽轻柔，薄如蝉翼，是内衣面料中的上品。近年来市场上出现的Modal汗布、Modal/棉混纺汗布、竹浆黏胶纤维汗布均穿着柔软光滑、悬垂、吸汗，深得消费者喜爱。正是面料上的变化，使古老的汗

图5-24 针织彩条汗布

布文化衫在今天有了更多元的演绎。夸张的人物肖像、逼真的风景图案、抽象风格的图案被搬上了文化衫，构成一款款富有个性的文化衫；柔滑的手感、悬垂的造型透露出文化衫的舒适；卷边、破洞汗布勾勒出一款自然休闲的文化衫；更有极富弹性的汗布营造出柔美、纤细而性感的女款文化衫。

2. 罗纹布

罗纹布（Rib fabric）是由罗纹组织编织而成的。

罗纹织物具有较大弹性和延伸性，因此广泛用于需具有较大弹性和延伸性的内外衣制品中。如弹力背心（图5-25）、弹力衫裤、毛衫及服装中的领口、袖口、裤口、袜口、衣服下摆等部位。

3. 棉毛布

棉毛布（Interlock fabric）是由双罗纹组织编织而成。因主要用于制作内衣中的棉毛衫裤而得名。

棉毛布表面平整，尺寸稳定性好，厚实保暖。一般用于秋冬棉毛衫裤、内衣、儿童套装等；精梳优质丝光、烧毛棉毛布可用于高档男T恤。随着新型原料的不断溶入，棉毛布也在向外衣领域拓展。

4. 单面网眼织物

单面网眼织物（Tuck fabric）由单面集圈组织编织而成。如图5-26所示。

图5-25　罗纹弹力背心 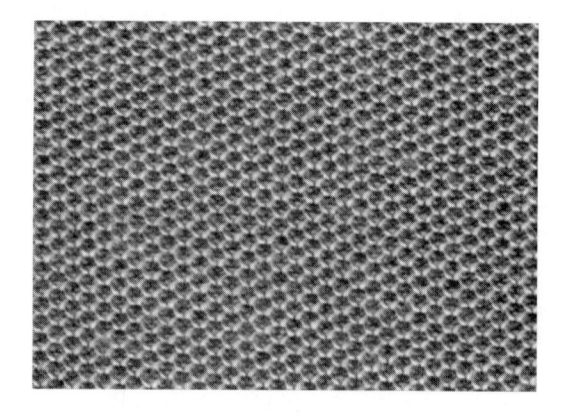　　　　图5-26　单面网眼布

单面网眼织物表面呈现网眼的花式效应。由纯棉或涤/棉混纺纱等原料编织的织物手感柔软，吸湿透气性好，适于制作夏季T恤衫。由异形涤纶编织的单面网眼布具有排汗导湿、易洗快干的特点，可用于运动装、运动休闲装。

5. 针织绒布

针织绒布（Raised knitted fabric）是在后整理时对衬垫织物中衬垫纱的圈弧进行拉毛处理，使之成为绒毛状的织物。如图5-27所示。

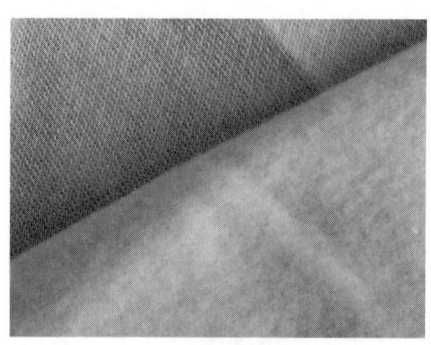

(a) 拉绒绒布　　　　(b) 未拉绒绒布

图5-27　纬编绒布

针织绒布有薄绒、厚绒；有棉绒、腈纶绒、涤纶抗起球绒、混纺绒等。织物柔软，保暖性好。可以制作婴、幼儿服装、外衣和春秋季的保暖服装等（图5-28）。

不对衬垫织物衬垫纱进行拉绒的织物称为"珠花绒"，如图5-27（b）所示。主要用作休闲装、T恤衫和儿童服装等。

6. 涤盖棉

涤盖棉（Double jersey with polyester face and cotton back）是利用双罗纹集圈组织编织而成的。该织物通常以涤纶编织做正面，以棉纱编织做反面，构成涤纶覆盖在棉纱表面的结构，故称涤盖棉。

图5-28 熟悉的绒衣

该织物集涤纶织物的挺括抗皱、结实耐用、色牢度好及棉织物柔软、吸湿、透气等特点为一体，现多用于运动装、休闲装、夹克衫、校服、职业装等产品。

7. 夹层绗缝织物

夹层绗缝织物（Knitted sandwiched fabric）也称为"柔暖棉"，是在双面机上采用单面编织和双面编织相结合，在上、下针分别进行单面编织而形成的夹层中衬入不参加编织的纬纱，然后根据设计的花纹图案由双面编织成绗缝，以增加织物表面装饰的美感。如图5-29所示。

夹层绗缝织物由于中间有大量的空气层，保暖性好。大量用于保暖内衣，被称作"三层保暖内衣"。由于该织物过于臃肿，不随身，逐渐退出内衣领域，但在外衣、装饰用品中仍有应用。

图5-29 夹层绗缝织物

8. 毛巾布

毛巾布（Knitted terry）由毛圈组织编织而成。

毛巾布的地纱一般用涤纶、锦纶或涤/棉纱，毛圈纱可以用涤纶、锦纶、腈纶、涤/棉、普梳棉纱或精梳棉纱，使毛巾布有多种风格和特性。

毛巾布柔软、厚实，具有良好的保暖性和吸湿性。可用做婴幼儿服装、睡衣、毛巾袜、毛巾、毛巾毯及浴巾，用较细纱线编织成的薄毛圈布还可制作夏季的毛巾衫、连衣裙等。

9. 天鹅绒

天鹅绒（Knitted velour）是由毛圈织物经割圈、剪毛等后整理而形成。

天鹅绒表面竖立着整齐的绒毛，具有一定的方向性，故裁剪排料时应注意倒顺向，以避免产生色光差。天鹅绒织物可做男女服装、晚礼服、节日服装及沙发布、椅套等装饰织物。

10. 摇粒绒

摇粒绒（Polar fleece）是近年针织面料中的流行产品之一。它是在毛巾割绒织物的基础上，经摇绒机摇粒而成。由于合纤起绒织物在穿着洗涤过程中非常容易起球，经摇粒处理后纤维已聚集成近似小球状（图5-30），定型后在以后的穿着过程中将不再发生起球现象，改善了织物的外观。摇粒绒织物厚实、柔软、保暖性好，用于冬季保暖服装、运动休闲服装、儿童服装、服装里料等。

11. 长毛绒

长毛绒织物（High-pile knitted fabric）由长毛绒组织编织而成。

长毛绒织物的绒毛结构和外观酷似天然毛皮，外观逼真，可以用来仿制天然毛皮，因此被人们称为"人造毛皮"。原料一般用涤纶、腈纶较多，也可用黏胶纤维。

长毛绒织物具有比天然毛皮单位面积重量轻、柔软、伸缩性好、保暖、耐磨、防蛀、易洗涤等优点。可用于仿裘皮外衣、防寒服、夹克、童装、帽子及卡通玩具等。

二、经编面料

1. 经编网眼织物

经编网眼织物（Warp knitted eyelet fabric）是在织物结构中产生有一定规律的网眼针织物。如图5-31所示。

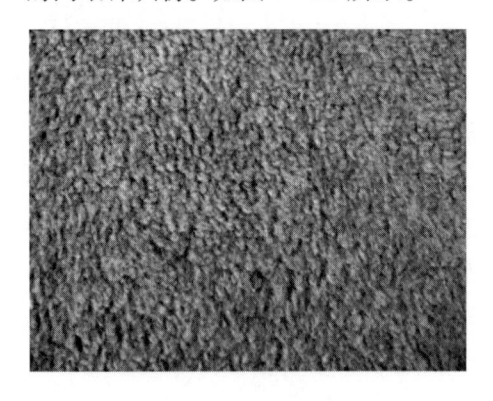

图5-30 摇粒绒织物　　图5-31 经编网眼布

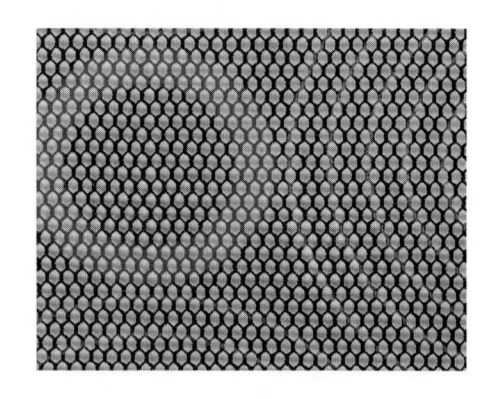

网眼形状有三角形、方形、圆形、菱形、六角形、柱形等，网眼大小的变化范围很大，网眼的分布可呈现直条、横条、方格、菱形、链节、波纹等花式效应。经编网眼织物的原料以合成纤维为主。该织物网眼结构稳定、网眼清晰，有一定的延伸性和弹性，透气性好，主要用于男女内衣、女式装饰外衣、运动服、运动服装里料、蚊帐、窗帘、桌布以及鞋、背包的辅助用材料等。图 5-32 为提花网眼裤。

2. 经编花边针织物

经编花边针织物（Warp knitted lace fabric）又称蕾丝，在网眼组织的基础上提花并形成光滑边缘的条形织物。

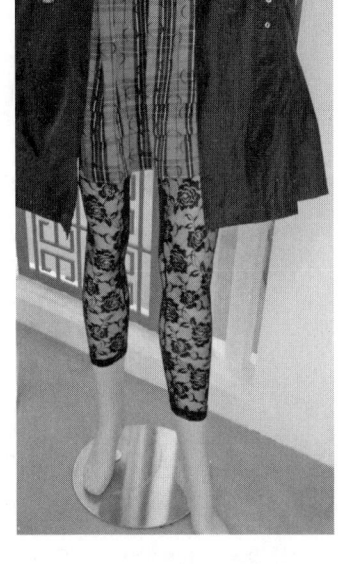

图 5-32　经编提花网眼裤

与经编网眼织物具有相似的特性，多以提花为主，花、地分明，装饰感强。主要用于装饰性外衣、女性内衣裤、礼服、童装及窗帘、桌布等的装饰用布。

3. 经编弹力织物

经编弹力织物（Warp knitted stretch fabric）是指有较大伸缩性的经编针织物。

目前，广泛使用氨纶弹力纱和氨纶弹力包芯纱织制经编弹力织物，使之具有合理的延伸度和弹性。该织物质地轻薄光滑，优异的弹性使服装能显示形体曲线，并使身体舒展自如，所以常用于游泳衣、体操服、滑雪服、胸衣、其他紧身衣及外衣等。

4. 经编起绒织物

经编起绒织物（Warp knitted napped fabric）是指织物表面有耸立或平排的紧密绒毛的针织物。

经编起绒织物外观酷似呢绒，也有的外观类似机织物的平绒，但有一定的弹性。经编起绒织物的原料范围很广，一般以合成纤维、再生纤维为主。经编起绒织物有单面和双面起绒织物，也可在绒面上进行印花、轧花处理。

经编起绒织物结构紧密、布面平整、手感柔软、悬垂性好，织物不脱散、不卷边，适用于男女各式风衣、上衣、礼服、鞋面、帷幕及装饰织物等。

5. 经编毛圈织物

经编毛圈织物（Warp knitted terry fabric）是织物表面有环状纱圈覆盖的织物。

外观与纬编毛圈织物相似，也分单面毛圈和双面毛圈，毛圈形状有圈状和螺旋状。常用色织工艺和印花工艺，使毛圈织物花色更加丰富。

毛圈织物结构稳定，毛圈坚牢均匀，外观丰满，柔软厚实，具有良好的弹性、保暖性、吸湿性，不会产生抽丝现象。主要用作内衣、睡衣裤、运动服、海滩服、毛巾、床单、床罩、浴巾及装饰织物等。该织物如果在后整理加工中把毛圈剪开，可制成经编丝绒织物，适用于中高档服装和装饰织物等。

习题与思考题

1. 什么是针织？针织物和机织物的结构有何不同？
2. 针织物按生产方式可分为哪几类？各类是如何定义的，各有什么特点？
3. 如何区别单面针织物和双面针织物？
4. 针织物有哪些主要特性？
5. 为什么针织物具有良好的伸缩性？伸缩性对于服装有哪些利弊？
6. 针织常用面料品种有哪些种类，适合于哪类服装？
7. 调查市场上的针织服装，分别从内衣、运动服、童装、T恤、女时装五类服装中各挑选一件服装。注明原料、面料结构特点。
8. 自行收集并分析针织面料实物样品，填入下表。

面料样品	中英文名称	
	外观风格	
	主要性能	
	用途	

第六章
其他服装材料

除机织、针织面料在服装中有大量使用外，毛皮、皮革、非织造布、复合织物等亦在服装中占有一定的比例，用于服装的面料、辅料以及家纺、工业用途。

毛皮、皮革作为高档、华丽类服装面料，一直为消费者所喜爱。随着环境保护意识的不断加强，也由于人造毛皮、皮革加工技术的进步，人造毛皮、人造皮革的流行大大丰富了毛皮、皮革服装的原料及花色品种。

近年来，得到一定程度应用的非织造布主要用于服装的黏合衬、絮、垫料、"用即弃"衣裤料、手术服、手术帽、贴墙布、合成革的基布等。目前，非织造布在悬垂性、弹性、强伸性、不透明度、质感等方面，与服装面料的要求尚有一定距离，所以主要用于服装辅料中。

由两层或两层以上的织物或织物与薄膜黏合在一起构成了涂层织物、多层结构织物以及层压织物等。该类织物性能取决于其结构中各元素的性能及其各元素的结合方式，通常可改变织物外观、手感、厚度、性能，赋予其特殊的功能性，此类面料主要用于夹克衫、风雨衣、羽绒服、特种功能服装及装饰布。

第一节 毛皮与皮革

古代人们为生存而狩猎，猎杀动物后食其肉、衣其皮，动物毛皮是人类最早的服装材料之一。

直接从动物体上剥下来的毛皮称为生皮，湿态时很容易腐烂，干燥后则干硬如甲，而且易生虫、易发霉发臭。生皮经过鞣制剂鞣制等处理后，才能形成具有柔软、坚韧、耐虫蛀、耐腐蚀等良好服用性能的毛皮和皮革。一般将鞣制后的动物毛皮称为裘皮，而把经过加工处理的光面或绒面皮板称为皮革。现代意义上的皮草是裘皮服装及服饰的统称。

毛皮由皮板和毛被组成。皮板密不透风，毛被的毛绒间可以存留空气，从而起到保存热量的作用，因此毛皮是防寒服装的理想材料；外观上，毛皮服装不仅可以保留动物毛皮的自然花色，还可以通过挖、补、镶、拼等缝制工艺形成绚丽多彩的花色。所以，毛皮服装以其保暖、防寒、吸湿、透湿、耐穿、耐用且华丽高贵等特点，成为人们喜爱的珍品，特别是名贵毛皮服装，价格十分昂贵，属于高档消费品。

皮革经过染色处理后可得到各种外观风格的原料皮，鞣制后的光面和绒面革柔软、丰满、粒面细致，有很好的延伸性；经涂饰的光面革还可以防水。随着科技的进步，皮革新产品不断涌现，如砂洗革、印花革、金银粉或珠光粉涂层革、拷花革、水珠革（表面呈雨点效果）、丝绸革以及可水洗革等。如今皮革服装不仅作为春、秋、冬季服装，还可经过特殊加工，做成轻、薄、软、垂的夏季衬衫和裙装，除了服装外，还可用于手套、鞋帽、皮包等附件。另外，通过镶拼、编结以及与其他纺织材料组合可以构成多种形式，从而获得较高的原料利用率，并具有运用灵活、花色多变的特点。

虽然毛皮与皮革是设计师和消费者所喜爱的珍贵服装面料，但为了保护野生动物，为了扩大原料皮的来源、降低皮革制品的成本，人造毛皮（仿裘皮）和人造皮革（仿皮革）产品越来越受到关注。它们在外观上与真皮相仿，服用性能优良，缝制方便，从而大量进入服装工业，并以其物美价廉而独具优势。

曾经仅被富人或在正式场合穿着的皮草如今轻巧而随意、优雅而经典，已能够被普通消费者所购买，它不再是奢饰品，而是服装的必需品。日益增长的消费需求和皮草高雅华贵的品质吸引着众多的设计师进入这个领域。1985 年仅有 42 位时尚设计师设计毛皮服装，到 2007 年，有 400 多位设计师从事皮草设计。如法国皮草设计师克里斯汀·迪奥、伊夫·圣·洛朗、卡尔·拉格菲尔德和让·保罗·戈蒂埃等，意大利设计师芬迪、瓦伦蒂诺及苏丹奴以其创新的技术而著名。

一、毛皮

我国地域辽阔，毛皮资源丰富，种类繁多。全国各地分布着 400 多种家畜和野生动物，毛皮动物就占 80 多种，其中包括非常珍贵的毛皮动物。比较常见的毛皮动物有绵羊、山羊、兔、狗、猫等；比较珍贵的毛皮动物有水獭、紫貂、狐、豹、虎等，其中水獭皮质量最佳，毛密绒厚，富有光泽，有很好的防水性，较其他毛皮耐穿耐用。

由于野生动物受到保护，故高档时装用毛皮主要来自人工饲养的貂皮和狐皮。用狐皮或貂皮做的大衣，具有保暖、富贵、华丽、舒适、轻盈等特点。

（一）天然毛皮

天然毛皮的主要成分是蛋白质。皮板由表皮、真皮和皮下组织构成。毛被一般由针毛、绒毛和粗毛三种毛组成。针毛数量少，长度较长，呈针状，多具有漂亮的颜色；绒毛数量最多，细而短，常呈现浅色的波卷；粗毛的数量和长度介于前两者之间，毛的下半段形似绒毛，上半段又像针毛。上述三种毛作用不同，绒毛主要是保持体温，针毛和粗毛则显示颜色、御防风雪，并可借此分辨动物种类及性别。

1. 天然毛皮的主要品种及特征

天然毛皮根据所取毛皮品种、质量的不同，其经济价值相差很远。一般可分为高、中高、中低三档。高档品种有紫貂皮、狐皮、灰鼠皮、水獭皮等；中高档品种有豹子皮、狸子皮等；中低档品种有兔皮、狗皮、羊皮、猫皮等。根据不同的动物体大小、毛被的粗细长短及外观质量，又分为小细毛皮、大细毛皮、粗毛皮及杂毛皮。其主要品种及特性见表6-1。

表6-1 常用天然毛皮外观、特性及用途

类别	毛皮品种	主要特征	用途
小细毛皮	貂皮 [图6-1（a）、（b）、（c）]	毛被细而柔软，针毛粗、长、亮，绒毛稠密，质软坚韧，为高级珍贵毛皮。分为白貂皮、水貂皮、紫貂皮、黑貂皮等	用于大衣、外套、长袍、披肩等 [图6-2（a）、（b）、（c）]
	水獭皮 [图6-1（d）]	毛被密生着大量的绒毛，其中含有粗毛，针毛劣而绒毛好，皮板坚韧有力	拔去针毛后可做翻皮大衣、披肩、围巾、皮领等；带针毛的皮可做领、帽以及民族服装的滚边等 [图6-2（d）]
大细毛皮	狐狸皮 [图6-1（e）]	毛细绒足，皮板厚软，拉力强。毛色光亮艳丽，属高级毛皮。分为红狐狸、白狐狸、灰狐狸、银狐狸、东沙狐、西沙狐等	多用于女式披肩、围巾、外套、斗篷等 [图6-2（e）]
	貉子皮 [图6-1（f）]	体毛长而蓬松耐磨，底绒丰富，呈灰棕色，针毛为黑色，有银色高光，色彩从银灰和铁灰色变化至黑棕色，背部中央有明显的黑色条纹，形成漂亮的斑纹毛，毛的外观呈现野性感觉，保暖性强	多用于长短大衣、斗篷、衣领、帽子等 [图6-2（f）]
粗毛皮	羔羊皮	即羔羊毛皮。毛被毛绺花形弯曲多，无针毛，多为绒毛。底绒无黏结性，色泽光润，皮板绵软耐用，洁白而松软，为较珍贵毛皮	一般用于外套、衣领、絮料等
	绵羊皮	毛被毛多呈弯曲状，粗毛退化后形成绒毛，光泽柔和，皮板厚薄均匀、不板结。分为细毛羊皮、半细毛羊皮、粗毛羊皮	主要用于帽子、坎肩、衣里、褥垫等
	山羊皮	多为白色，毛呈半弯、半直状态，张幅较大，皮板柔软坚韧。针毛可拔掉制笔或制刷，拔针后的绒皮可用来制裘	未经拔针的山羊皮一般用做衣里或衣领

续表

类别	毛皮品种	主要特征	用途
粗毛皮	黄狼皮	又叫黄鼬皮，全身毛呈棕色。春季毛皮稀薄，冬季毛皮极厚实，毛绒丰富，有光泽。若染成貂色，可与貂皮媲美。	适宜做翻皮大衣、披肩、围巾和帽子等
	狗毛皮	针毛峰尖长，毛厚板韧，颜色多样，有保暖、防风湿的作用	适宜做皮褥、护膝、马甲等
杂毛皮	兔毛皮	属中低档毛皮，毛色较杂，毛绒丰厚，色泽光润，皮板柔软	用于衣帽、童大衣、皮领以及服装的滚边等

(a) 白貂　　(b) 水貂　　(c) 紫貂
(d) 水獭　　(e) 狐狸　　(f) 貉子

图 6-1　天然珍贵动物

2. 天然毛皮的主要性能

用于制作服装的毛皮，大都具有良好的性能。物理机械方面的性能一般由皮板来决定，毛被则反映毛皮外观方面的特点。毛被的针毛和粗毛色彩丰富、色泽艳丽，绒毛则光泽柔和自然；毛被具有极好的保暖性和防风性能，并且质地轻软、蓬松、华丽；皮板具有良好的吸湿性、透湿性和牢度。

毛皮物理机械方面的特性主要有抗张强度、耐磨性、毛被坚牢度、弹性、延伸性和坚韧性等。在正常生长的情况下，各种毛皮的抗张强度一般足以满足服装的要求，且具有良好的耐磨性，可以长期使用而不损坏。毛被滑爽柔软，具有抗搓性，坚牢度很好，可以长期穿着而不脱落，并抵抗外力的拉扯。皮板具有良好的弹性和一定的延伸性及稳定性，且柔韧、挺括、抗皱，便于缝制，有较好的接缝强度。皮板还具有可塑性，可在湿态下将其牵拉成一定形状，再加以固定，干

(a) 法国设计师的貂皮作品　　(b) 中国设计师的貂皮作品　　(c) 俄罗斯设计师的貂皮作品

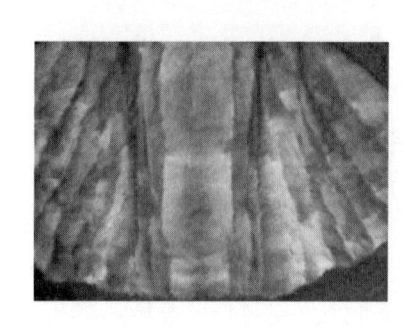

(d) 水獭皮大衣（下摆）　　(e) 狐狸毛皮外衣　　(f) 貉子毛领

图 6-2　天然裘皮服装及服饰

图片（a）、（b）、（c）来自 SAGA Furs·BIFT 跨国著名服装院校皮革秀

燥后即可保持这种状态不变。

3. 天然毛皮的质量判定

天然毛皮的质量与许多因素有关。同一种类的毛皮兽由于其产地、捕获季节、生活环境、性别与年龄的区别，毛皮的质量也有所不同。对毛皮的质量判定要观察毛被的色彩、光泽、疏密、长短、粗细，皮板的大小、软硬、厚薄、损伤情况、物理机械性能等。

毛皮的外观质量与绒毛的密度和毛的高度成正比。除绵羊皮外，一般冬季产的毛皮质量好，针毛毛尖柔软，底绒密足，皮板厚壮。同一毛皮兽发育最好的毛皮部位是耐寒的背部和两肋。

毛皮的光泽决定于毛鳞片层构造、针毛的质量及皮脂腺分泌物的油润程度。栖息水中的毛皮兽的毛绒细密、柔软、光洁；栖息山中的野生动物毛皮色彩优美，毛厚板壮；而混养家畜的毛皮含杂质较多，毛显粗糙。

毛被的柔软度决定于毛的粗细和针毛、绒毛的比例。一般细毛、长毛显得柔软，短绒越多越柔软。毛皮兽的年龄不同，质量也有差异，一般成年兽毛绒最丰满，接近老年时，毛绒逐渐退化。

毛皮的损伤情况主要指光板、掉毛、虫害、机械损伤等。通常人工饲养的毛皮兽有较少的毛皮损伤现象，如虫害、机械损伤等。

总之，优质毛皮的毛被柔软丰厚、蓬松、光亮，外表漂亮，有良好的保暖性；皮板柔韧、富有弹性、吸湿、透气并具有可塑性。鉴定毛皮质量好坏，可用四个字概括，即"看、吹、摸、抓"。看毛皮的花纹、光泽及色彩；吹毛的松软程度与绒毛的密实程度；摸毛皮光滑、细腻或粗糙情况；抓毛皮的柔软程度。

（二）人造毛皮

21世纪初席卷全球的金融危机之后，天然裘皮彰显"豪华"的一面开始受到限制。为了保护野生动物、为了扩大毛皮资源，降低毛皮的成本，人造毛皮服装更多地占据了裘皮市场。使用人造毛皮可以简化服装制作工艺，增加花色品种，而且价格较低，易于保存。

随着人造毛皮加工技术的进步，人造毛皮不仅具有天然毛皮的外观，而且在服用性能上也与天然毛皮越来越接近。由于人造毛皮几乎以假乱真，决定服装价值的因素已不再是材料而是设计了，毛皮穿着者也不再以材料的真假来显示"身价"，而是选择服装的设计，毛皮服装设计日趋时装化。

与天然毛皮相似，人造毛皮由底布和绒毛两部分组成，根据底布结构和绒毛固结方式的不同，人造毛皮主要有机织人造毛皮、针织人造毛皮和人造卷毛皮三类。各自的特点见表6-2。

表6-2 三类人造毛皮的比较

项目	机织人造毛皮	针织人造毛皮	人造卷毛皮
原料	底纱：棉纱、涤纶纱、腈纶纱； 绒纱：羊毛、腈纶、变性腈纶、氯纶、黏胶等纤维纱或低捻度纱 高档人造毛皮以特种动物毛为绒纱，如马海毛、阿尔帕卡羊驼毛，仿毛皮效果更佳		
底布结构	双层织造法机织起绒组织	针织纬编或经编长毛绒组织	机织或针织
绒毛固结方式	交织（图6-3）	编织（图5-20）	黏合剂黏附或编织后热定型处理
特性	底布挺括保型，绒毛固着牢固，绒毛长短易于变化，生产周期长，成本高	底布弹性好，穿着舒适，生产效率高、成本低，纬编产品易卷边	特殊卷毛外观，但手感偏硬
用途	冬季大衣、外套、帽子、衣领、絮填料、玩具等		

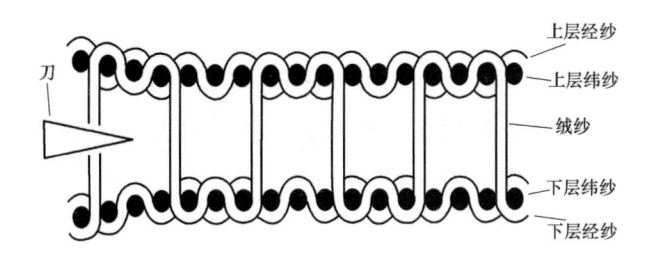

图 6-3 机织双层人造毛皮形成方式

机织人造毛皮的质地、毛绒密度由绒经（绒纱）在上、下层底布中的固结形式决定。采用 V 型固结的织物绒毛短密，耐压耐磨，有弹性；采用 W 型固结的织物绒面牢固，立毛挺。固结组织点越多，则质地越松软轻薄，毛绒也稀疏。机织人造毛皮与经编人造毛皮编织结束后，还需配合割绒、刷毛、剪毛等工序形成平整的绒面。

针织纬编人造毛皮加工时，可以用纤维束（毛条）随底纱直接喂入，由于纤维附着在织物表面长短不一，因此可以形成针毛与绒毛两层，针毛伸出在织物表面，绒毛处于针毛层之下而紧贴织物，这样织物的毛层结构就接近于天然毛皮。一般用长度较长、线密度较高、染成深色的纤维做针毛，以长度较短、线密度较低、染成浅色的纤维做绒毛。可以仿造天然毛皮的毛色花纹进行配色，把两种纤维以一定的比例混合成毛条，直接喂入并参与编织。

人造卷毛皮加工时，将切成小段的纤维夹持在两根纱线中通过加捻形成绒毛纱带，被烫卷曲的绒毛纱带黏附在涂有胶液的基布上，再经过加热、滚压，适当修饰后成为人造卷毛皮。

总之，多数人造毛皮是用涤纶、腈纶做绒纱，棉或黏胶纤维等纱编织成的机织物及针织物作为底组织的制品，特点是质量轻、光滑柔软、保暖、仿真皮性强、色彩丰富、结实耐穿、弹性好、不霉不易蛀、耐晒、价廉，可以湿洗，且幅宽宽，利用率高；缺点是容易产生静电，易沾尘土，且经洗涤后，仿真效果逐渐变差。

二、皮革

皮革根据来源及加工方法不同分为天然皮革、人造皮革和再生皮革。

（一）天然皮革

动物的皮板（原料皮）经一系列化学处理和机械加工成革。皮革与原料皮性质相比，耐腐蚀性（不会变臭）、耐热性（原料皮65℃变形）、耐虫蛀性及弹性均有提高，且手感柔软、丰满，保型性好，因此应用广泛。

1. 皮革的分类

按原料皮的不同，可把皮革分为以下几种，见表6-3。按鞣制方法分类，有铬鞣革、植鞣革、醛鞣革、油鞣革及结合鞣革等。按用途分类，有工业用革、服装革、生活用革（球、箱包等）。按外观形态分，有光面革（正面革）及绒面革。目前，服装用革主要有羊皮、牛皮、猪皮，此外，还有少量的蛇皮、麂皮、鸵鸟皮等。我国制革原料资源丰富，尤以猪皮、山羊皮资源著称于世。

表6-3 皮革分类

皮革分类	原料皮来源
兽皮革	牛、羊、猪、马、鹿、麂等
海兽皮革	江豚等
鱼皮革	鲨、鲸等
爬虫皮革	蛇、鳄鱼等

服装革多为铬鞣制，厚度为 0.6~1.2mm，吸湿、透湿性良好，具有染色坚牢，薄、轻、软的特点。光面革（正面革）表面保持原皮天然的粒面，从粒纹中可以分辨原皮的种类，以及品质的好坏。绒面革是革面经过磨绒处理的皮革，当设计需要或皮面质量不好时，都可以把皮革加工成绒面革。绒面革具有柔和的光泽外观，手感软糯，适宜制作高档的服装与鞋帽；缺点是吸尘沾污，不易保养。

为了提高原料皮的利用率，往往将较厚的皮板片成多张皮革，故有头层皮、二层皮、三层皮等之分，如牛皮较厚（约4mm），可分割成3~6层（图6-4），得到非常轻、薄、软的皮革材料。轻薄、柔软、悬垂的皮革可用于女式时装面料。一般，头层皮（带粒面）质量最好，保持原皮的粒面特征，强度高，但价格较贵；二层（分裂一层）以上的皮质量较差，强度稍低，经过涂饰加工可得到具有粒面效果的光面革，但耐磨性不好，涂饰加工的粒面层会被磨损，也可加工成绒面革。

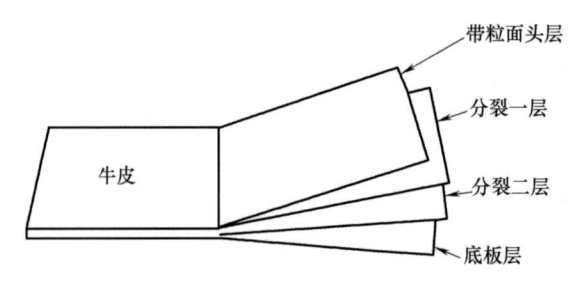

图6-4 皮革分割

2. 皮革的构造

在服装选材与剪裁时必须注意皮革的使用部位。皮张是不规则的平面物，不同部位具有不同的机械性能。总的来说，长度方向延伸性小于宽度方向。不同动物的皮张形状、大小差异虽然很大，但大体可按图6-5表示其各部位名称。图6-5中脊背处是皮张质量最好的部位，比较结实，粒面平整，延伸性小，厚薄均匀，一般用于服装的主要部位，如服装的前片、后片；肩部皮革质量仅次于背部，较厚而横向延伸性小，一般用于服装领面、兜盖等部位；腹部皮较薄、松软，延伸性大，强度较低，表面粒纹粗，俗称"囊皮"，在服装上常用于次要或不明显部位，如腋下、小袖片、松紧边、后领底等；脐部皮最薄、最松软，延伸性很大，以致在服用过程中，因皮张拉伸变形，造成表面涂覆层断裂，产生裂胶现象，故尽量不用此部分做服装。

此外，需合理利用皮革的断面层。在显微镜下观察皮板的纵切面，可以清楚地看到皮板大致分为三层：上层最薄，叫表皮；中层最厚，叫真皮；下层最松软，叫皮下组织（图6-6）。在皮革加工过程中，表皮、皮下组织与毛被一同被去除。位于表皮与皮下组织之间、厚度与重量约占生皮90%以上的真皮层由粒面层（乳头层）与网状层组成。粒面层在制革后形成皮革的粒面，但由于制革中毛囊、脂腺、汗腺等的去除，留下许多空隙，使粒面层强度下降。网状层呈紧密的网状排列，由于不含汗腺、脂腺等夹杂物，故紧密而结实，皮革的强度主要由此层决定。

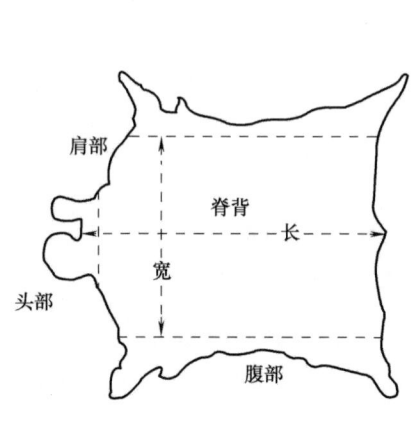

图6-5 皮张示意图

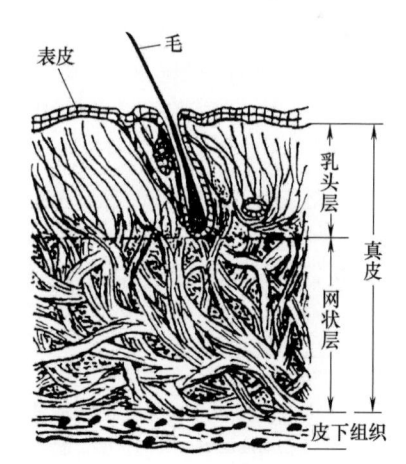

图6-6 皮板纵切面结构

3. 天然皮革的主要品种及特性

服装用天然皮革的主要品种及特性见表6-4。其中鸵鸟皮、蛇皮以及珍珠鱼皮［图6-9（c）］、鳄鱼皮等均为特种动物皮。

表6-4 天然皮革的主要品种及特性

主要品种	外观特征	服用性能	用途
猪皮革	粒面凹凸不平，毛孔粗大而深，倾斜深入，明显的三点组成一小撮，风格独特	透气性比牛皮好，粒面层很厚，纤维组织紧密，耐折耐磨，不易断裂；缺点是皮厚粗硬，弹性较差。因档次不高，常用于绒面革并染色印花进行修饰	衣料、鞋、手套、箱包等
牛皮革	各部位皮质差异大，背脊部的皮质最好。黄牛皮的真皮厚而均匀，毛孔细密，分布均匀，粒面平整，纤维束相互垂直交错或倾斜成菱形网状交错，坚实致密；水牛革厚度较黄牛革大，结构组织较松散，毛孔粗大，粒面粗糙，成品不及黄牛革美观耐用；小牛皮柔软、轻薄、粒面致密	黄牛皮耐磨耐折，吸湿透气较好，粒面磨后光亮度较高，绒面革的绒面细密，是优良的服装材料	衣料、皮带、鞋、箱包、手套、衣料等，还有床垫、沙发垫、椅垫等室内装饰用品（图6-7）
羊皮革	包括山羊皮与绵羊皮。山羊皮的皮身较薄，皮面略粗，毛孔呈扇圆形，斜伸入革内，粒纹向上凸，几个毛孔成一组似鱼鳞状排列；绵羊皮的表面较薄，粒面层较厚，甚至超过网状层，网状层的纤维束较细，排列疏松	山羊皮粒面紧实，有高度光泽、透气、坚牢、柔韧；绵羊皮透气性、延伸性较好，手感柔软，表面细致平滑，但强度不如山羊皮	衣料、鞋、帽、手套、背包等
马皮革	皮面光滑细致，毛孔稍大呈椭圆形，斜深入革内，形成波浪形排列	前身皮较薄，结构松弛，手感柔软，吸湿透气性好；后身皮结构紧密结实，透湿性差，不耐折	前身皮可用于服装、包（图6-8）；后身皮一般用作鞋底革
麂皮革	毛孔粗大稠密、皮质粗糙，斑疤较多，不适合做正面革	经磨绒后，绒面细密，柔软光洁，吸湿透气性好，皮质厚实，坚韧耐磨	衣料、鞋、帽、背包等
鸵鸟皮革	特殊的鸵鸟毛拔出时留下的凹凸孔洞状鸵鸟皮纹样	吸湿透气性好，外观独特	箱包、服装用革［图6-9（a）］
蛇皮革	表面花纹容易辨认，脊色深、腹色浅	粒面致密轻薄、弹性好、柔软、耐拉折	箱包、服装用革［图6-9（b）］

图 6-7　水牛皮床席

图 6-8　马皮书包与夹克（"二战"）

(a) 鸵鸟皮　　　　　　(b) 蛇皮　　　　　　(c) 珍珠鱼皮

图 6-9　特种动物皮包

4. 服装革的质量要求

服装革的质量要求（无论是正面革或绒面革），概括起来是"轻、松、软、挺、滑、香、牢"七个字。即要求革的单位面积重量要轻，革的纤维疏松并适当分散，这样透气性好，具有良好的卫生性能。同时成革应具有一定的延伸率，革身丰满柔软、平整而有一定的弹性，手感滑爽。无不良厌恶气味而具悦人的幽香。还要求成革具有一定的物理机械强度、表面涂层耐干湿摩擦牢度以及耐光色牢度等。此外，服装革还要求厚薄均匀，颜色均匀一致，色差小，具有较好的透气性和吸湿排汗性。绒面革则要求绒毛均匀、细腻、长短一致。

服装用革必须有合理的厚度，以保证必要的强度。不可为了追求轻软、舒适而一味求薄。因为过薄的服装革，尤其是磨去粒面的正面绒服装革强度相对降低，如果过薄，则制成的服装在穿用时就容易被撕破。评定依据可参考 QB/T 1872—2004 服装用皮革。

（二）人造皮革

人造皮革，又称人造革、合成革，即仿皮革。它将树脂、增塑剂或其他辅料组成的混合物涂敷或贴合在机织物、针织物或非织造布的基材上，再经特殊的加工工艺制成。人造革性能主要取决于树脂的类型、涂层或贴合的方法、各组分的组成、基布的结构等。总体来说，人造革具有厚薄均匀、张幅大、裁剪缝纫工艺简便等优点，但是透气、透湿性和耐用性不如天然皮革，制成的服装、鞋、提包舒适性、耐用性稍差。近年，人造皮革模仿天然皮革的外观，产品肌理丰富、时尚感强，成本低廉，透湿性也大大改善，人造革已越来越被服装设计师和消费者所接受。

人造皮革主要品种有聚氯乙烯人造革（PVC 革）、聚氨酯合成革（PU 革）、人造麂皮等。

1. 聚氯乙烯人造革

聚氯乙烯人造革（俗称人造革）是第一代人造革，其服用性能较差。它用聚氯乙烯树脂、增塑剂和其他辅料组成的混合物涂敷或贴合在基材上，再经适当的加工工艺制成。与天然皮革相比，聚氯乙烯人造革耐用性较好，耐酸碱、耐油、耐污、不吸水、不脱色、离火自灭，但是舒适性较差。另外，聚氯乙烯人造革的环保指标常常会达不到服装用革的要求，因此目前主要用于鞋、箱包等。

2. 聚氨酯合成革

聚氨酯合成革（俗称合成革）是在机织物、针织物或非织造布上涂敷一层聚氨酯而制成，这层树脂具有微孔结构。聚氨酯合成革具有良好的弹性，柔软光滑，可以上染多种颜色，并进行轧花、磨绒等表面处理，模仿天然皮革的效果好，适用性广。在强度、柔韧性、耐磨性、透气性、耐光性、耐气候性、耐老化性及耐水性等服用性能方面优于聚氯乙烯人造革。

聚氯乙烯人造革、聚氨酯合成革与天然皮革的性能比较见表 6-5。

表 6-5　三种皮革的性能比较

名称	强度	弹性	耐磨性	透湿性	耐酸碱性	耐热耐寒性	耐老化性	成本
PVC革	中	低	中	低	高	低	中	低
PU革	中	高	高	高	中	中	中	中
天然皮革	高	中	高	高	中	高	高	高

3. 人造麂皮

人造麂皮的生产方法有多种，一种是对聚氨酯合成革表面进行磨毛处理，其底布采用化纤中的超细纤维制成的非织造布；另一种方法是在涂过胶液的底布上，采用静电植绒工艺，使底布表面均匀地布满一层绒毛，从而产生麂皮般的绒状效果；还有一种方法是将超细纤维的经编针织物进行拉绒处理，使得织物表面呈致密的绒毛状。

人造麂皮柔软、轻便、绒毛细密，透湿性良好，并且外观很像天然麂皮，是制作仿麂皮服装的理想材料。

（三）再生皮革

再生皮革是利用天然皮革的边角料经过粉碎成碎皮纤维后，与黏合剂、树脂及其他助剂混合，按照一定的肌理纹样压制成型，最后通过表面涂饰加工而制成的产品。根据皮革中皮纤维的数量和长度的不同，可不同程度地保留部分天然皮革的吸湿、透气性，较人造皮革舒适性好，但在物理机械性能方面不及人造皮革，远不及天然皮革，而价格上具有显著的优势。因此，常用作钱夹、小背包、服装辅料及配饰等。

三、真假毛皮与皮革的区分

随着人造毛皮、皮革加工技术水平的不断提高，人造毛皮、皮革产品从外观上已很难与真毛皮、皮革制品相区分。较简单的区分方法如下。

1. 真假毛皮

由于人造毛皮大多是由底布与长绒毛两部分组合而成，底布是机织物或针织物，在织造过程中同时将纤维或纱线加进去，从而在织物表面形成绒毛，以仿制天然毛皮的毛被。所以区分真假毛皮的最简单办法就是观察长毛的底部是织物还是皮板。从仿毛皮织物的反面可明显看出，即使制成了服装，也可从正面拨开长毛，观察到底部有经、纬纱或线圈组织。另外，真毛皮制品的手感比仿毛皮制品好，弹性足、有活络感，且细摸时能感觉出皮板与织物具有不同的质感。

2. 真假皮革

天然皮革和人造皮革尽管在外观上可以仿得很像，但在服用性上有很大差别，如天然皮革的含水量可达 28%~30%，人造皮革只能吸收 3%~4% 的水分，所以穿真皮服装或鞋，比穿人造革要舒适得多。具体可以从以下几方面来区分。

（1）外观。天然皮革粒面清晰，表面有不规则的粒面花纹，毛孔眼深，不均匀。人造（或合成）革表面均匀，毛孔眼浅，排列整齐，粒面纹不深。若用手指从反面向上顶，真皮有隐约纹路可见，而人造皮革表面则较平滑。

（2）断面和反面。完整的天然皮革断面由粒面层和网状层所组成，断面呈无规则的纤维状，仔细观察可区分出断层间组织不同；皮革反面有绒，能拉出较细的纤维状物；而人造（或合成）革断面均匀，反面为织物基布。再生皮革断面也很均匀，反面亦能拉出纤维状物，但较粗糙。

（3）吸湿性。天然革吸湿性优于人造（合成）革，可通过滴水试验来判断。未经防水漆皮化处理的天然革滴水后被皮吸收得多，用布擦掉后，该处颜色变深；而人造革无以上现象。

（4）闻味。天然革稍有某种动物皮的气味，人造革则没有。

以上区分方法仅作参考，因为目前一些仿皮革制作得非常精巧，从外观上，可以以假乱真，而且价格不菲。精确区分还需通过化学方法或仪器加以鉴定。

第二节 非织造布

非织造布（Non-woven fabric）又称为无纺布、无纺织物，于 1984 年由我国原纺织工业部按产品特征定名为"非织造布"。它指由定向或随机排列的纤维、纱线或长丝，在纤维或纱线间直接固结而形成的片状或毡状纤维集合体，通过机械纠缠抱合、热黏合、化学黏合或多种固结方式组合制成的柔性、多孔结构、性状稳定的纺织品。它亦可与纱线、织物、膜或其他片状物，缝编或复合制成纺织复合材料。随着非织造布生产工艺技术的不断进步，它的应用领域更加拓宽，从生活到工业用品正在用非织造布替代（或部分替代）传统的机织物和针织物。

一、非织造布的分类、特性及用途

非织造布的加工一般经过四个环节：纤维准备、纤维成网、纤维网固结和后处理。纤维成网方法和纤维网固结方法是影响非织造布性能的重要环节。通常也按照纤维成网方法和纤维网固结方法对其进行分类。按照纤维成网方法分为：干法成网、聚合物挤出成网和湿法成网非织造布；按照纤维网加固方法分为：机械加固法、化学黏合法和热黏合法非织造布。不同类别非织造布的特性及用途见表 6-6。

表 6-6 非织造布的分类

依据	名称	特性及应用
原料	天然纤维、黏胶纤维	吸湿吸水，废弃物可降解，可利用纺织下脚料，多用于卫生用品
	合成纤维或合成高聚物	纤维强度高，超细纤维产品带来更多新的特性。除常规产品外，人造皮革底布、仿麂皮产品、过滤材料、人造器官是其特殊用途
成网方法	干法成网	最常用的一种成网方法，包括机械法和气流法。纤维间蓬松，手感柔软，沿纤维排列方向单向强度较好。可用于服装衬料、垫料、地毯基布、尿布、揩布，还可以用于涂层底布或卫生用品等各类用途
	湿法成网	即造纸法。纤维分布均匀，纤维间密切接触。成品薄、密、挺，手感硬，成品无方向性，使用方便，成本高。可用于手术服、过滤材料和卫生用品等
	聚合物挤出成网	这是一种用聚合物连续生产非织造布的方法。包括纺丝法、熔喷法、静电纺丝法、膜裂法。该方法适合高速生产，产量高、成本低、产品薄而强度大。可用于服装衬料、涂层或层压布底布、地毯基布、用即弃服装、环保购物袋等各类用途 [图 6-10 (a)]
纤维固结方法	机械加固法	包括针刺法 [图 6-10 (b)]、缝编法、水刺法，手感柔软，强力较高
	化学黏合法	采用浸渍、喷洒等方法施加黏合剂进行纤维网的固结 [图 6-10 (c)]，产品延伸性小、手感稍硬挺
	热黏合法	包括热熔法、热轧法，产品结实耐用，可获得薄型非织造布

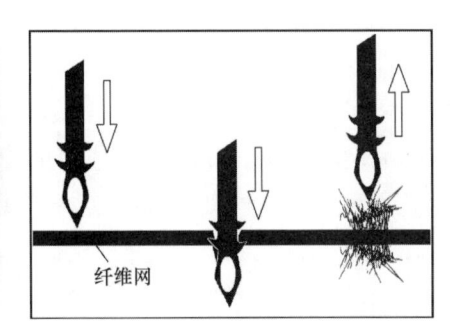

(a) 环保购物袋　　(b) 针刺法　　(c) 黏合法

图 6-10　非织造布固结方式及产品

与传统的纺织生产相比，非织造布使用纤维原料丰富。除涤纶、丙纶、腈纶等化学纤维外，还包括传统纺织工艺难以使用的原料，如纺织纤维的下脚纤维、玻璃纤维、金属纤维、碳纤维、矿物纤维等。近年植物纤维如剑麻、椰壳纤维和黄麻等的利用，既丰富了非织造布的原料，又满足了产品可降解的环保要求。

非织造布工艺灵活，其产品薄的只有 $10g/m^2$，厚的每平方米可达数千克；软的柔似丝绸，硬的坚似木板；松的似棉絮，紧的似厚毡，具有传统织物难以达到的服用性能。

非织造布加工时，纤维成网并固结后，还需进行后加工，如染色、印花、轧花、涂层等，经染色或印花的非织造布漂亮美观，大大扩大了其应用范围。

二、非织造布的典型品种

根据纤维网的厚薄，非织造布可分为薄型和厚型，不但可以作为服装材料中的面料、衬垫料、填充料、一次性服装用料外，还可用于室内装饰织物，如床罩、被套、毛毯、毛巾被、窗帘、墙布、墙毡、地毯、家具布、包装材料、医疗卫生用品、汽车用非织造布以及空气过滤材料、纺织滤尘材料、耐高温滤料、液体过滤材料等。典型品种如下。

1. 纤维网缝编非织造布

纤维网缝编非织造布（Stitch–bonded nonwoven fabric）可以选用棉、黏胶等纤维素纤维干法成网，用涤纶长丝以单梳栉编链组织进行交织固结而成。可用于床罩、台布、浴衣等各种服装或装饰用布。

2. 针刺呢

针刺呢（Needle–punched felt）是利用废毛及化纤的混合纤维，采用针刺和黏合工艺并结合羊毛纤维的毡缩特性制得类似粗纺呢绒的产品。针刺呢的强力和耐磨性比机织呢绒略高，保暖性与呢绒相近，但手感较硬、弹性较差，多用于混纺绒毯、鞋帽等。

3. 热熔絮棉

热熔絮棉（Heat–bonded wadding）又称定型棉，是选用涤纶、腈纶等纤维为主体原料，以适量的丙纶、乙纶等低熔点纤维作黏合剂，经开松、混合、成网、热熔定型等工序而制得的产品。热熔絮棉比棉絮轻柔、保暖并可以水洗。可用于保暖服装和床上用品的絮料。

4. 喷浆絮棉

喷浆絮棉（Spraying–bonded wadding）又称喷胶棉，与热熔絮棉相似，也是一种新型保暖材料。喷浆絮棉采用液体黏合剂黏结纤维网。由于喷浆絮棉选用中空、多孔或三维卷曲涤纶、腈纶等纤维为原料，结构疏松，比热熔絮棉蓬松性更高，同样厚的产品可以减少 1/3～1/4 纤维用量，而且具有弹性好、手感柔软、耐水洗、保暖性良好等特点，是滑雪衫、登山服及其他保暖服装的絮料。

5. 仿麂皮非织造布

仿麂皮非织造布（Suede nonwoven fabric）用海岛型复合短纤维为原料，通过分梳、铺网、层叠成纤维网，然后进行针刺，使纤维之间形成三维络合构造物。经处理将"海"成分除去，"岛"成分形成了 0.011～0.099dtex 的超细纤维。将这种针刺毡浸渍聚氨酯溶液，然后导入水中使树脂凝固，形成内部结合点，即制成仿麂皮基布。再将仿麂皮基布进行表面磨面处理形成绒毛，再进行染色整理，形成酷似天然皮革的仿麂皮。

仿麂皮非织造布手感柔软，有类似麂皮的高雅外观。此外，保暖性、透气性、透湿性好，耐洗、耐穿，尺寸稳定性好，不霉、不蛀、无臭味、色泽鲜艳。适合做春秋季外衣、大衣、风衣、西服、休闲装、运动衫等服装。

第三节 复合织物

复合织物是由织物与织物或其他材料，通过一定结合方式（如涂覆、黏合或绗缝）形成的新型织物，其适用性、功能性及附加值得到提高。主要用于服装、鞋帽、窗帘、帐篷、行李皮箱及其他户外产品。表6–7是复合织物的形成方式及比较。

表6–7 复合织物的复合方式及类别

形成方法	类别	常见组合方式	结合方法	产品及应用举例
由溶液直接挤压而成	A 薄膜	A+F、A+G、A+D、B+F、B+G、F+C、G+C等	涂覆、黏合、热压	泡沫涂层织物、层压织物、人造皮革、防护手套
	B 泡沫			
	C 橡胶			
由纤维形成	D 非织造布	D+C、D+G、D+F、D+A+D等	绗缝、黏合	非织造布卫生垫、保暖面料、沙发布、床垫罩、婴幼儿围嘴
	E 毛毡			
由纱线形成	F 机织物	G+F、G+G、F+F、F+A+F、G+A+G、F+A+G、F+D+G、F+D+F、G+D+G等	绗缝、黏合、热压、交织或编织	绗缝织物、双层复合两面穿面料（彩页XII）、双层复合保暖织物［图6–11（a）、（b）］、防水透湿防护面料、床上用品
	G 针织物			
	H 编结物			

服装中也常使用复合织物，一些品种介绍如下。

1. 层压织物

层压织物（Laminated fabric）是将薄膜、纸张、泡沫、金属、玻璃制品、塑料等与织物通过热、压力复合在一起的织物。例如涤纶超薄非织造布与金属薄膜层压复合后的保暖材料；美国戈尔公司的Gore–tex聚四氟乙烯（PTFE）微孔薄膜与织物层压后的防水透湿复合织物，用于各种户外防护服装面料；一款新颖设计的牛仔布与塑料薄膜层压的复合织物既可以防水，薄膜在不同角度下的折射又有很强的装饰作用，可用于浴室产品、时尚背包及鞋、靴等（图6–12）。

(a) 网眼布+摇粒绒的防寒服面料　　　　(b) 双面布+摇粒绒的防寒服面料及其侧面

图6-11　双层复合织物举例

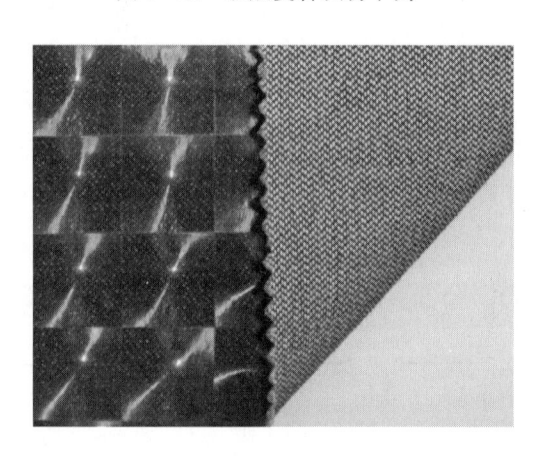

图6-12　牛仔+薄膜复合织物

2. 泡沫涂层织物

泡沫涂层织物（Foam coated fabric/Foam bonded fabric）是将织物与泡沫塑料（如聚氨酯PU）黏合在一起形成的复合织物。它具有柔软、质轻、形状稳定性好，透气性、保暖性好等特点，用于箱包、户外服装［图6-13（a）］、防寒服、防寒手套、家用纺织品［图6-13（b）］等。

3. 黏合织物

黏合织物（Adhesive fabric）是利用黏合剂将两层织物背对背黏合在一起，或中间加填充料（或薄膜等）三层黏合的复合织物。黏合织物可以将一些不能单独裁剪、缝制的面料与里料黏合，使得裁剪和缝制方便，简化服装加工工艺；也可以将两块面料黏合在一起制成两面穿服装，使织物手感挺括、有身骨。

4. 绗缝织物

绗缝织物（Quilted fabric）是由内外两层织物、中间加絮料、通过织造或绗缝的方式形成的复合织物。如图6-13（c）所示的棉服。一般用于保暖服装，如秋冬季的棉衣、外套、家居服，此外还可用于床上用品等。

(a) 涂层复合织物户外雪地服

(b) 薄膜复合织物的椅套　　　　　　　　(c) 绗缝面料外套

图 6-13　各种复合织物产品

习题与思考题

1. 你曾接触过哪些裘皮与皮革制品？各有什么特点？
2. 目前市场上仿裘皮、仿皮革服装很多，有什么鉴别方法？
3. 请到皮货店去了解牛皮、羊皮、猪皮革的特点、区别方法以及价格。
4. 何谓非织造织物？它有什么特性？请举出在服装上应用的例子。
5. 请指出西服套装或西服套裙使用非织造布的五个部位，并说明它们的作用。
6. 为什么绗缝织物能够提高服装的保暖性能？

第七章
服装用辅料

服装用辅料种类繁多，包括里料、衬垫料、絮填料、固紧材料、缝纫线、装饰材料、包装用材料等多种，并不断有辅料新产品的问世。辅料的发展为提高服装质量、美化服装外观、满足服装要求起到了积极的作用。

第一节 服装里料

里料是指服装最里层用来覆盖（或部分覆盖）服装里面的材料，在服装中起着十分重要的作用。一般中高档服装或外衣型服装均应用里料，内衣型服装较少使用里料。

一、里料的作用

1. 穿脱方便

里料的基本作用是使服装穿脱方便，特别是面料较为粗涩的服装，其里料大多选择长丝型织物，光滑柔软的里料在穿脱服装时可起到顺滑作用。

2. 美观和装饰遮掩

服装里料可以遮盖不宜外露的缝头、毛边、衬布等，使服装整体更加美观，并获得较好的保型性；光滑的里料在人体活动时使服装不会因摩擦而随之扭动，可保持服装挺括的自然形态；薄透的面料需用里料起遮掩作用；对于带有絮料的服装来说，里料可以作为填充絮料的包层布，而不致使其裸露在外。里料也常常部分暴露在服装表面，如帽里、兜里，其花色与面料相呼应，起到美化、装饰作用。

3. 保护面料

服装里料可以防止汗渍浸入面料，减少人体或内衣与面料的直接摩擦，延长面料的使用寿命。对易伸长的面料来说，可以限制服装的伸长，并减少服装的褶裥和起皱。

4. 改善性能

里料使服装增加了厚度,对春、秋、冬季服装能起到一定的保暖和防风作用。柔软的里料可以改善服装的柔软度,使其穿着触觉舒适。

二、里料的分类

1. 按工艺分类

按工艺分,里料有活里与死里,半里与全里等。活里加工制作比较麻烦,但拆洗方便,对某些不宜洗涤的面料或服装,如缎类、锦类、冬季的大衣或羽绒服等,最好用活里;死里加工工艺简单,但洗涤时与面料一起洗,会影响面料的使用寿命及服装的造型;半里是对经常摩擦的部位配有里子,比较经济,适于夏季服装或中低档的服装;全里是服装内层配有完整里子,加工成本较高,通常用于秋冬季服装或中高档服装。

2. 按材料分类

按材料分,主要有化学纤维里料、天然纤维里料与混纺或交织里料三类,其中化纤里料占所有里料的绝大部分。各自的特性及应用见表7-1。

表7-1 常见服装里料的种类、特性及应用

类别	原料名称	特性	常用品种	用途
合成纤维里料	以涤纶丝、锦纶丝为主	涤纶与锦纶长丝里料是服装中最常用的里料。光滑、轻便、结实、耐用,不缩水,由于吸水性差,易产生静电,舒适性差,故秋冬季中高档服装合纤里料多进行抗静电整理	涤丝纺、尼丝(锦纶丝)纺、塔夫绸、斜纹绸、经编网眼布等	大量应用于大衣、西服、风雨衣、羽绒服、夹克等各类服装,多用于外衣,特别是男装,不宜用作夏季服装里料;网眼布多用于运动服
再生纤维里料	黏胶丝、铜氨丝	柔软光滑、色相丰富、色牢度好,吸湿透气,无静电现象,但由于湿强力低,缩水率大,不宜用于经常水洗的服装,而且需充分考虑里料的预缩及裁剪余量;因纤维光滑,裁口边缘易脱散。铜氨丝里料具有与黏胶里料相似的优点,但比其光泽更加饱满、柔软如丝	人丝软缎、美丽绸、人丝纺	中高档服装普遍采用的里料,多用于夏季服装里料
			铜氨丝平纹绸、斜纹绸	成本高,应用于中高档服装
	醋纤	光滑、质轻而亮丽,易于热定型	醋纤平纹绸、斜纹绸	应用于中高档服装,特别是女装

续表

类别	原料名称	特性	常用品种	用途
天然纤维里料	真丝	光滑、质轻、美观，而具有凉爽感，静电小，但不坚牢，价格高，由于织物软滑，加工制作困难	电力纺、斜纹绸	一般用于高档服装，如丝绸、纯毛服装。尤其适于夏季薄型毛料服装
	棉纤维	手感柔软，穿着舒适，吸湿透气、无静电，保暖性好，洗涤方便，且价格适中，缺点是不够光滑	绒布、平布、棉毛布	主要用于婴幼儿、儿童服装及中低档夹克、便服等
交织或混纺里料	涤纶、黏胶丝、醋纤、棉纤维等	兼具有两种原料的性能。如涤纶与黏胶丝交织、醋纤与黏胶丝交织、黏胶丝与棉纱交织、涤棉混纺里料等，交织里料使不同材料的两个方向性能不同	羽纱、涤/黏斜纹绸	适用于各种服装

三、里料的选配

里料的选择应与面料相匹配，受到服装款式、穿着场合和档次等限制，具体应考虑以下几方面内容。

1. 色彩及图案

色彩是里料选择的首要条件。里料的颜色应与面料相协调，一般采用同类色或相近色。特殊情况下如装饰需要或服装两面穿，可采用对比色或非同类色。一般里料的颜色不深于面料，浅色面料应配不泛色的浅色里料。里料不仅颜色要匹配，色牢度也要好，避免出汗或遇水导致落色而沾染面料或内衣。

里料多以素色（或素色轧花、提花）为主，但印花、格子色织等花色常常为服装增色不少（图7-1）。通常里料纹样与面料相对比，素色里料凸显面料的花纹；反之则用里料图案装饰点缀面料。近年一些定织定染的里料常常印有（或织出）某种标志，起到企业形象宣传的作用。

图7-1 采用经典条格图案的BURBERRY服装里料

2. 价格

在满足穿着、使用要求的基础上，里料的价格一般不超过面料价格，里料价格是服装成本中的重要组成部分。

3. 性能与厚薄质地

性能上，里料的缩水率、耐热性能、耐洗涤性、牢度以及厚薄、重量应与面料相似。面料与里料缩率相当，避免洗涤、熨烫过程中里料在下摆、袖口等处的反吐或拉扯面料；耐热性不同则会为熨烫温度的控制带来不便；里料的坚牢度应与面料相差不多，过于结实的里料对于易破损、不耐磨的面料意义不大，反之也会带来更新里子的麻烦。为此，面、里料可采用相同材质，以保证两者性能上的一致，如棉质里料适用于棉布服装。

厚薄质地上，秋冬季呢绒、毛皮等厚重面料的服装要求防风保暖，应配以稍厚的美丽绸等里料；而丝绸、棉布等轻薄面料服装多采用薄型里料，如电力纺、尼龙绸、醋纤绸等。但里料大多轻于面料，薄于面料。里料的厚薄、克重规格直接影响其价格。通常会选用质地柔软的里料，既可真实地体现款式风格，又改善服装的触觉舒适性。

4. 实用、方便

里料应光滑、轻便，使服装穿脱方便，能保护面料，并根据季节、对象等需要具备吸湿、保暖、防风或防静电等性能；对于特殊的服装，如羽绒服里料，需紧密、防羽绒钻出。

此外，使用里料时应注意，里料与面料相对应的裁片使用方向应统一，均沿经向、纬向或斜向裁剪，这样在穿着中受力、延伸、悬垂等差异不大，可使服装保持良好的成型和穿着舒适。

第二节 服装用衬、垫及絮填料

服装衬料也是服装辅料中的一大类。服装衬料是缝合或者黏合于面料上，介于面料与里料之间的服装材料，可以是一层或几层。

一、衬、垫料的作用

1. 支撑、塑型

衬垫是服装的骨架，可使服装获得良好的造型。例如，西装的胸衬、肩部用衬、领衬、胸垫等可使服装平挺、宽厚或隆起，形成丰满、立体的造型效果（图7-2）。其中垫料的塑型作用更大，往往会形成夸张的造型效果。

图7-2 男西服用衬部位

2. 定型和保型

衬料的使用可使服装挺括、保型。例如，服装前襟和袋口、领口、袖窿等处，在穿着时易受拉伸而变形，用衬后可使面料不易被拉伸，保证了服装形状和尺寸稳定。

3. 遮掩人体的缺陷

例如溜肩可以采用垫肩得到一定的校正。

4. 提高耐用性

衬的使用使服装多了一层保护层，面料不致被过度拉伸或磨损，从而使服装更加耐用。

5. 提高保暖性

服装用衬后增加了厚度（特别是前身衬、胸衬或全身使用黏合衬），因而提高了服装的保暖性。

6. 改善加工性能

光滑、轻薄、柔软或结构疏松、易变形的面料在缝纫、熨烫过程中，不易握持，难以加工，用衬后可以改善面料的缝纫加工性能，提高效率。

二、衬布的种类及用途

衬布的分类方法很多，常用的方法是按原料、基布的种类、使用部位等。按原料分，可分为棉衬、麻衬、毛衬、化学衬、纸衬等；按衬的使用部位分，可分为胸衬、领衬、袖口衬、胸部加强衬、腰衬、牵条衬、贴边衬等；按衬的基布类型分，可分为机织衬、针织衬、非织造衬等。下面按原料、按衬布的使用部位介绍一些品种。

（一）棉、麻衬

棉、麻衬是采用棉或麻的纯纺或混纺为原料织成的平纹织物，是一类传统衬布。麻纤维刚度大，麻衬有较高的硬挺度，可以满足服装挺括、保型的要求，是早期西装、大衣主要用衬。棉衬多为利用中、粗特纱编织的平纹布，起到挺括支撑作用，若需硬挺还可上浆，分别形成软衬和硬衬。可用于服装挂面、裤腰，多与其他衬搭配使用。棉、麻衬因水洗后保型性差、洗后不易干、厚重等缺点，已越来越少地被使用。

（二）毛衬

毛衬是利用毛发类纤维的弹性、刚度起到支撑、挺括作用的一类衬料。黑炭衬和马尾衬统称为毛衬。

1. 黑炭衬

黑炭衬是用动物纤维（牦牛毛、山羊毛、人发）或毛混纺纱为纬纱、以棉或棉混纺纱为经纱而织成的平纹布。因牦牛毛、紫山羊毛、人发纺成的纱线多呈不同深浅的黑褐色，俗称黑炭衬。黑炭衬的特点是纬向弹性好、挺括、塑型效果好，这是目前在男西服、大衣中使用最广泛的一类毛衬，常用于西服、大衣、制服、礼服等中高档服装的胸衬、驳头衬等。为了迎合近年服装轻便化的需要，也开发了厚薄不同、手感不同的黑炭衬，其规格齐全，使用方便。

2. 马尾衬

马尾衬是马尾鬃作纬、棉纱或棉混纺纱作经纱的平纹交织织物。由于马尾鬃的弹性很好，马尾衬柔韧而有弹性，不易折皱，而且在高温潮湿条件下易于造型，加之成本比较高，所以马尾衬是燕尾服、礼服、西服等高档服装用衬。

受马尾长度的限制，传统马尾衬幅宽窄、产量低，且马尾鬃光滑有一定的刚度，纬纱易戳出、经纱易滑丝，因而马尾衬不宜用于服装的拗曲部位，而且在使用时最好周围用覆衬封闭。为此开发了包芯马尾衬，它先将马尾鬃用棉纱包覆并一根根连接起来，用马尾包芯纱作纬纱制作的包芯马尾衬幅宽不再受限制，可用现代织机织造，还可以进行特种后整理，其使用价值大大提高。由于马尾衬的造型效果好、档次高，又出现了用粗特的化纤长丝替代马尾鬃的化纤马尾衬，但其韧性与天然的马尾衬相比还有一定的距离。

（三）化学衬

借助于化学物质，使之贴附于基布表面或渗入基布的纤维之间，从而达到硬挺、支撑效果的一类衬布，称之为化学衬，其中主要包括黏合衬和树脂衬。

1. 黏合衬

黏合衬是在机织、针织或非织造底布上涂有热熔胶颗粒或薄膜形成的衬。黏合衬上的热熔胶是一种有一定熔点的高分子聚合物（如 PA、PE、PET），在一定的温度、压力和时间条件下，软化熔融成具有黏性的流体，将面料与底布黏合在一起。黏合衬是目前各类服装中应用比例最大、应用范围最广的一类衬，它的出现大大提高了服装加工效率、减轻了服装的重量，使服装外观造型效果更好，而且穿着更舒适。这类衬种类繁多、性能各异，因此将在下文中详细介绍。

2. 树脂衬

树脂衬是对棉、化纤等纯纺或混纺平纹布浸轧树脂胶而制成的衬料。这种衬成本低、硬挺度高、挺括保型、耐水洗，但手感板硬，柔韧性不足。主要用于衬衫领衬、袖口、中低档裤腰、帽子或需要特殊隆起造型的部位。另外，树脂衬还有易泛黄、环保难达标的问题，目前已逐渐被黏合衬所代替。

(四) 其他特殊衬布

1. 腰衬及腰里

根据衬布使用的部位，腰衬是专门用于裙腰、裤腰的中间层的条状衬布（图7-3），主要起硬挺、补强和保型作用。它是将树脂衬通过撒粉法撒上热熔胶，形成暂时性黏合树脂衬，然后用切割机裁成条状，使用时只需用熨斗将腰衬与面料压烫黏合即可。

西裤腰衬亦称腰里（图7-4），应用最广的是由树脂衬布、织带条（织商标带）和口袋布缝制而成，宽约有5cm，用于裤腰的内侧，起装饰、保型和防滑作用。

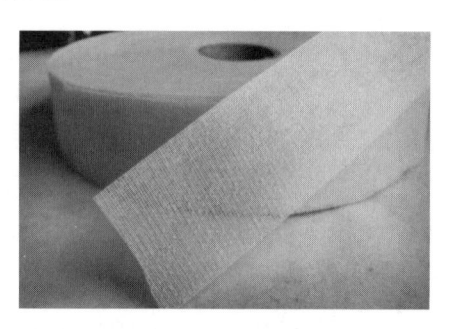

图7-3 黏合腰衬 　　　　图7-4 西裤腰里

2. 牵条衬

牵条衬是西服的辅料部件，用于西服部件衬、边衬、加固衬，起到保持衣片平整立体化、防止卷边、伸长和变形的作用。牵条衬以棉、涤/棉、涤纶等为材料，底布有机织布、针织布、非织造布，裁剪方向上有直切、45°斜切、12°30″半斜切等。

3. 非织造衬布

非织造衬布分为一般非织造衬布和水溶性非织造衬布。一般非织造衬布是将非织造布直接用作衬布，现在大部分已被黏合非织造衬布所代替。水溶性非织造衬布是指由水溶性纤维和黏合剂制成的特种非织造布，它在一定温度的热水中迅速溶解而消失。它主要用作绣花服装和水溶花边的底衬，故又名绣花衬。

三、黏合衬的分类及用途

黏合衬的分类按国家标准和行业习惯，常用四种方法。

1. 按底布类别分类

按照黏合衬底布不同，分为机织黏合衬、针织黏合衬、非织造黏合衬三类，各自的结构、特点见表7-2。

表7-2 不同底布的黏合衬比较

种类	用料及结构	特点	成本
机织黏合衬	多为纯棉、棉混纺、黏胶纤维或涤纶、锦纶,以平纹或斜纹组织交织而成	结实耐用,挺括保型好,有厚薄差异、不同档次之分,价格较贵,多为中厚型,但也向轻薄方向发展	高
针织黏合衬	多为经编底布,且以衬纬经编衬为主,经纱用锦纶或涤纶长丝,如5.6~8.3tex(50~70旦),纬纱用棉纱或黏胶纤维纱,如24.3~36.4tex(24~16英支),既有较好的形态稳定性,又手感柔软	轻薄、弹性大,延伸性好,悬垂性佳,多用于运动服、女时装、西服等,经编衬薄、软,通过起绒,可防渗胶、透胶	中等,偏低
非织造黏合衬	以黏胶纤维、涤纶、锦纶等为原料,纤维以一定方向或无方向地铺成网状,经固定加工成厚薄不一的非织造黏合衬	规格齐全,且能达到超薄效果,价格便宜,洗后不缩水、切口不脱散,有无经纬向、也有有方向性的非织造衬,使用方便,但强度低、牢度差,耐洗性差。大多用于中低档服装	低

衬底布的手感、弹性直接决定了贴衬后服装的手感、外观效果及穿着舒适性。通常机织底布挺括、保型、结实耐用;针织底布柔软、富有弹性,而非织造布则在塑型效果上较差,耐洗性差。但目前,机织衬通过底布织物组织变化改变手感和弹性,平纹挺括、保型好,经纬向一致;斜纹手感软、悬垂性好、延伸性大。机织衬还可通过底布用纱变化制成不同用途的衬布,普通纱线挺、弹性小,变形纱具有很好的弹性和蓬松性。通过底布的纱线细度和密度改变获得厚薄不同、克重不同的机织衬。机织黏合衬底布常见规格见表7-3。特别是一些设计感强的服装需较硬的机织黏合衬造型(图7-5)。

图7-5 DIOR时装中衬的造型作用

表7-3 机织黏合衬底布常见规格

纱线特数(tex)	底布克重(g/m²)	用途
36~97	150~250(较厚)	腰衬、领衬、胸衬
17.7~29	120~150(中等)	领衬、外衣衬
9~14.5	60~110(较薄)	时装衬、薄型衬

2. 按热熔胶类别分类

热熔胶的性能直接影响衬布的性能和使用条件。热熔胶的性能主要包括两个方面：一是热性能，如熔融温度，它决定了黏合衬的压烫条件；二是黏合后的耐洗性能（两种洗涤方式，干洗或水洗）以及黏合强度，它决定了黏合衬适合面料的种类和服装用途。常用的热熔胶有四大类：聚酰胺（PA）黏合衬、聚乙烯（PE）黏合衬［分为高密度聚乙烯（HDPE）和低密度聚乙烯（LDPE）］、聚酯（PET 或 PES）黏合衬、乙烯—醋酸乙烯（EVA）黏合衬。各种热熔胶衬布性能比较见表7-4。

表7-4 衬布用热熔胶性能比较

热熔胶种类	黏合温度（℃）	耐洗性能		用途	备注
		耐干洗	耐水洗		
PA	120~150	优	40℃以下	毛料西服、大衣、外套、时装	成本高
（低温）PA	80~95	优	可	裘皮服装	成本高
HDPE	150~170	可	优	男、女衬衫、夏季服装	成本低
LDPE	110~130	差	可	暂时性黏合衬布	成本低
PET 或 PES	130~150	良	良	化纤仿丝绸面料及仿毛面料	与涤纶面料有很好的黏结强度
EVA	70~90	差	差	裘皮服装用暂时性黏合衬布	成本低

3. 按热熔胶涂层方法分类

黏合衬常用的涂层方法有浆点法、粉点法、双点法、撒粉法，此外，还有刮涂法、裂纹薄膜复合法等多种。几种常用涂层方法的特性比较列于表7-5。

表7-5 黏合衬常用涂层方法比较

涂层方法	特点	用途
浆点法	热熔胶分布均匀，有较好的黏合强度，黏合后手感柔软	中高档衬布
粉点法	热熔胶分布均匀，有较好的黏合强度，价格较便宜	中档衬布
双点法	黏合强度高，压烫加工条件范围较宽，黏合后手感柔软，适当选用两种热熔胶，可获得既耐干洗又耐水洗的黏合衬	高档衬布，特别适用于难黏合的衬布
撒粉法	最简单的黏合衬布涂层方法，但热熔胶分布不够均匀，黏合牢度不均匀，牢度差	用于低档衬布或暂时性黏合的衬布

4. 按黏合衬的用途分类

（1）主衬：主衬用于服装的前片（又称大身衬）、内贴边、领、驳头、后片、覆肩等，对整个服装起塑型和保型作用，尤其是外衣的前片，对服装的轮廓起决定性作用。主衬常用永久性黏合衬。

（2）补强衬：补强衬用于服装的袋口、袋盖、腰带、领座、门襟、袖口、贴边等较小面积用衬,对服装起局部塑型、加固补强和保型的作用。

(3) 牵条衬:牵条衬用于服装的袖窿、止口、下摆袂口、袖衩、滚边等狭长的部位,可起到加固补强的作用,对防止脱散、缝皱有良好功效。牵条的宽度有 0.5cm、0.7cm、1.0cm、1.2cm、1.5cm、2.0cm、3.0cm 等不同规格。牵条有直牵条和斜牵条之分,两者牵拉效果不同。

(4) 双面衬:双面衬的两面都可以黏合,可以在面料与面料之间或面料与里料之间起加固作用,还可以起到包边和连接作用。双面衬常制成条状使用。

黏合衬按服装用途分类见表 7-6。

表 7-6 服装用黏合衬分类表

服装类别		用衬部位	用衬类别	黏合类型
外衣	西服、套装、夹克、职业装、大衣	前身、挂面、领内贴边、后身、袋口、袋盖、腰、领口、门襟、袖口、贴边、袖窿、止口	主衬、补强衬、牵条衬、双面衬	永久性黏合及暂时性黏合
裤裙	裤子、裙子	袋口、腰、里襟、小件	补强衬、牵条衬	暂时性黏合
衬衫	男、女衬衫	上领、下领、门襟、袖口、	主衬、补强衬	永久性黏合
便服	运动衫、宽松衫	领、门襟、袖口、袋口	补强衬	暂时性黏合

四、服装衬布的选用

衬布选用时应考虑以下因素。

1. **衬布的颜色**

衬布按颜色分有本色衬、漂白衬和杂色衬。漂白面料必须配漂白衬布,本色衬布会使其泛黄;深色不透明面料对衬布颜色要求不高,可用深色或本色衬布;高档服装,特别是浅色面料、薄型面料,必须配以相同色泽的衬布。

2. **衬布的手感**

衬布的手感直接影响服装造型和款式。衬布底布的材料、结构、克重与厚度规格以及涂胶的方式、目数等均影响衬布的手感,因此衬布有软性、中性和硬性之分。一方面根据服装类型选用相应的衬料。如男装通常注重良好的造型和保型性能,常常会用到较厚实挺括的毛衬、机织黏合衬和树脂衬等;女装追求柔软的手感和柔美的造型,可选用轻薄型的针织衬、非织造衬、丝绸衬等。另一方面根据服装部位选用相应的衬料。如领衬、腰衬应挺括,胸衬应柔韧而有弹性,底边、下摆袂口应选用柔软轻薄的衬。

3. **根据服装洗涤方式选配衬料**

服装的洗涤方式会影响黏合衬与面料的黏合牢度。因此经常水洗的服装应选择耐水洗的衬料,如衬衫常选用 HDPE 衬、PET 衬(聚酯黏合衬);而需干洗的服装则应考虑耐干洗的衬料，如西服、外衣大多用 PA 衬或 PET 衬。

4. 面料成分与衬布的配伍

不同的面料成分与黏合衬的胶粒有着不同的相容性，因此影响到黏合衬布的黏合牢度。例如，PA 胶与蛋白质纤维面料有较好的相容性，故羊毛、真丝面料选用 PA 衬，裘皮可选用低熔点 PA 或 EVA 衬；PE 胶与纤维素纤维面料有较好的相容性，棉、麻织物选用 PE 衬；PET 胶与聚酯有很好的相容性，纯涤纶或仿丝绸面料选用 PET 衬。

衬底布应与面料的成分相同或相近，这样可以保证两者性能上的一致，如耐热性、缩水性、耐洗涤性、色牢度、坚牢度等与面料相匹配。

5. 衬布的厚薄、克重

通常衬布应与服装面料在单位重量与厚度等方面相配伍。呢绒可使用麻衬、毛衬及稍厚硬的非织造衬；丝绸面料则要用轻薄的丝绸衬等。轻薄面料用薄型衬，厚重型面料配中厚型衬，这样既符合服装造型要求，也有利于降低成本。

6. 衬布的价格与成本

服用材料的价格直接影响到服装成本。因此，在达到服装质量要求的前提下，大多选择低廉的衬布。但是，如果稍贵的材料可以降低劳动强度、提高服装质量，就应全面考虑而加以采用。

总之，衬布选用时必须对衬布的品种、规格、特性及主要质量指标（如热收缩率、水洗收缩率、水洗及干洗性能、剥离强度、回潮率等）及底布的组织结构、性能、涂布的热熔胶类别、黏合衬布压烫条件范围有充分了解。

使用前可做小样试验，用一小块衬与面料压烫或缝合在一起，观察面料压烫后的硬挺度、黏合牢度以及平整度。必要时，洗涤后再次进行以上项目的观察。

五、服装用垫料

服装上使用垫料的部位较多，但最主要的有胸、领、肩、膝几大部位。

1. 胸垫

胸垫又称胸绒、胸衬，是衬在胸部的垫物，起到加厚胸部、修饰胸型的作用。分为胸衬垫和奶胸衬垫。胸衬垫多以组合型胸垫应用最多，它是以黑炭衬或马尾衬为主并辅以胸绒、牵条衬和棉布衬等缝制成组合定型毛衬，如图 7-6（a）所示。该衬可使服装的弹性好、立体感强、挺括、丰满、造型美观、保型性好，并且使用方便，可提高服装加工效率，用于男西服、大衣等外穿服装。奶胸衬垫多为泡沫塑料制成，用于礼服裙、泳装、内衣等，如图 7-6（b）所示。

(a) 男西服胸垫　　　　　　　　　　(b) 奶胸衬垫

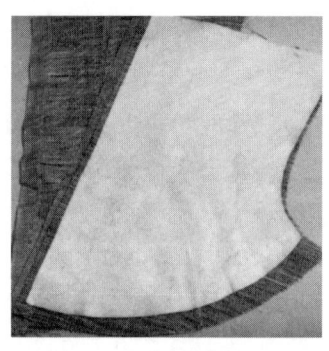

图 7-6　胸垫的应用

2. 领垫

领垫又称领底呢，是用于西服、大衣等服装领底的专用材料，代替服装面料及其他材料用做领底，可使衣领平展，面里服帖，造型美观，增加弹性，便于整理定型，而且方便服装裁剪、缝制。领底呢的用料有纯毛、混纺以及纯黏胶纤维织物，主要用于西服、大衣及各行业制服等。

3. 肩垫

肩垫又称垫肩，是用来修饰人体肩型或弥补人体肩型"缺陷"的一种服装辅料。

肩垫就其材料来分，有棉及棉布垫、海绵及泡沫塑料垫、羊毛及化纤下脚针刺垫等。目前，用得比较多的是针刺肩垫，即各种材料用针刺的方法复合成型而制成的肩垫，多用在西装、制服及大衣等服装上；定型肩垫，即使用 EVA 粉末，把涤纶针刺棉、海绵、涤纶喷胶棉等材料通过加热复合定型模具复合在一起而制成的垫肩，此类垫肩多用于时装、女套装、风衣、夹克衫等服装上；切割型海绵肩垫，即将海绵切削成一定形状，再黏合成形，也可在海绵肩垫上包布，成为海绵包布肩垫，这类肩垫多用于女衬衫、时装、羊毛衫等服装上。

肩垫的形状与厚度，主要取决于使用目的、服装种类、个人特点及流行趋势。肩垫可以是能从服装上取下的活络式，也可以是缝在服装的肩部，不可任意取下的固定式。活络肩垫靠尼龙搭扣、揿钮或拉链装于服装肩部。肩垫用面料或与面料同色的材料包覆，可以提高服装的质量和档次。

4. 袖窿条

袖窿条是用以平滑肩袖过渡的服装配件，可以使绱袖后袖型更加饱满。一般以非织造布为主要材料，辅以黑炭衬或麻衬等组合缝制而成的组合定型衬（图 7-7）。

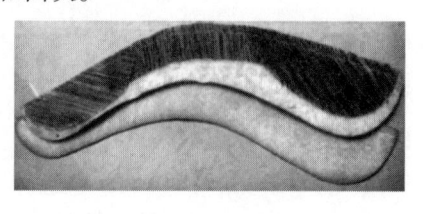

图 7-7　袖窿条

六、服装用絮填料

服装用絮填料是填充于服装面料与里料之间的材料。在服装面、里之间填充絮填料的目的是赋予服装保暖、降温和其他特殊功能（如防辐射、卫生保健等）。服装用絮填料的种类很多，大致可按如下分类。

（一）纤维材料

1. 棉纤维

静止的空气是极好的保暖物质，蓬松的棉花因充满空气而保暖。由于棉纤维属于柔软舒适的天然纤维，大多用于婴幼、儿童服装。但棉纤维弹性差，受压后蓬松性与保暖性降低，水洗后难于干燥，蓬松性、保暖性进一步降低，影响了它在服装中的广泛应用。

2. 蚕丝

蚕丝保暖性能优良，且质轻柔软，不仅用作冬装絮填料，还用于被褥等床上用品的填充。

3. 动物绒

羊毛和骆驼绒是高档的保暖填充料。其保暖性好，但易毡结，不能水洗，如果混以部分化学纤维则有所改善。

4. 化纤絮填料

随着化学纤维的发展，用作服装絮填材料的品种也日益增多。腈纶轻而保暖，"腈纶棉"作为最初替代棉花的絮填材料被广泛应用。中空涤纶的手感、弹性和保暖性均佳，因此中空涤纶的棉衣、"九孔棉"的床上用品亦很流行。细旦丙纶、涤纶质轻、蓬松，因为纤维很细可以有效防止空气流动。以丙纶与中空涤纶或腈纶混合做成的絮片，经加热后丙纶熔融并黏结周围的涤纶或腈纶，从而形成厚薄均匀、不用绗缝亦不会松散的热熔絮片。用热熔胶将化纤黏结起来形成的喷胶棉絮片、用针刺法固定的针刺棉絮片等都是目前较常用的化纤絮填料。化纤絮片规格尺寸齐全，可以水洗且易干，并可根据服装尺寸任意裁剪，加工方便，是冬装物美价廉的絮填材料。特别是配合三维卷曲纤维、远红外纤维等，可以进一步提高化纤絮片的保暖性能或赋予新的功能。

（二）羽绒和毛皮

1. 羽绒

羽绒主要是鸭绒，也有鹅、鸡、雁等毛绒。羽绒由于很轻且导热系数很小，蓬松性好，是人们青睐的防寒絮填料之一。使用羽绒絮料时要注意羽绒的洗净与消毒处理，同时服装面料、里料及羽绒的包覆材料要紧密，以防羽绒毛梗外扎。

在设计和加工时须防止羽毛下坠而影响服装的造型和使用。由于羽绒来源受限制，而且含绒率高的羽绒服价格昂贵，所以羽绒多用于中高档服装。

2. 天然毛皮、人造毛皮

天然毛皮皮板密实挡风，绒毛中又储有大量的空气而保暖。因此，普通的中低档毛皮可以作为高档防寒服装的絮填材料。由毛或化纤混纺制成的人造毛皮以及长毛绒也是较好的保暖絮填材料。

（三）泡沫塑料

泡沫塑料有许多储存空气的微孔，质轻、蓬松、保暖。用泡沫塑料作絮填料的服装，挺括而富有弹性，裁剪加工也较简便，价格便宜。但由于它不透气，穿着舒适性差，且容易老化发黄、发脆，仅用于低档服装或鞋用、寝具用絮填料。

（四）混合絮填料

由于羽绒用量大、成本高，目前很多羽绒服将羽绒和一定比例的 0.33~0.55dtex 细旦涤纶混合使用。这种方法如同在羽绒中加入"骨架"，可使其更加蓬松，提高保暖性并降低成本。亦有采用 70% 的驼绒和 30% 的腈纶混合的絮填料，以使两者特性充分发挥。混合絮填料有利于材料特性的充分利用、降低成本和提高保暖性。

（五）复合絮填料

复合絮填料是指将纤维絮片与薄膜甚至织物复合在一起的多层复合结构材料。如纤维絮片与金属镀（涂）膜复合而成的太空棉、毛涤（双膜）复合絮片、驼绒（非织造布膜）复合絮片等。多层复合结构材料可以发挥各结构层材料的作用，起到防风、保暖、透湿等作用。

（六）特殊功能絮填料

为了使服装达到某种特殊功能而采用的特殊功能絮填料。如在宇航服中为了达到防辐射的目的，使用消耗性散热材料作为服装的填充材料，在受到辐射热时，可使这些特殊材料升华，而进行吸热反应。总之，随着功能性服装的发展，功能性服装絮填材料也会越来越多。

第三节 服装的固紧材料与其他辅料

服装的固紧材料有拉链、纽扣、钩、环、松紧带及搭扣等，其他辅料还有花边、尺码带、商标及示明标牌、珠片等。这些材料不但具有功能性而且还具有装饰作用，选配得当与否关系到服装的穿着效果。

一、拉链

拉链是一种可以重复拉合、拉开，由两条柔性的可互相啮合的单侧牙链带所组成的连接件。拉链用于服装的扣紧，操作方便，又简化了服装加工工艺，而且还可用来装饰（图7-8），因而使用广泛。

（一）拉链的结构

拉链是由布带、链牙、拉头、上止等主要部件和下止、拉片、插座（方块）、插管、贴胶等辅助部件经适当组合而成，如图7-9所示。

图7-8 拉链的装饰作用

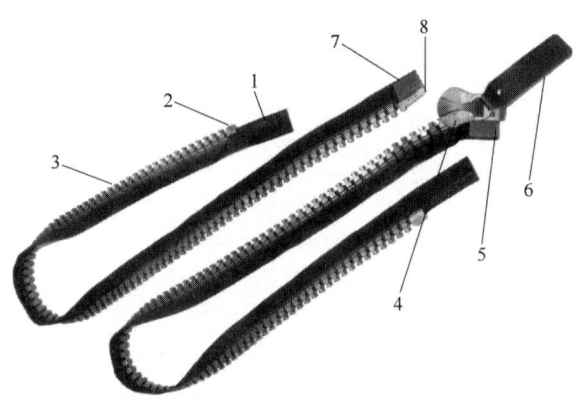

图7-9 拉链结构名称
1—布带 2—上止 3—链牙 4—拉头 5—插座
6—拉片 7—贴胶 8—插管

链牙是形成拉链闭合的部件，其材质与形状决定了拉链的外观和性能；上止和下止可防止拉头从链牙头端和尾端脱落；拉头用以控制拉链的开启与闭合，其上的拉片形状多样而精美，既可作为服装的装饰又可作为商标标志。

（二）拉链的种类

拉链可按其结构形态和链牙的使用材料进行分类。

1. 按拉链的结构形态分类

（1）闭尾拉链（常规拉链）：闭尾拉链即一端闭合或两端闭合的拉链。根据其上带有一个拉头或两个拉头的数目不同，分为单头闭尾式拉链和双头闭尾式拉链［图7－10（a）、(b)］。单头闭尾式拉链为一端闭合，常用于裤子、裙子的开口或领口；双头闭尾式拉链常用于服装口袋或箱包等。

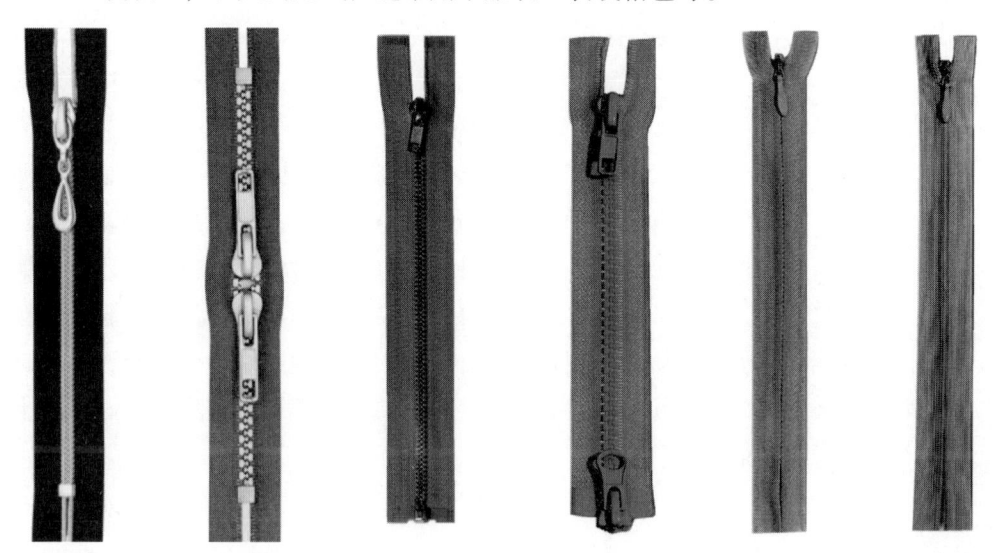

(a)单头闭尾式拉链　(b)双头闭尾式拉链　(c)单头开尾式拉链　(d)双头开尾式拉链　(e)布边隐形拉链　(f)网边隐形拉链

图7－10　按拉链的结构分类

（2）开尾拉链（分离拉链）：开尾拉链即拉链的两端都不封闭。同样根据其上带有的拉头数目不同，分为单头开尾式拉链和双头开尾式拉链［图7－10（c）、(d)］。主要用于前襟全开的服装（如滑雪服、夹克衫及外套等）和可装卸衣里的服装。

（3）隐形拉链（隐蔽式拉链）：隐形拉链由于其线圈牙在背面，从服装正面看上去不甚明显，根据布带种类又可分为布边和网边隐形拉链两种［图7－10（e）、(f)］。主要用于旗袍、裙装等薄型、优雅的女式服装。

2. 按构成链牙的原料分类

（1）金属拉链：金属拉链通常用铝、铜、锌合金等金属材料压制成牙后，经过喷镀处理，再装于布带上。金属拉链颜色受限制，但很耐用，个别牙齿损坏还可以更换。主要用于厚实的制服、军服、防护服和牛仔服上。

（2）注塑拉链：注塑拉链由胶料（聚酯或聚甲醛）注塑而成。塑胶质地坚韧，耐水洗而且可染成各种颜色，较金属拉链手感柔软，牙齿不易脱落，是运动服、夹克衫、针织外衣、羽绒服、工作服等普遍采用的拉链。

(3) 尼龙拉链：尼龙拉链是应用最广泛的一种拉链。它用聚酯或尼龙丝作原料，将线圈状的牙齿缝织于布带上。这种拉链轻巧、耐磨而富有弹性。特别是尼龙易定形，常用于制造小号码的细拉链，用于轻薄的服装和童装。

除以上拉链种类外，还有功能性拉链（防水拉链、阻燃拉链等）、透明拉链、镶钻拉链、布带印花拉链、色织布带拉链、彩色牙拉链（多种颜色的彩色链牙随机组合）、互拼牙拉链（两排不同颜色的链牙相配）等。

（三）拉链的选择和使用

拉链是服装的重要辅料，随着服装面料材质和款式的变化以及服装多种功能的要求，需要各式各样、各种类别的拉链与服装配用，以取得与服装主料之间的相容性、和谐性、装饰性和经济实用性。所以选择时应注意拉链链牙与布带的材质，拉链结构、色泽、尺寸，拉链的强力，拉头的功能等，使之与服装面料的厚薄、性能和颜色以及服装使用拉链的部位相配伍。例如婚纱应选用隐形拉链，休闲牛仔装应选用金属拉链，裙装、裤装一定要采用带自锁拉头的拉链，防止拉头在使用过程中滑动。

二、纽扣

纽扣最初专用于服装的连接，现在纽扣除了它原始的连接功能外还对服装的造型设计起到画龙点睛的作用。

图 7-11 两孔、四孔和多孔有眼扣

图 7-12 暗眼有脚（左）和暗眼无脚纽扣（右）

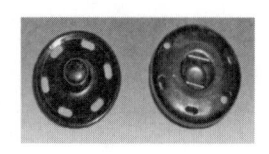

图 7-13 多用于易开易解部位的按扣

（一）纽扣的种类及特点

纽扣的种类繁多，有不同的分类方法。根据纽扣的结构类型可将纽扣分为有眼纽扣、暗眼有脚纽扣、暗眼无脚纽扣、按扣（掀扣）、铆合及拧合扣（如工字扣、五爪扣、四合扣）、包扣、盘扣、绳扣等，如图 7-11~图 7-15 所示。需要说明的是礼服衬衫的袖扣有些特别，是和服装分开的，这和袖克夫的叠合方式有关（图 7-16）。

根据纽扣的取材特点，可以将纽扣大致分为合成材料纽扣、天然材料纽扣、金属纽扣、组合纽扣等。

1. 合成材料纽扣

该类纽扣是当今世界纽扣市场上数量最大、品种最多、最为流行的一类。

图 7-14 用于牛仔服、夹克、羽绒服、外套等处的铆合与拧合扣
（从左至右，五爪扣、四合扣和工字扣）

图 7-15 包扣、盘扣、绳扣

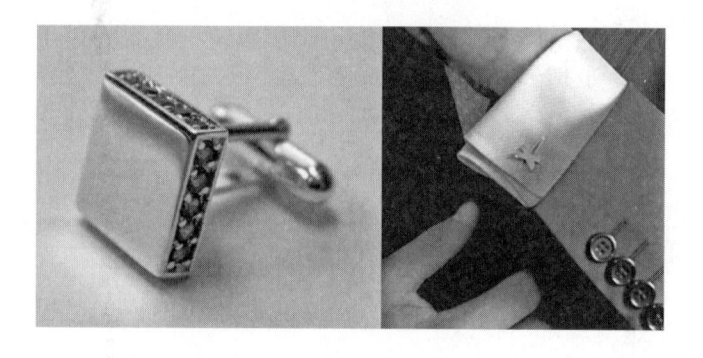

图 7-16 袖扣及使用方法

目前，合成材料纽扣常用品种有树脂纽扣、ABS 纽扣、尼龙纽扣、有机玻璃纽扣、电玉纽扣、塑料纽扣等。大多具有色泽鲜艳、造型丰富、价廉物美、耐高温性能等不及天然材料纽扣好的特点，但各自特性又有所不同。如树脂纽扣的全称为"不饱和聚酯树脂纽扣"，颜色丰富、色泽鲜艳、仿真性强，可仿制贝壳纹理、木材纹理、大理石、象牙等各种纹理，且耐洗涤、耐磨、耐高温性强；ABS 纽扣的原料为"丙烯酸酯—丁二烯—苯乙烯共聚塑料"，它可以注塑成各种形状，并具有良好的电镀性能，因此大多做成镀金、镀银、镀铜的电镀系列纽扣；尼龙纽扣韧性好、机械强度高、有良好的染色性，是女时装纽扣的重要品种。

2. 天然材料纽扣

天然材料纽扣是最古老的纽扣，它取材于大自然，与人类生活比较贴近，迎合了现代人回归大自然的心理要求，满足了人们追求自然的审美观。天然材料纽扣常用品种包括贝壳纽扣、木材纽扣、毛竹纽扣、椰子壳纽扣和坚果纽扣、石头纽扣、陶瓷纽扣、宝石纽扣和水晶纽扣、真皮纽扣等。各类天然材料纽扣都有其自身的优点，如贝壳纽扣，色泽如珍珠，质地坚硬，与人体皮肤接触有凉爽感，纹理自然高雅，品质极为高贵，是纽扣中的上品，多用于轻薄高档的真丝服装、衬衫及T恤衫等；木材纽扣和毛竹纽扣带有天然木材、竹材的纹理，其纯朴自然的外观与塑料纽扣的高光泽形成鲜明的对比，对有机溶剂抵抗力极强，但遇水易膨胀，主要用于棉、麻纤维的休闲装；宝石纽扣和水晶纽扣，不仅自身品质高贵、装饰性极强，而且硬度高、耐高温、耐化学清洗剂，是合成材料纽扣所无法达到的。

3. 金属纽扣

金属纽扣由黄铜、铝、铁、铝合金、锌合金等材料制成。金属纽扣具有经久耐用、造型别致、装饰性强、耐高温、耐磨、可回收、无污染、装钉方便等特点，并可冲压花纹及标志。因此，常用于牛仔服及有专门标志的职业服装，但不宜用于轻薄并常洗的服装，以防服装受损。

4. 组合纽扣

组合纽扣是指由两种或两种以上不同材料通过一定的方式组合而成的纽扣。随着黏合剂技术的发展，任何两种材料均可黏合在一起，因此组合纽扣的种类繁多。目前，最为流行的是树脂—ABS电镀组合、树脂—金属电镀组合、树脂—水钻组合、ABS—电镀金属件组合、真贝—树脂组合等，组合纽扣具有更加全面的功能和强烈的装饰效果。

（二）纽扣的选用

纽扣对服装很重要，在选择时既要观察纽扣的外观，也要在颜色、造型、重量、大小、性能、质量以及价格等方面与服装面料相配伍。

1. 整体性

服装的设计应与纽扣的选用（种类、材料、形状尺寸、颜色和数量）一并考虑。纽扣的颜色应与面料的色彩、图案相协调，相同色、相近色或采用对比色、金银色突出装饰效果；纽扣的材质、轻重应与面料的质地、厚薄、图案、肌理相匹配。如牛仔裤多采用有一定重量感、外观质朴的金属扣；而细腻的丝绸面料则配以质地较轻的塑料纽扣或有机玻璃纽扣、包布扣等。纽扣的大小、外形也应与服装整体相统一。

2. 服装的种类

如工作服的纽扣应耐磨、抗腐蚀；婴儿服装尽量少用纽扣；时装的纽扣装饰性要强；需要干洗的服装不能选择塑料扣和有机玻璃扣，因为它们不耐有机溶剂。

3. 服装档次

纽扣的选择要与面料经济价值、服装档次相适应。中、低档面料也可选用质地较好、装饰性较强、价格稍高的纽扣，搭配得当可提高服装的档次。需要说明的是，当纽扣扣面上的标志或其他图案符号带有方向性时，会降低缝钉纽扣的效率，但同时也提升了服装的附加值。

此外，一件服装上纽扣用量不宜太多。单纯用纽扣来取得装饰效果，而忽略经济省工的原则，是不可取的。直径小（小于10mm）、厚度薄的纽扣，可用作钉纽扣时的背面垫扣，以保证钉扣坚牢与服装平整。同时，在服装的里料上常缀以备用纽扣，这是设计中高档服装所应注意的。

三、其他扣紧材料

（一）钩

钩是安装在服装经常开闭处的一种连接物，有左右两部分组成，按照使用部位不同分为领钩、背钩和裤钩，如图7-17所示。

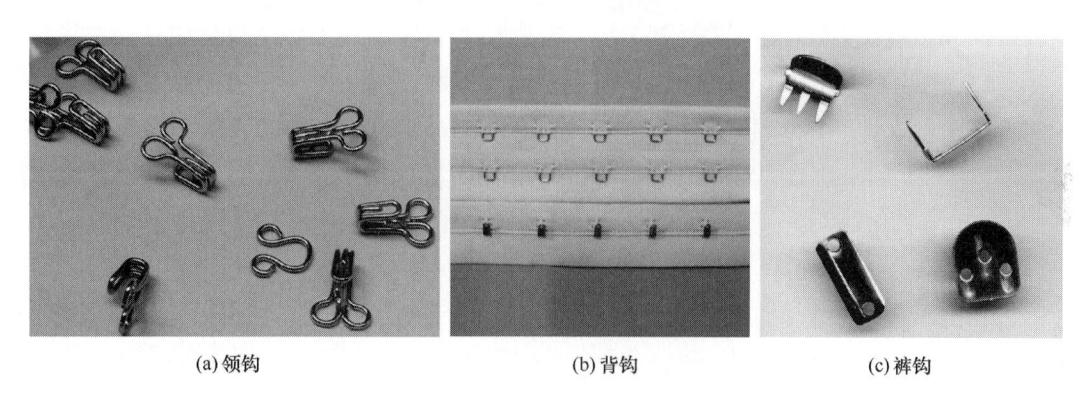

(a) 领钩　　　　(b) 背钩　　　　(c) 裤钩

图7-17　领钩、背钩和裤钩

（二）环

环是起调解松紧作用的环状扣紧材料，主要用于马甲、裤、裙的腰部，夹克衫下摆，袖口等处。用料有塑料、金属、有机玻璃等，如图7-18所示。

（三）松紧带

松紧带大致分为绳状和带状两种。滚绳松紧带为纵长绳状，通常穿到抽带管中；带状松紧带宽窄规格各异，质地紧密、表面平挺、手感柔软、弹性适宜，既可穿入抽带管中，也可直接使用。广泛用于运动服装、内裤、休闲服

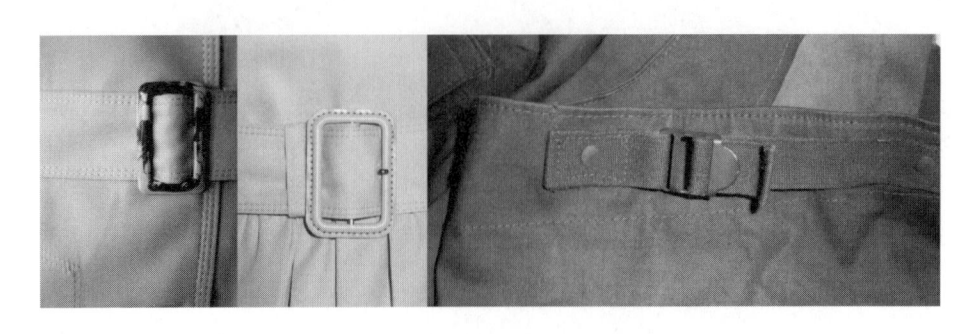

图 7-18　服装上的衣环

装、鞋帽、工艺品等的配套装饰中。此外，还有松紧罗纹，用在休闲夹克的袖口和腰带处。

(四) 搭扣

又称尼龙搭扣、魔术贴，用锦纶丝织制，由钩面带与圈面带组成。其中一条带子的表面布满小毛圈（图 7-19 中的下层），另一条带子表面是密集的小钩（图 7-19 中的上层）。使用时将"圈面"与"钩面"对好，轻轻按压，就能紧密结合在一起。搭扣使用方便，常代替拉链和纽扣，用于方便而快速扣紧或开启的部位，如消防衣的门襟扣、袋口的黏合扣、可拆装式垫肩的黏合扣等。长期使用，毛圈撕裂，黏性会下降。

图 7-19　尼龙搭扣

四、其他辅料

(一) 花边

花边是指有各种花纹图案作装饰用的带状织物，用作各种服装、窗帘、台布、床罩、枕套等的牵条或镶边。花边主要分为机织、针织（经编）、刺绣、编织四大类。

1. 机织花边

机织花边是由提花机构控制经线与纬线，交织而成的带状织物，如图 7-20 所示。其宽度按用途不同变化范围很大，从几毫米到几十毫米不等。使用的原料有棉、蚕丝、金银线、黏胶丝、锦纶丝、涤纶丝等。机织花边质地紧密，立体感强、色彩丰富。

2. 针织花边

针织花边由经编机制作而成，也称经编花边。大多以锦纶丝、涤纶丝、黏胶丝为原料，其宽度可以根据用户要求设计。针织花边大多有明显的孔眼，外观轻盈、优雅，花型变化丰富，如图7－21所示。

图7－20　机织民族风格花边 　　　图7－21　针织花边的应用

3. 刺绣花边

刺绣花边分机绣和手绣两类。机绣是通过电脑平板刺绣机在机织、针织或非织造底布上绣花，如图7－22所示，水溶性花边是其中的一大类。高档花边是用手工绣在织物上，可以绣出复杂图案，形象逼真、富有艺术感染力，但用量很少。大量应用的是机绣水溶性花边，它以水溶性非织造布为底布，用黏胶长丝作绣花线绣花，再经热水处理使水溶性非织造底布溶化，留下具有立体感的花边（图7－23）。水溶性花边宽度1～8cm不等，花型比较活泼，广泛应用于各类服装及装饰用品。现已开发水溶花边背面贴热熔胶的贴布绣产品，只需压烫即可完成与面料的结合，应用更加方便。

图7－22　可应用于服装各部位　　　图7－23　应用于领口的水溶性
　　　　　的机织底布刺绣花边　　　　　　　　　刺绣花边

4. 编织花边

编织花边主要以5.8～13.9tex全棉漂白、色纱为经纱，纬纱以棉纱、黏胶

丝、金银线为主要原料，用钩编机编织。花边的宽度为1~6cm不等，可以根据用户的需要确定花边的花型和规格。编织花边是目前花边品种中档次较高的一类，它可用于礼服、时装、羊毛衫、衬衫、内衣、内裤、睡衣、睡袍、童装、披肩等各类服装服饰的装饰性辅料。

此外，还有珠状花边（精制双边花边用线穿小珍珠，作婚礼服的装饰）、穗带花边（一种真丝花边，由定端的饰带和或长或短的结环以不同的对比色系成穗带）、羽毛花边（围绕绳的中心线将软羽毛串在一起，再经手工精心缝制）、丝绸花边（质地轻薄、有光泽，可以手工或机器缝制）等。

（二）带类产品

1. 缎带

用缎纹组织织成的装饰类织物。平滑光亮，色泽鲜艳，用于服装镶边、滚边及包装材料、饰品制作。

2. 饰带

饰带大多华丽考究，常在织物上缉明线或系成立体花结，还可用于女式工艺外套。

3. 防滑带

缝合于贴身内衣或礼服中，以增加弹性与摩擦力，如图7-24所示。

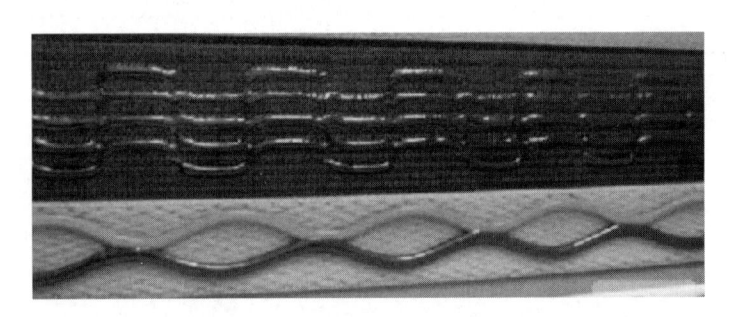

图7-24 防滑带上的防滑胶

（三）镶缀材料

镶缀材料包括珠子、亮片、钻饰、动物毛羽等。这些材料用线缝合或用热熔胶枪粘在服装不同部位上，特别是礼服、晚装、舞台装，在光照下，璀璨夺目，装饰感极强。

（四）支撑材料

支撑材料根据服装造型要求缝合于服装分割线或裙摆处，可以使廓型更突出。以前通常选择铁丝、铜丝、尼龙带等。近年来胸托和鱼鳞骨在礼服和紧身内衣的应用上比较广泛，鱼鳞骨为钢制，长度有多种规格，如图7-25（a）所示。聚乙烯胶骨和织造物支撑材料（涤纶与尼龙编织上浆定型）也可用于服装造型，可随意截取长短，如图7-25（b）、（c）所示。

(a) 鱼鳞骨　　　　　　(b) 聚乙烯胶骨　　　　　　(c) 尼龙编织支撑材料

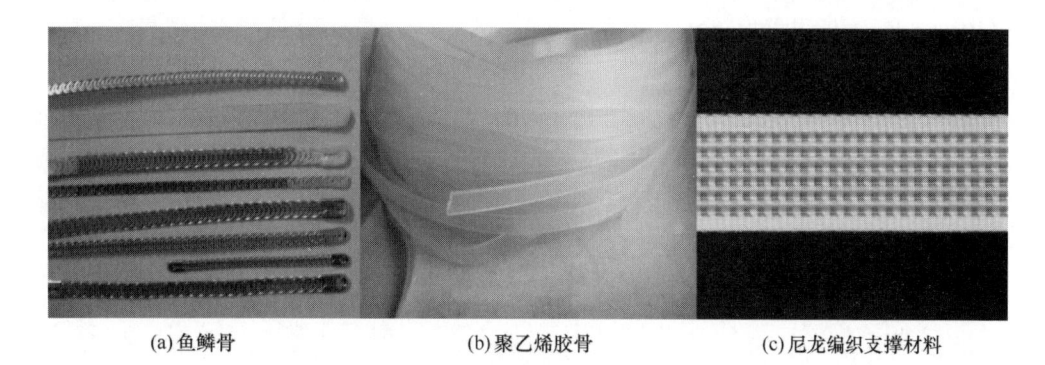

图7-25　常见的支撑材料

（五）袋布

服装袋布具有实用性和装饰性。袋布多用里料，整体协调，性能相当。若服装无里子，一般用较薄的棉布、涤/棉布、丝绸或化纤料做袋布，方便掏取。袋布的选择要根据服装的种类和用途决定，要与面料相配伍。

（六）标志材料

用以识别服装的品牌、商标、质量保证及服装品质、价格、保养等方面信息的材料，是必不可少的辅料。主要有以下内容：

（1）主标：标明注册商标及相关信息，是服装的品牌与标志。缝合在上衣领口、下装腰头处。

（2）尺码标：标明该服装的号型尺码，多位于主标下方或侧旁，也有在侧缝处。

（3）洗涤标：标明面料、里料、填充料的原料成分，洗涤、熨烫、晾挂、收藏的方法和注意事项。洗涤标一般缝合在服装侧缝或腰部的内侧。

（4）吊牌：包含品牌标志、生产厂家、货号、原料成分、产品执行标准编号、洗涤保管标志等。

（七）包装材料

包装既有保护作用，又有标志、装饰和广告作用。用于服装的包装材料有纸箱、纸盒、纸袋、尼龙袋、塑料袋、塑料盒、衬纸、支撑材料、固定材料等。

习题与思考题

1. 你认为哪些服装应配里料，哪些服装可不配？并说出原因。看看你的服装使用里料的情况（原材料、织物组织、颜色、风格特征），有何优缺点。

2. 谈谈你对服装衬的认识，并解剖一件服装，了解各部位用衬情况及所起作用。

3. 当你准备设计一套服装时，选定面料后，如何考虑辅料的匹配问题？

4. 服装的一些配件对服装的整体效果有何影响，应如何选用和布局？

第八章
面料的后整理

面料的外观和服用性能除了由纤维、纱线、织物结构因素决定外，后整理加工也是一个重要影响因素。后整理可以赋予面料不同的花色图案、手感或功能。通过后整理，可使弹性差、易皱、洗可穿性能差的棉织物变成弹性好、洗后免烫的织物；使原来手感丰厚、光泽柔和、具有缩绒性的毛织物变成手感平滑、光泽如丝、无缩绒性的机可洗轻薄毛料；使原本柔软的黏胶纤维织物变成了硬挺的仿麻织物；而使麻织物经整理后变成手感柔软、垂感好的面料。后整理的内容很多，而且还在不断发展，后整理技术的发展与进步，将直接影响到面料的开发。

第一节 后整理的概念

面料从纺织厂或针织厂生产出来并不能直接进入市场或进入服装厂，中间必须经过印染厂，对坯布进行练漂、染色、印花与整理等一系列加工，以达到一定的外观、手感和功能。这一系列加工称为印染后整理，简称染整，这是广义的后整理概念。染整加工的对象可以是纤维、纱线、织物与服装，而以织物居多，虽然加工对象不同，但它们的目的与原理基本是相同的。

印染加工工序主要分为练漂、染色、印花、整理四大部分。前三个部分的主要目的是提高产品的美感，如提高白度、赋予流行色和图案等；而整理，属于印染加工厂（或服装厂）的最后加工部分，所以常称后整理（狭义的后整理概念），其目的除了增加美感外，更主要的是改变面料的外观风格，或赋予特殊功能。如起毛、磨绒、光泽、轧花、柔软、起皱、砂洗等，使织物的外观风格改变；拒水、拒油、防污、抗静电、抗紫外线、免烫、阻燃、抗菌、保健等，属于功能整理。

由于纤维或面料表面可能含有有碍染色的毛羽与杂质，为了提高制品的白度，并且保证其染色、印花产品色泽的纯正、鲜艳及一定的色牢度，需要通过化学或物理的方法对它们进行预处理，这个过程称为练漂，属于印染厂的前处理加工。如对棉织品来说，主要包括烧毛、退浆、煮练、漂白等工序，此外，往往还要经过丝光加工，提高织物光泽、改善其染色性能和化学反应性能。

下面重点介绍与服装设计专业有关的染色、印花与整理的知识。

第二节 染色

服装或面料的颜色是影响销售的重要因素之一，而将颜色赋予纺织品是一个艺术与技术相结合的复杂过程。赋予纺织品颜色有两种方法，即染色和印花。染色是使染料或颜料与纤维发生物理或化学结合，使服装及其材料染上颜色的加工过程。染色时使用的上色材料包括染料和颜料两类。

染色产品除要求色泽均匀外，还要求具有良好的色牢度，如耐皂洗、耐日晒、耐摩擦等色牢度。染色牢度主要决定于染料本身的化学结构，其次是染色方法和工艺条件。

一、染料与颜料

（一）染料

染料一般是有色的有机化合物，大多能溶于水，或通过一定化学试剂处理能转变成可溶于水的物质。用作纤维染色的染料根据其来源可分为天然染料和合成染料两种。天然染料是取自自然界现成的有色物质。例如，从植物的根、茎、叶及果实中提取出来的靛青、茜红、苏木黑等，叫做植物性染料；从动物躯体内提取的胭脂等，叫做动物性染料；从矿物中提取的铬黄、群青等，叫做矿物性染料。天然染料历史悠久，但由于色谱不全、染色牢度不够理想等缺点，自19世纪合成染料出现后就逐渐被合成染料所替代。合成染料又称人造染料，主要从煤焦油中分馏出来（或石油加工）经化学加工而成。合成染料与天然染料相比具有色泽鲜艳、耐洗、耐晒、可批量生产、产品质量稳定等优点，故目前主要使用合成染料。进入21世纪，人们对环境保护、自身健康愈加重视，合成染料的不安全因素已引起人们普遍担忧，天然染料又重新引起关注。随着天然染料技术的不断成熟，必将成为未来绿色环保产品发展的方向。

染料品种很多，不同染料与纤维的亲和力不同，因此适用于不同纤维的染色，并且具有不同的染色牢度与染色工艺。选用染料时，首先必须对染料的性质有所了解。几种常用染料与不同纤维的亲和关系及各自的特征分别列于表8-1和表8-2。

表 8-1 染料与纤维的亲和关系

纤维＼染料	直接染料	酸性染料	阳离子染料（碱性）	硫化染料	还原染料	偶氮染料	分散染料	活性染料	中性染料（金属络合）
纤维素纤维	○	×	▲	○	○	○	×	○	×
蛋白质纤维	▲	○	▲	×	▲	▲	×	○	○
涤纶	×	×	×	×	▲	▲	○	×	×
锦纶	▲	○	▲	×	×	×	▲	○	▲
腈纶	×	○	○	×	×	▲	○	×	×
维纶	○	▲	×	○	○	○	○	▲	○
氨纶	×	○	×	×	×	▲	○	○	×

注　○良好　　▲可能　　×不可

表 8-2 几种常用染料的特点与应用

染料类别	特征	用途
直接染料	可溶于水，在中性盐或弱碱性盐存在的条件下，经煮沸可直接上染纤维素纤维。应用方便、易于掌握、价格低廉、色谱齐全、色泽鲜艳，但色牢度不够理想，大多要通过固色剂处理加以改善	纤维素纤维，纤维素纤维的成衣染色，也可用于蚕丝的染色
活性染料	分子结构中因含有能与纤维发生反应的活性基团而得名，又称反应性染料。由于它与纤维的结合是靠化学键相连，所以色牢度好，色调明亮，色泽鲜艳，匀染性好，使用方便。但因染料中的活性基团也能与水发生分解作用，所以染色时有一部分染料受到破坏而浪费。活性染料类型较多，染色时需根据具体情况加以选择	大多数用于纤维素纤维，少数用于蛋白质纤维和锦纶的染色
还原染料（士林染料）	不溶于水，染色时需加烧碱和还原剂（保险粉）使其溶解成隐色体后，才能上染纤维，然后经过空气或其他氧化剂氧化，纤维才显出真实的颜色。其色牢度好，耐洗又耐晒，但价格较贵，工艺繁琐	纤维素纤维，如传统的牛仔裤及云南的蜡染布即用此类染料
酸性染料	分子上都带有酸性基团，易溶于水，色泽鲜艳，色谱齐全，工艺简便。酸性染料分为强酸性、弱酸性及中性染色的染料	强酸性染料主要用于染羊毛，色牢度较差；中性、弱酸性染料主要用于染羊毛、蚕丝、锦纶、皮革
酸性媒染染料	染色时需在媒染剂的帮助下完成染色过程，得到较好的耐皂洗及耐日晒色牢度，但颜色不如酸性染料鲜艳	羊毛、蚕丝、锦纶、皮革
中性染料	将染料分子与金属原子以2:1络合而成的染料称中性染料或金属络合染料。色牢度较好，但颜色不够鲜艳	在中性条件下染羊毛、锦纶与维纶等
阳离子染料（碱性染料）	在早先碱性染料的基础上发展起来，它与上述染料不同之处是色素离子带的是阳电荷，而不是阴电荷，故得此名。色调明亮，色泽鲜艳，色牢度好，尤其耐晒	阳离子可染涤纶、腈纶、变性腈纶
分散染料	属于非离子型染料，这类染料基本不溶于水，要靠分散剂将染料分散成极细的颗粒后进行染色。分散染料有低温型、高温型和通用型。其色牢度好，但价格较贵，且染色时需采用特殊的条件，一般小工厂较难实现	主要用于涤纶、醋纤和腈纶的染色，也可染锦纶、维纶等

（二）颜料

颜料是不溶于水的有机或无机色料，与纤维间没有相互结合的能力，所以其对纤维的上染必须依靠黏合剂，将颜料机械地黏在纤维制品的表面。颜料加黏合剂，或添加其他助剂调制成的上色剂称为涂料色浆，用涂料色浆对织物进行染色（或印花）的方法称涂料染色（或印花）。涂料染色的牢度主要决定于黏合剂与纤维结合的牢度。涂料染色时，黏合剂是不可缺少的，否则颜色一洗就掉。近年涂料染色（或印花）方法应用日趋广泛，因为它适用于各种纤维的上色，且色谱齐全，色泽鲜艳，工艺简单，污染少，而且涂料印花层次感强、别有特色，但深色涂料染色的耐摩擦色牢度较差。

二、染色对象

纺织品染色时，染料首先被吸附在纤维表面［图8-1（a）］，并逐渐地向纤维内部渗透［图8-1（b）、（c）］，最后上染整根纤维［图8-1（d）、（e）］。染色过程可以在面料生产过程中的各个阶段（纤维、纱线、面料或服装）实施，因此染色对象可以不同。不同的染色对象，其染色原理是相同的，但是染色阶段的选择对生产效率、染色效果、色牢度、产品价格等都有很大的影响。不同对象的染色特点比较见表8-3。

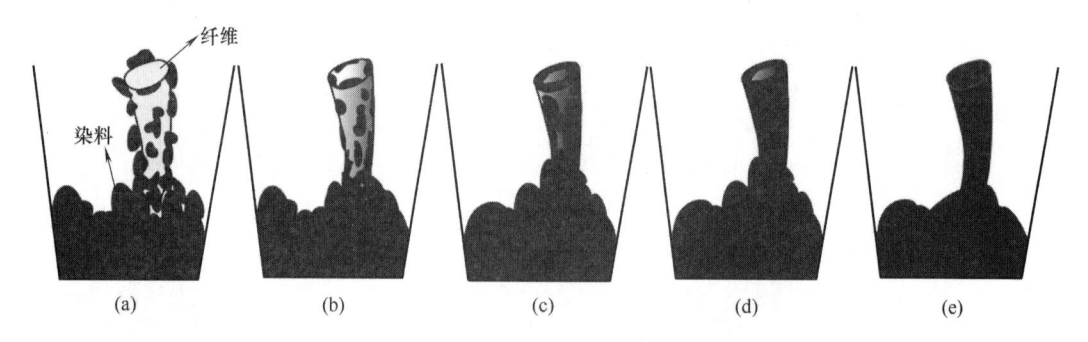

图8-1 纤维上染示意图

表8-3 不同染色对象的特征比较

染色对象	特征	典型产品举例
原液染色	纺丝过程中加入色料，颜色持久，适用于不耐热、非亲水性纤维或难染色的纤维，原液染色产品色牢度尤其是耐日晒色牢度优异，无染色废水，但颜色单一	丙纶、改性聚丙烯腈纤维面料
纤维染色	多用于毛纤维染色，染料易渗透进入纤维内部，面料颜色柔和；但是在此阶段染色成本最高，从染色到使用的周期较长，纤维损伤大，浪费较多，而且色彩易过时	混色麦尔登、粗纺花呢、精纺花呢等

续表

染色对象	特征	典型产品举例
纱线染色	通过多种颜色纱线的搭配获得条纹、格子或其他不同花色图案；但是成本也较高，仅次于纤维染色，从染色到服装成品的时间较长，色彩容易过时	条纹布、格子布、锦缎、提花针织物等
面料染色	俗称匹染，染色成本最低，适用于大多数面料，从染色到制成成衣时间间隔短，色彩不易过时；但染色渗透性不好，特别是紧密结构织物，且除了交染织物（经纬纱不同材料）外，多为纯色	亚麻细布、醋纤绸、灯芯绒、纯棉平布等
服装染色	颜色能紧跟潮流，图案能在服装上准确定位，材料浪费较少；但是只适合上染结构比较简单的服装，染色渗透性不佳，尤其衣片连接缝合处不易透染；另外还要注意服装辅料的上染效果	针织内衣、T恤衫、毛衣、连裤袜等

染色对象除在状态上不同外，在原料成分上也时常会不同。市场上的面料大多是混纺或交织面料，不同纤维染色需要的染料和工艺也各不相同，因此根据面料或服装的染色要求，除了可以将其染成颜色均匀的产品外，还可以使不同材料具有不同的颜色或虽然颜色相同，但色调不同，以丰富视觉效果。

三、染色方法

面料或服装的染色效果不仅与染色对象有关，更是由染色方法来决定。以下介绍的染色方法既有浸染等常规染色方法，也有扎染、吊染等特殊染色方法；既可用于工业染色，也可用于手工染色，是服装设计师创作个性化作品的有效手段。

织物或服装染色（或成衣染色）前必须做好染色前的准备工作。

（1）了解面料或服装材料的组成与性质。不同的纤维所采用的染料不尽相同，染色前要认清面料或服装的纤维组成，这样才能正确选择染料、助剂及染色条件。

（2）染料、助剂及软水。为了保证染色质量，染色时常要加各种助剂，如盐、匀染剂等，并用软水（如蒸馏水）染色。

（3）适宜的染色设备。一般应选择耐染化料的、具有加热搅拌功能的染色容器。工业染色需用专用的染色设备。

（4）面料或服装的前处理。面料或服装染色取得成功的两个基本要素是：第一，面料或成衣必须为同一批次，以免造成色差；第二，彻底去除面料或服装上的各种污垢、杂质，以免造成色花、色斑等疵点。例如，纯棉坯布或服装，必须经过退浆、煮练、漂白等处理，去除经纱上的浆料以及棉花上的各种杂质、色素。对经过上浆、柔软剂或树脂处理（如免烫处理）的面料或服装，要分别经过热水、碱性皂液以及稀酸洗涤，将三种处理剂洗净，以免影响染料的上染。对有油污的面料或服装，要用去油洗剂除去油污。

1. 浸染

面料或服装染色通常采用浸染（Dip dyeing）的方法。染色时，将面料或服装浸泡在配制好的染浴中，在一定的温度条件下，保持一定时间，中间通过不断搅拌来完成染色过程。染后还要经过洗涤，去除浮色。采用浸染方法得到的面料或服装通常是一种颜色。

2. 扎染

扎染（Tie dyeing/knot dyeing）是我国民间一种古老的手工印染方法，可以应用在丝绸、纯毛、纯棉、纯麻、黏胶、锦纶等不同面料上，获得各种风格独特的效果。扎染产品花型活泼自然，有晕色效果［图8-2（a）］。扎染产品是手工单件操作完成，可随时变换花型，即使用同一方法，所得花型也有一定差异，给人以新奇感。目前，市场上扎染的服装、头巾、包等，颇受国内外人士欢迎。

所谓扎染即是利用缝扎、捆扎、包物扎、打结、叠夹等方法［图8-2（b）］，使部分面料压紧，染料不易渗透进去，起到防染效果，而未被压紧部分可以染色，形成不同图案色彩。扎染过程一般包括以下步骤：

服装或面料前处理（洗净）→绘制图案→缝扎、捆扎或叠夹等→浸染→洗涤→固色→脱水→拆洗→后整理

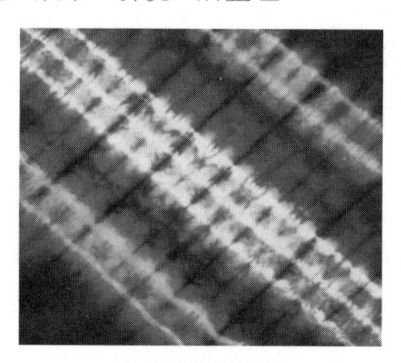

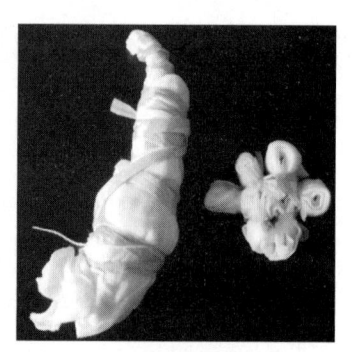

(a) 扎染的图案效果　　(b) 试样的捆扎准备

图8-2　扎染效果及试样准备

3. 蜡染

蜡染（Batik dyeing）也是我国民间流传的一种传统的印染方法，在贵州、云南一带尤为普遍。蜡染是利用蜡特有的防水性作为面料染色时的防染材料，染色前将蜡熔化，然后在面料上用蘸蜡笔或特殊器具描绘图案，待蜡冷却产生龟裂，再进行染色，之前封蜡处不上染，无蜡及龟裂处有颜色，形成一种既有规则图案，又有不规则裂纹的特殊风格（图8-3）。蜡染一般包

括以下步骤：

在面料上绘图→上蜡→龟裂→染色→加热除蜡→洗涤

蜡染用染料一般是低温型染料，若用高温型，会因染液温度超过蜡的熔点使蜡熔化，失去蜡的防染作用。

目前，常用的蜡有石蜡、蜂蜡、木蜡、白蜡等，其中石蜡熔点为45℃，易龟裂，易脱蜡，适宜作裂纹用。蜂蜡又称蜜蜡，黏性大，不易碎裂，价格高于石蜡，多用于细线和不需要裂纹处，一般不单独使用。

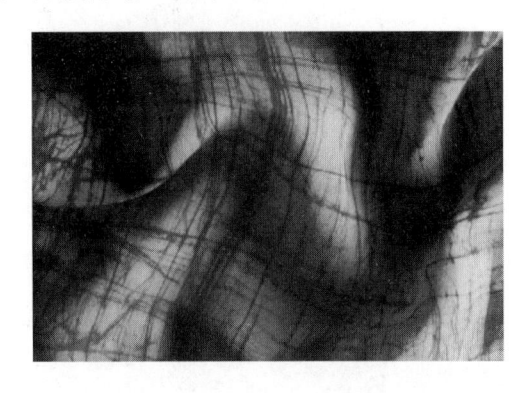

图8-3 轻薄丝织物蜡染的"冰纹"效应

蜡染方法有两种，一种是浸染法，另一种是刷染法。浸染法是将上好蜡的织物浸泡在染浴中染色，染色均匀一致；刷染法是在上好蜡的织物表面用毛刷蘸上染浴涂刷而进行染色。刷染法比浸染法用的染料量少，且可因涂刷次数不同而产生色彩浓淡的层次变化，使整体效果更为活泼自然。两法各有优缺点，要根据具体情况而选用。

染色后的除蜡可采用热水洗除（或皂煮）。也可采用熨烫法，即在面料两面垫上纸，然后用熨斗熨烫，蜡可被纸吸除。若一次不净，可反复几次。

4. 泼染

泼染（Spray dyeing）是将染浴通过泼洒或涂刷于面料或服装上的染色方法，能达到抽象随意、神秘莫测的效果，可产生水滴状的图案。

具体操作时，注意面料必须绷平固定，泼染后仍能保持平整状态。泼染速度不能太慢，以免布面干燥。趁染液未干前，将大颗粒粗盐任意撒上，如果希望泼染花纹大一些，可用冷水拌盐粒一起撒向布面。有时为了突出水滴效果，可用滴管或毛笔勾画等辅助手法。等布面干燥后，将粗盐抖去，留作下次再用。最后，须通过汽蒸固色，即将染完的织物用干净的布或纸相隔（避免搭色），似手风琴式折叠起来，以保证汽蒸固色的均匀性。汽蒸前最外面包上干净布，放入蒸锅内蒸化，约30~50min，再清洗浮色。为了提高色牢度，还可进行固色处理，如在固色剂Y的溶液（10g/L）中，于40~50℃浸泡30min左右，最后清洗烫平。

5. 吊染

吊染（Hang dyeing）是近年较流行的一种染色方式，用于裙子、T恤、风衣、毛衣、围巾甚至羽绒服等各类服装中。它是将面料或服装吊挂起来，然后反复在染液中浸泡上染，因面料或服装的下端浸泡在染液中时间长、重复次数多，而上端浸泡在染液中的时间短、次数少，故形成上浅下深的渐变效果（图8-4）。吊染需注意的是颜色渐变效果要自然、过渡柔和不生硬。

除以上几种染色方法外，还可通过手绘、喷射等方法来赋予服装色彩，以满足人们追求个性化的要求。

还有一点要说明，以上染色方法（特别是特殊染色方法）都不仅仅染一种颜色，可以用两种甚至多种颜色反复进行扎染、蜡染、吊染等，以获得更丰富的色彩纹样效果。

无论哪一种染色方法都需要达到基本的色牢度要求，对染色牢度的评价在第四章第三节中已有详细的描述。

图8-4 吊染的围巾

第三节 印花

纺织品局部印制上染料或颜料而获得花纹或图案的加工过程称为印花。印花使用与染色相同的染料或颜料，区别在于染色时染料要溶解于水溶液中，而印花时，为了防止渗化，保证图案轮廓清晰，往往要添加一些糊料（增稠剂），使色料有一定的黏稠度。使用颜料印花时，需要加入黏合剂使颜料能黏合于纤维表面，由于颜料是不透明的，能够遮掩下面的材料，因此其适用范围很广。无论是染料印花还是颜料印花，根据设计效果的不同，可以将其分为直接印花、拔染印花、防染印花等。直接印花是将印花浆料印在白色或已经染色的面料上；而拔染印花是先将面料染上纯色，然后在其上印上能使背景颜色脱色的化学物质，也可以在脱色剂中加入另外一种不与脱色剂反应的其他颜色，这样将底色脱去的同时会染上新的颜色；防染印花，首先用防染剂将图案印于织物上，这样能防止染料或颜料在该部分上色，而其他部分则可以染上颜色。要获得以上印花效果，可以使用筛网印花、滚筒印花以及其他方法与手段来实现，下面对几种常用印花方法进行介绍。

（一）筛（丝）网印花

筛网印花（Screen printing）是在尼龙、涤纶或金属丝网上面做成不同的花纹，然后在有花纹处用胶将网孔封闭，其他部位仍保留网孔（也可相反，在无花纹处封闭，有花纹处保留网孔）。这样，通过刮涂染料浆或涂料浆，被胶封闭处不漏浆，织物不上色，而在网孔处染料按花纹印在面料上。当需要印多色花纹时，印花图案中的每一种颜色独自需要一只筛网，以分别印制不同的颜色。筛网印花可以根据使用的设备进一步分为平网印花和圆网印花，平网印花变换产品灵活，可以制作大尺寸的花型，适合小批量生产，但效率较低；而圆网印花可以连续生产，效率较高，但花型大小受到限制，是目前应用最广泛的印花方法。圆网印花的示意图见图 8-5。

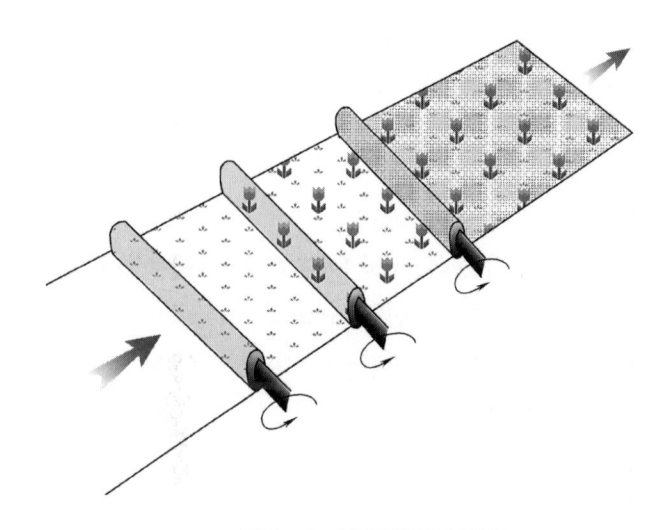

图 8-5 圆网印花示意图

（二）滚筒印花

滚筒印花（Roller printing/Calendar printing）是将图案通过雕刻的铜滚筒印在织物上。滚筒上可以雕刻出紧密排列的十分精致的细纹，因而印制的图案十分细致、柔和，例如精细、致密的佩利兹利涡旋花纹。滚筒印花每一种花色各自需要一只雕刻滚筒，因滚筒雕刻费时且费用较高，只有大批量生产时该方法才比较经济合理。

（三）热转移印花

热转移印花（Heat-transfer printing）首先将设计图案利用分散染料印制在转移印花纸上，然后利用热转移印花机高温热压，使转印纸上的染料升华并转移到织物上，完成印花过程。这种方法工艺相对简单、操作方便，无废水污染，一般不需要进一步处理。热转移印花可以使用特殊设计的图案印制衣片，花型设计自由，也便于进行局部印花，并且可以在印花前对印花纸进行检验，消除对花不准和其他疵病，因此热转移印花织物很少出现次品，常用在涤纶织物上。热转移印花示意图见图 8-6。

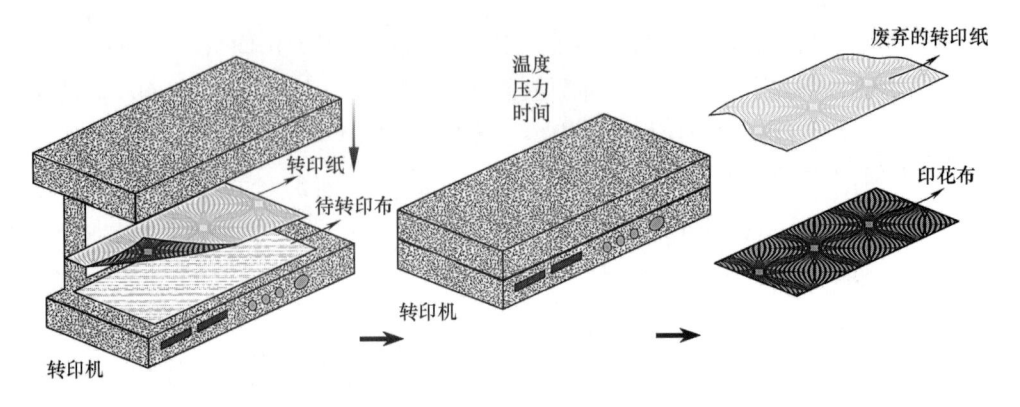

图 8-6 转移印花示意图

（四）数码印花

数码印花（Digital printing or Ink-jet printing）也称为喷射印花，是一种利用喷墨打印机将染料液滴喷射并停留在织物的精确位置上，经过处理后，染料能固定于面料表面并渗透进入纤维内部的印花方法。这种方法相对于滚筒和筛网印花省时且成本低，并且使用灵活，花型变化方便，特别有利于小批量产品生产或批量生产前的打样。

数码印花技术因其众多优势而受到设计师的青睐。首先它印制的花型定位准确，可以在衣片的任何部位准确定位，而且花型大小、颜色数量几乎不受限制，花型图案富有个性化，这给了设计师以足够的设计空间，此外该技术无废水污染，新型的绿色环保技术使其成为 21 世纪最有发展前景的一项印花技术。近年国际上一些著名的服装设计师都纷纷跨入这一新的色彩、图案世界中进行艺术创作，图 8-7（a）是设计师 McQueen 的数码印花服装设计作品。当然，这种技术

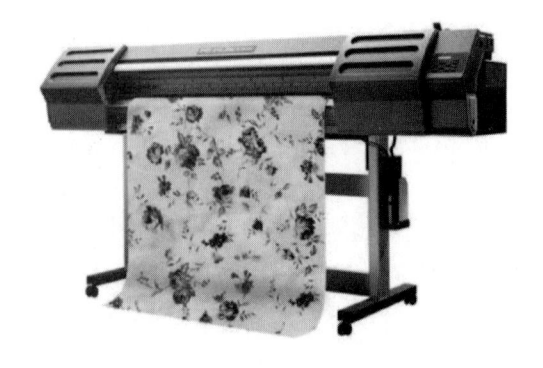

(a) 设计师Alexander McQueen的数码印花作品　　　(b) 数码印花机

图 8-7　数码印花机及 Alexander McQueen 的数码印花作品

还不很完善，成本高，不能印制非常精细的图案，图案轮廓有些模糊，并且生产效率较低。图8-7（b）是数码印花机示意图。

（五）烂花印花

烂花印花（Burnout printing）在日本称之为碳化印花。当面料或服装由两种不同的纤维材料组成时，可以利用它们对化学试剂的反应不同，其中一种纤维能被某种化学试剂腐蚀，而另一种纤维则不受影响，因此用该种化学试剂调成印花色浆印花后，经过适当的后处理，使印花部位的一种纤维腐蚀，而未印花部位不受影响，从而呈现不透明面料底上半透明花型的特殊风格。

烂花产品具有一种透明、凹凸感，花型含蓄自然、风格独特，似透明非透明，晶莹剔透（图8-8）。

烂花印花方法在涤/棉、涤/毛、涤/黏等的包芯（涤纶为芯、外包天然纤维或黏胶纤维）或交织面料中使用较多，通常利用酸或碱破坏天然纤维或纤维素纤维而留下涤纶作为骨架。烂花印花可以应用于平坦的底布上得到烂花布，亦可用于丝绒底布上（绒毛与底布由不同的纤维材料织成）得到烂花绒（图8-8）。此外，烂花印花可以和普通印花相结合，用色彩、凹凸肌理共同构成更加丰富的层次感。

图8-8 烂花印花服装

（六）经纱印花

经纱印花（Warp yarn printing）是指在织造前，先对织物的经纱进行印花，然后与素色（通常是白色）或与所印经纱的颜色反差很大的纬纱一起织成织物，可在织物上获得模糊的、边界不均匀的图案效果。如图8-9所示。

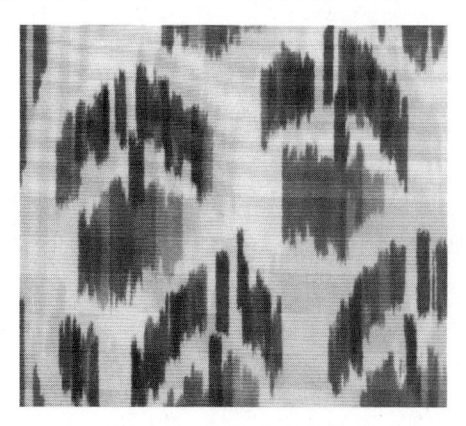

图8-9 经纱印花织物

(七) 激光雕刻印花

激光雕刻印花（Laser etching）是采用激光雕刻技术和计算机辅助设计技术相结合，利用激光对织物的表面进行高温刻蚀，将织物表面的部分颜色破坏，从而赋予其特殊花纹效果的印花工艺。例如，对牛仔面料进行艺术整理，受高温刻蚀部位的纱线被烧蚀、染料被气化，形成不同深浅层次的刻蚀，获得图案或者模仿洗水整理效果，如图 8-10 所示。激光雕刻印花技术目前应用在牛仔布、皮革等面料上（图 8-11），一般多用于深色面料。

图 8-10　激光雕刻技术在牛仔布上印制出的精细花纹

图 8-11　激光雕刻出的镂空效果皮革服装

除以上印花方法外，双面印花、发泡印花、微胶囊印花等方法也是丰富面料外观效果的有效手段。

第四节　整理

经过织造、染色、印花后的面料通常还不是制作服装的最终材料，一般还需要进行整理。如今人们越来越重视面料或服装的后整理，因为整理能增加美感，能改善制品的外观、手感，能赋予特殊功能，是提高产品档次和附加值的重要手段。

织物整理（此处指狭义的后整理）的内容很多。若按整理方法来分，大致可分为三类：

（1）物理方法：是利用水分、热量、压力或拉力等机械作用来达到整理目的。如上浆、柔软等是为了改变手感；拉幅、定型、预缩等是为了使幅宽一致、尺寸稳定；轧光、电光、轧纹等是为了增加织物表面的光泽或凹凸花纹；起毛、缩绒是为了改变织物的外观风格。

（2）化学方法：是利用一定的化学试剂与纤维发生化学反应，从而改变织物的服用性能。如利用不同的树脂进行整理，使织物达到抗皱免烫、防静电、拒水、阻燃等效果。

（3）物理化学方法：是将物理和化学方法相结合，给予织物耐久的整理效果或某些特殊性能。如耐久性轧光整理、轧纹整理、防油防污整理、防水透湿整理等。

上述整理方法的划分并无严格界限，一种整理方法常常兼有多种整理效果。

也可将织物整理分为一般整理与功能整理，前者包括拉幅、定型、轧光、起毛、抗皱、免烫等，后者包括拒水、防静电、阻燃、防辐射等。本节仅就近年来国内外市场上较为流行的一些面料或服装的整理方法作简单介绍。

一、仿旧整理

自20世纪80年代后，随着"回归自然"思潮的兴起，人们开始追求服装的自然美，外观不呆板，呈自然泛旧的效果，穿着要舒适、随意、潇洒，不必精心维护，于是出现了各种仿旧整理的面料与服装。这股仿旧风一直流行至今，牛仔服装是仿旧整理的成功典范。

1. 水洗、酶洗

水洗（Washer finish）整理来自石磨水洗牛仔服的启发。牛仔服缝制后要经过洗衣机洗涤，通过加浮石或化学试剂，在机械滚动下，达到局部磨白褪色的效果，形成一种自然破旧的外观风格。借鉴牛仔服的水洗整理工艺，水洗布最早是对棉布进行机械水洗加工，后来逐渐加一些化学药品，如柔软剂或酶类，从而出现了酶洗（Enzymatic washing）整理，加工对象也从纯棉布发展到各类纤维面料。无论水洗、酶洗整理，都可使织物因褪色具有自然旧的效果，而且不再缩水、不再掉色，手感柔软、舒适。其中酶洗效果更温和，洗后手感更柔软。

2. 砂洗

砂洗（Sand wash）整理最早由意大利推出，开始时采用细砂磨洗丝绸而形成砂洗绸。后来发展到利用化学药品进行洗涤，其原理是加膨化剂使纤维膨化，在洗衣机中经过机械摩擦使织物表面产生绒毛，同时加柔软剂，使手感柔软，弹性增加。另外，也可采用机械磨毛机进行加工，达到砂洗的效果。

织物经砂洗后，外表有一层均匀细短的绒毛，绒毛细度小于其纤维的细度，使织物质地浑厚、柔软，且有细腻和柔糯的手感，悬垂性好，弹性增加，洗可穿性改善。例如，轻薄光滑的真丝绸，未经砂洗时很娇嫩，弹性差、易折皱、穿前必须熨烫；而经砂洗后，变得丰厚、富有弹性、悬垂性好、洗后不必熨烫，故砂洗绸服装很受欢迎。随着砂洗技术的成熟，砂洗不仅限于真丝，其他纤维，如棉、麻、黏胶、涤纶、锦纶等都有砂洗产品出现。

3. 折皱整理

过去以服装挺括、平整如新为美，如今却流行以服装泛旧、折皱为美。折皱整理（Wrinkle finish）是使织物表面不规则地起皱，因采用方法不同，可展现不同形状，如柳条形、菱形、爪形等，波纹大小不完全相同，具有一定的随意性，体现出自然别致的风格。不同纤维材料都可起皱，但要使其保持长久，可选用热定型较好的合成纤维或经树脂整理的天然纤维材料。

二、绒面整理

绒面织物具有厚实、柔软、温暖等特性，可改善织物的服用性能，多用于秋冬季保暖服装、贴身内衣、儿童服装及室内装饰用品等。获得绒面效果的方法很多，有拉绒、磨绒、割绒、植绒、缩绒等，不同方法得到的绒毛在长短、粗细、丰满度、牢固程度等方面均有差异。

1. 起毛（拉毛、拉绒）

起毛（Raising）整理是通过钢丝辊上的刚刺（金属针布）将纱线中的部分纤维一端拉出浮在织物表面形成绒毛，故又称拉绒整理。机织面料和针织面料都可以用此方法得到绒布。

起毛整理得到的绒毛是单纤维，绒毛疏而长，主要靠机织物中的纬纱或纬编针织物中的衬垫纱起毛，起毛后纱线结构疏松、织物强度下降。

如果需要局部起毛织物，可以在不需要起毛的部分采用涂料印花方法，一方面赋予色彩图案，另一方面起封闭纤维作用，由于黏合剂将纤维粘住，使刚刺辊不起作用；在需要起毛的部分采用普通印花方法（非涂料印花）给予色彩，然后经过起毛机拉毛，便可获得局部起毛纹样。

2. 磨毛（绒）

磨毛（绒）（Sanding/Sueding）整理是用高速旋转的砂磨辊（或带）将织物表面磨出一层短而密的绒毛的工艺，如磨绒卡其。磨毛（绒）整理可以使经纬纱同时产生绒毛，且绒毛短而密，但不属于微细纤维。若配合上超细纤维的经纬纱，就可获得超细绒毛，使手感更加细腻。如以超细纤维为原料的基布，经过浸轧聚氨酯乳液后磨毛，可获得具有仿真效果的人造麂皮。磨毛（绒）整理也会使织物强力有所下降，但可通过绒毛的短密和均匀程度等主要指标控制织物强度的下降幅度。

若要得到局部磨毛效应，将织物通过所需纹样的凹凸花滚筒和砂皮辊，由于无花纹部分的织物表面能被砂皮磨出毛绒，而花纹部分因凹在下面，接触不到砂辊，故磨不出毛绒，从而形成局部磨毛效应的凹凸花纹图案。

3. 植绒

所谓植绒（Flocking）是利用机械方法或静电场作用，将短绒状纤维植到涂有黏合剂的织物上。静电植绒示意图见图 8-12。由于绒毛带相同电荷，所以能彼此平行，绒毛和电力线也平行，并与织物垂直，被带相反电荷的织物吸引，所以纤维呈直立状植到织物上，被黏合剂粘住。

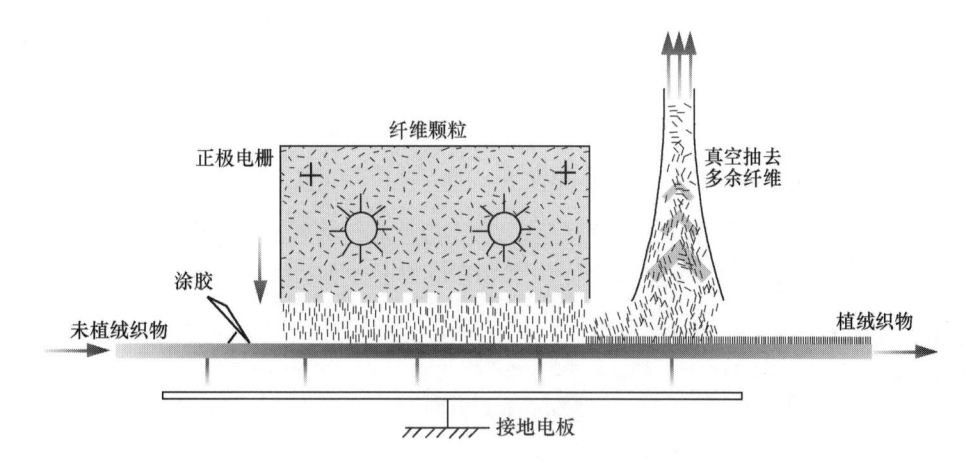

图 8-12 静电植绒示意图

植绒法得到的绒毛短、密集而且均匀，但长期穿着绒毛易磨损脱落，且黏合剂的加入会影响织物手感。

如果先用黏合剂在织物上印制图案，纤维绒毛按照特定的图案粘到织物表面，则形成局部植绒产品，即植绒印花产品（图 8-13）。近年，植绒印花的机织物、针织物，棉布、毛料、丝绸等各类产品均十分流行。

图 8-13 植绒印花的柞蚕丝织物

4. 割绒

割绒整理（Pile cutting）需要与织物组织或织造工艺相配合，将织物中的纬纱（或经纱）割断，然后通过梳理、剪毛，形成竖立的、平整的绒面。如棉布中的灯芯绒、平绒等产品都是用该方法得到的。割绒法得到的绒毛长、均匀、整齐，因此一旦倒伏会影响布面外观，而且长期穿着绒毛会由根部从织物反面脱落。

割绒织物也可以通过局部割绒、局部不割绒、甚至局部飞毛的方法（与织物组织相配合），得到花式效应。

5. 缩绒

缩绒（Fulling）整理是利用羊毛毡缩性使毛织物紧密、厚实并在表面形成绒毛的耐久整理工艺，也称缩呢。缩绒可使织物外观丰满、增强毛绒感，织物厚实、质地紧密，保暖性、防风性大大改善。缩绒尤其适用于粗纺毛织物，如麦尔登、粗花呢等产品，精纺毛织物的缩绒比较轻微。

三、光泽整理

织物光亮与否，主要取决于布面对光线的反射，如果反射面越平滑，反射光方向越一致，反射光强度越大，则人眼的感觉就越亮。因此，织物表面越是平整光滑，反射光方向基本平行，漫反射越少，就显得越有光泽。下面介绍几种通过机械轧压来达到增亮目的的后整理方法。

1. 轧光

轧光（Calendering）是利用纤维在热（或湿与热，需根据纤维性质而定）的条件下，将织物通过重叠在一起的轧辊，纱线被压扁，竖立的绒毛被压伏，织物的表面变得平滑光洁，漫反射减小，光泽增强，且手感也有改善。图 8-14 是面料轧光示意图。

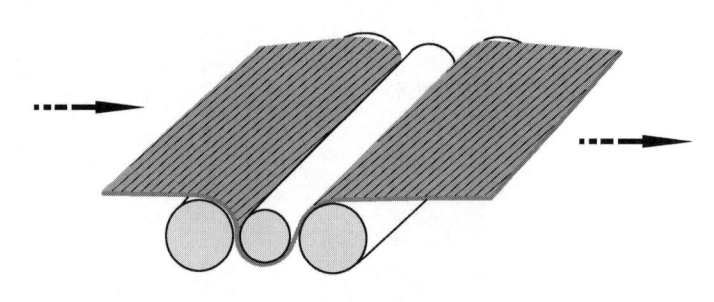

图 8-14 面料轧光示意图

如果将数层织物重叠在一起，通过同一轧点，由于织物间相互碾压，会使织物产生一种波纹（云纹）效果，若隐若现，很有特色，且手感柔软，光泽柔和。

2. 摩擦轧光

为了使织物获得强烈的光泽，可通过摩擦轧光（Chintz calendering）机加工。利用两个轧辊的转速不同，织物经过轧点时受到摩擦轧压，使织物获得强烈的光泽，具有特殊风格。

3. 电光

电光（Schreinering）整理的原理与轧光基本相同，采用的设备也类似，通常都是由一硬一软上下滚筒搭配而成。所不同的是电光机的硬滚筒表面刻有一定倾斜角度的纤细线条，当织物通过轧点后，将其表面压成很多平行的细斜线，因而对光线产生规则的反射，获得明亮的光泽。

以上通过机械方法使织物增亮的加工，其耐久性要根据纤维材料的性质而定。如对天然纤维来说，其效果不耐洗、不持久；对合成纤维来说，耐久性相对好一些。为了得到持久效果，需采用与树脂整理或涂层整理相结合的方法。

另外，还有一种与轧光、电光相似的轧纹整理，经它整理后，织物表面形成凹凸不平的花纹，具有立体浮雕效果。它是将织物通过两个叠压的软硬辊，一个表面刻有阳纹图案，是加热的硬辊，另一个是刻有阴纹图案的软辊，且两者互相吻合，利用纤维的热可塑性轧出花纹，即轧花工艺。

四、功能整理

功能整理能够赋予织物新的功能。常见的功能整理包括免烫整理、抗菌整理、防静电整理、阻燃整理等，下面将对其中部分作简要的介绍。

1. 免烫整理

纤维素纤维制品具有很多优良性能，如吸湿性好、易染色、穿着舒适等，但不足之处是弹性小、容易折皱、保型性差。尤其是纯棉类服装很容易起皱，影响服装的美观，经过免烫整理（Non-ironing finish）或耐久压烫整理（简称 PP 或 DP）后，可以有效地改善其易皱的特性。一般采用树脂整理的方法加工而得。由于树脂上的反应性基团能与纤维上的反应性基团相互作用，产生网状交联，限制了纤维大分子之间的相对移动，降低织物缩水率并提高抗皱性。随着整理技术的不断发展，不仅可以利用树脂对纤维素制品进行免烫整理，而且还可对蛋白质纤维，如羊毛、蚕丝织物进行免烫（又称洗可穿）整理。但目前这种整理因甲醛含量超标而影响了在服装中的应用。

2. 抗菌整理

由于纺织品具备微生物生长的营养、湿度、温度和氧气等必须的条件，所以很容易滋生细菌，需要对它们进行抗菌整理（Antibacterial finish）。即通过含有抑菌或杀菌的化学物质的作用来抑制细菌生长，防止异味产生和织物的损伤。抗菌整理对内衣、袜子、床单等贴身使用的产品极为重要。目前，市场上使用效果较好的是含金属离子（如银离子）的无机类抗菌剂。抗菌整理容易实现并且价格便宜，但多次洗涤后抗菌效果逐渐降低。

3. 防静电整理

面料上静电的产生与其材料的吸湿性能不佳密切相关，因此在织物中添加能吸湿的化学物质，就能够减少或消除静电。防静电整理（Antistatic finish）面料一般经多次洗涤后，性能会有所降低，使用改性的纤维可以生产耐久防静电产品，或者通过纤维中添加炭黑、加入导电金属丝等方式来实现。

4. 阻燃整理

大多数纺织品在点火后都很容易燃烧，会引起皮肤烧伤甚至导致死亡，经过阻燃整理（Flame retardant finish）的织物具有不同程度的阻止火焰蔓延的能力，离开火源后，能迅速停止燃烧。纺织品的易燃性除了与纤维的化学组成有密切关系外，还与织物结构以及织物上染料等物质的性质有关。阻燃剂的阻燃原理有三方面：

（1）阻燃剂的主要作用是改变纤维着火时的反应过程，在燃烧条件下生成具有强烈脱水性的物质，使纤维碳化而不易产生可燃的挥发性物质，从而阻止火焰的蔓延。

（2）阻燃剂可分解产生不可燃气体，从而稀释可燃性气体并起到遮蔽空气或抑制火焰燃烧的作用。

（3）阻燃剂或其分解物熔融覆盖在纤维表面起遮蔽作用，使纤维不易燃烧或阻止碳化纤维继续氧化。

五、涂层整理

涂层整理是在织物表面均匀地涂上一层具有不同色彩或不同功能的涂层剂，从而得到丰富多彩的外观或特殊功能的产品。涂层剂的主要成分是一种高分子成膜材料，它在织物的表面进行处理，因此涂层织物是纤维与高分子薄膜的二元复合体，既具有纤维本身的性能，又具有高分子薄膜的性能。

涂层织物品种繁多，应用广泛，非常流行。例如，表面具有金属亮光或珠光的面料，是在织物上涂有含金银粉（实际是铜铝粉）或仿珍珠粉的涂料而制成；油光布是在织物表面涂以透明的光亮剂；夜光织物是用夜光涂料涂在织物上，能在黑暗中放光彩（图8-15）；仿动物皮革面料，除了仿一般牛羊皮外，还能仿各种珍贵皮革，如鳄鱼皮、鸵鸟皮、蛇皮等。它是用涂料在织物表面涂成仿动物皮的图案色泽，经轧纹整理后得到皮革表面的纹路（包括毛孔），外观上可以假乱真。另外，如在织物表面涂上不同功能的涂料，便可分别得到防水、防油、防火、防紫外、防静电、防辐射等功能性涂层织物。

图 8-15　夜光服装

习题与思考题

1. 简述面料后整理的含义与意义。
2. 染料与颜料有什么区别？如果要染丝绸，可以选用什么类型的染料？
3. 举出你生活中见到的仿旧服装，有何特色？
4. 列出你所了解的印花方法，并比较它们的优缺点。

第九章
面料的裁剪缝纫与保养

正确使用面料可以延长使用寿命。面料的裁剪、缝制、洗涤、熨烫及保养并不复杂,但操作不当会加快其破损,甚至当即损坏或使面料变色、变形。因此要掌握面料裁剪、缝纫、洗涤、熨烫、保养等操作的正确方法。

第一节　面料的裁剪与缝纫性能

为了保证面料裁剪、缝纫、洗涤、干燥及熨烫过程的顺利进行,首先必须做好面料的前期准备工作。

一、面料准备

1. 面料正反面识别

绝大多数面料有正反之分,正反面判别的原则如下:

(1) 对于印花织物、色织织物来说,花纹色泽比较清晰美观的一面是正面。提花织物正面花型较好,立体感强,浮线往往较少。

(2) 经过整理的织物,正面具有整理后的效果。如经过单面上光整理的,正面光亮,反面无光;经过单面拉绒整理的单面绒织物,一般起绒面为正面。

(3) 斜纹类织物纹路清晰突出的是正面,反面一般比较平坦。若经纱用股线,斜纹呈↗者为正面;若经纱用单纱,斜纹呈↖者为正面。提炼成4个字就是"线撇(↗)纱捺(↖)"。

(4) 有些平纹织物正反面很接近,如平布、凡立丁、派力司等,通常布面光洁整齐、纹路清晰,毛羽少且短、疵点较少的一面为正面。

(5) 可依据布边织字的正反面来判断,或依据布边光洁、整齐、颗粒饱满的程度,饱满的一面为正面。

以上仅作为区分织物正反面的参考,当然对于透明、轻薄的长丝织物,可不强求正反面;还有如绉缎等的两面用织物;此外,根据人们审美、喜好的不同,面料正反面亦可人为确定。

2. 面料经纬向识别

服装制作大多是直裁直做，即采取经向与衣长、裤长一致的做法。这是因为经向比纬向一般强度要大，同时也考虑布幅限制及排料上的节约因素。识别面料经纬向的方法大致如下：

（1）当有布边时，与布边平行的方向为经向。

（2）一般情况下，经向伸缩性较小，纬向的伸缩性稍大。故可通过手拉的感觉来判别经纬向。

（3）大多数面料经向密度较大，经纱捻度稍大，或经纱带浆。

（4）一般股线作经纱，单纱作纬纱；纱罗组织中绞纱为经纱。

（5）当经纬纱粗细、捻向、捻度差异不大时，则条干均匀、光泽好、平直的为经纱。

（6）面料中有一个方向纱线具有不同特数时，常为经向。

3. 面料纬斜的校正处理

有些面料纬向不直（即纬斜），制成服装后会影响服装的外观质量和内在质量（特别是条格织物），应予以校正。校正的方法是先将面料喷水，使其潮湿，然后两人用力对拉或双手用力对角斜拉，使方格面料拉成斜格。在其自然回复以后，再用熨斗整理。一次拉不正，可再次重复，直到校正为止。牵拉时要根据纬斜程度，适当调整用力大小。

4. 面料的预缩处理

（1）自然回缩处理：将面料摊开，晾放在透风的地方，使面料受外界空气中的风、光、热和水蒸气的影响，产生自然回缩。一般以静置24h为宜。

（2）干烫回缩处理：一般丝绸面料可用干烫的方法进行预缩。熨烫温度不宜过高，约在110～130℃之间，并在反面熨烫。

（3）喷水（加湿）回缩处理：一般毛料可以通过喷水（或加湿）使之受潮后产生回缩以达到预缩目的。喷水（加湿）要均匀，喷水（加湿）后透风晾干，然后烫平。有条件的话，可以将面料置于高湿度的环境下静置，其湿度与未来面料的使用环境相近，这样可以保证服装穿着时造型效果不变。

（4）浸水回缩处理：将面料浸在水中进行揉搓后，使之产生回缩，达到预缩目的。一般吸湿性大的面料如棉或黏胶纤维织物均可采用这一方法，预缩效果较好。

二、面料与制板

服装面料的某些特性与服装板型有着密切的关系，只有充分予以考虑，才能使制作的服装充分地表现造型效果，符合穿着需要。

1. 材料的种类

不同纤维品种的缩水率和热缩率不同，如果没有条件进行预缩处理，那就需要在制板时将缩率考虑进去，计算面料需要加放的量。防止后加工（如黏衬）或使用（如水洗）过程中成品尺寸变小。

2. 面料结构

机织面料变形性较小，为了符合三维人体，可以设置较多省道、分割线等。针织物由于自身的变形性和脱散性，一般不设计省道，依靠面料的弹性消除余量。

3. 面料纱向

制板时要尽量以面料经纱方向设定为服装衣长方向，如衣长、裤长、袖长等，这样穿着时不易变形；以面料纬纱方向用于服装围度方向，如胸围、腰围、臀围等；需要面料具有一定延伸性、弹性或垂感时可使用面料斜纱方向，如裙摆等。斜纱方向容易熨烫归拔，符合人体。如腰围用斜纱方向，可以满足人在不同情况下，腰围有一定的尺寸变化的需求。注意需要缝合的两缝边尽量是相同纱向，不然缝纫时两块面料纱向不同会造成拉伸性能的差异。

4. 面料厚度

厚型面料翻折使用或双层叠起翻折时，由于自身厚度的原因，外圈要比内圈大，如翻领的领面比领里要大一点点才能服帖地翻出；袖口、裤脚、门襟处也同样。因此制作样板时应根据面料的厚度及款式的特点进行细微调整。如中厚型面料的领面宽度放出0.3~0.4cm，长度也有调整量，具体增减尺寸随面料厚薄而定。另外面料厚度也影响缝缩量，如在袖山头处，袖山可比袖窿长2~3cm，缝制时作为吃势缝掉，以达到袖山饱满的效果。一般，所用面料越厚，吃势越大；面料越薄，则吃势越小。

加工毛皮服装时，毛面可在外、也可在内。若毛面在内，要注意毛皮的厚度，即面料要适当加放尺寸，并要考虑毛的长度，尽量不要露出毛绒。

5. 面料伸缩性、松紧度和变形性

伸缩性大的面料要考虑到穿着、受力使服装尺寸的变化。同样穿着尺寸的服装用不同弹性大小的面料制作时，样板尺寸是有区别的。经向高弹力面料的服装若自重较大，或下摆有较重的缀挂时，穿着后腰节线甚至胸围线有可能下移，影响人体比例的视觉效果，有时也会影响穿着的合体舒适感。因此制板时应根据弹力大小将结构线向上微调。结构稀松或易脱纱的面料、易歪斜变形的面料在缝制时容易出现滑脱或缝迹不直的问题，加缝边时要放出适当的宽度。

三、面料与排板、铺料

服装的排板是裁剪过程的重要组成部分，排板是否合理直接影响耗料率。要达到周密合理排料的目的，可用16个字来概括，即"先大后小，排料紧凑，减少空隙，两头排齐"。要做到按衣片与部件的形状，平对平、斜对斜、凸对凹，这样相互之间才能靠紧。有倒顺方向的面料排料时，每件服装的衣片和附件都应朝同一个方向，不可有顺有倒，用料至少要在正常耗料率的基础上再加10cm损耗。此外注意裁片的对称性、布料的留边量。

关于皮革服装的排料，需注意皮革的方向以及皮革在服装上的部位。皮革从头部到臀部的顺向为直丝绺，从腹部切开展平为横丝绺，由于皮革内在结构的原因，大多数皮张直横丝绺的延伸率是不同的，直丝绺不易延伸，特别是背中部；而横丝绺延伸率较大。如处理不当，往往会影响到皮衣质量和款式。例如，有些皮张纹路比较明显，有较明显的细条状直丝绺，这样的皮在划料时，一定要注意相邻部位丝绺方向的一致性，否则将破坏整件衣服的外观。皮衣原则上要求直向划料。有些皮张表面纹路不明显，直横丝绺差异不大，这种皮在划料中，可以采用横划或斜划。通常前身主要部位、后身主要部位、袖面、裤子、裙子主料均不应使用横料，特别是袖子的袖肘和裤子的膝盖处弯曲度大，如使用横料，长期穿着会形成鼓包状。使用横料、斜料必须注意以下几点：

（1）从皮面上看不出丝绺，拼接后看起来没有明显差别的可以使用横料。

（2）活动范围较大的部位，如肘关节、膝关节等不能使用横料。

（3）通常在不得已的情况下才使用横料，能使用直料的，绝不使用横料。特别是容易取的小料，如袋、襻、嵌线及小块拼料，应尽可能接近相应区域丝绺。

（4）有的皮张较大，如牛皮，皮面结构细致，内部纤维结构的延伸率相差不多，无直横感觉，可以直划或横划，但也要注意一致性，要么全横，要么全直。这样服装各部位受力才会自然、均匀。

另外，对称料要尽可能在同一张皮上对称排料。若一张皮不够，要用两张、三张时，几张皮还要反复校对色泽、粗细、厚薄是否一致。划剪时，对称料也应在相应部位裁取，这样各部位的拼接才不会有明显差别。如前过肩三处拼接，尤其容易疏忽的肩缝和袖窿要特别注意。

面料不同，铺料方法也不同。无倒顺向的面料可采用来回铺法，有倒顺向的可采用单向铺法或铺一层翻转一次的铺料方法（图9-1）。

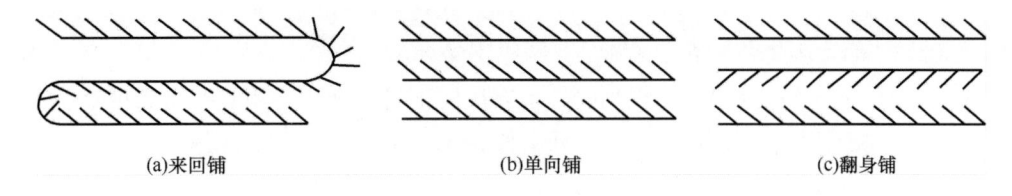

(a) 来回铺　　　　　　(b) 单向铺　　　　　　(c) 翻身铺

图9-1　铺料方法

四、面料与裁剪

当服装进行平面裁剪时,可先剪横线,后剪直线,从外向里;先剪部件,后剪大片;裁刀刀刃要锋利,裁程要尽可能长;裁直线时要用剪刀刀刃的中间,剪弧线时要用剪刀刀刃的前端。

织物平摊在裁台上,张力要小而匀,多层裁剪的各层间张力不要有差异,层次不要太多;若织物表面太光滑,可喷些水或用淘米水浆一下,若不止一层,层间可垫软纸,以防止面料滑动。

合成纤维织物用电剪进行多层裁剪时,电剪使用时间过长需注意是否会因电剪发热而引起合成纤维织物局部熔融,尤其是丙纶、氯纶、维纶等熔点较低的合成纤维织物。

弹性织物裁剪前需平摊24h,使其充分松弛;使用时应使弹力方向与人体围度方向一致;裁剪时不可向内打剪口,以防脱散;对位点要朝外剪。

加工毛皮服装时,毛皮要反过来用刀割皮板,不能用剪刀剪,以免剪坏毛绒。

五、面料与缝制

服装的缝制与成衣外观有很大关系,一套高品质的服装,必定"做工讲究",而且缝制的方法也因织物纤维不同而略有差异。

(1) 缝线、机针要与面料相匹配。缝线原料最好与织物相同,至少其缩水率和牢度要与织物相当。薄型织物用5.9~7.4tex(80~100英支)股线,厚型织物用9.8~11.8tex(50~60英支)股线。缝纫前应选好机针试机,调整线夹张力和梭芯张力。缝纫线张力要适中,尤其是合纤织物对缝线张力的大小很敏感,不恰当的张力会引起皱缩。缝纫前,在缝线下垂方向悬挂50g的重物,逐渐放松夹线螺丝,直到刚好缝线开始被拉下时,这样的张力对合纤织物最合适。一般来说,面料越厚,缝线越粗,机针针号越大,缝纫线张力也越大。

(2) 各类织物缝制性能相比较,机织物比针织物易皱;经向比纬向易皱,斜向缝纫最不易生皱;轻薄织物比厚重织物易皱;长丝制品比短纤制品易皱;组织紧密者比疏松者易皱。在不同原料的织物中,合纤织物比其他纤维织物容易在缝制时起皱。缝制组织规格等各项参数相似的纯合纤制品时,容易起皱的顺序是:锦纶>丙纶>涤纶>维纶>腈纶>醋纤。

(3) 缝制细薄织物时,可在压脚下衬薄纸,并用双手协助平整送布,可减少起皱。缝线张力过大,缝迹密度过大,缝速过快,都易致皱。以缝迹密度5~7针/cm、缝针细而锐利、9~11号针为宜。

(4) 缝制弹力织物时,校正缝线张力的方法是先将两块弹力织物沿弹力方向缝合（即缝线走向与弹力可伸缩方向一致），然后将织物弹力拉到最大，缝迹的线脚不应该断裂，否则就需再放松张力。通常使用强度较高的弹力缝纫线缝制弹力织物，且需保证附属品、衬里的延伸率与面料大致相同。

（5）皮革服装的缝制。皮料常用16~18号针，有时还用大于18号的针，这时就要加大针板孔直径至2mm左右，否则会产生抛线或针迹不匀及断线现象。缝制皮革的针迹要适当，因缝针较粗，针距过密容易破坏皮的结构，影响牢度。由于皮衣在不同部位的层叠厚度有较大差别，所以要注意底面线的松紧度是否合适，皮料的底面线松紧度要比普通服装及毛料紧得多，压脚压力也要增大，底面线交接点应在缝料中间或稍偏下一些。由于皮革摩擦力较大，所以必须更换塑料压脚方能过料。

由于皮革有一定的延伸性，缝制时不能拉皮革料，而要均匀轻送，否则缝迹不会顺直通畅。皮革和织物不同，厚度大、回弹性好、不易归拢。如皮衣袖山常用绸里牵带归拢。操作时右手拉牵带，左手把住袖山头，均匀地送皮。整个袖山的归拢吃势，前后是不同的。前袖山归拢约1~1.5cm，后袖山约1~2cm。当然，还要根据服装尺寸进行调整。

第二节　熨烫

服装经水洗后，由于纤维吸水膨胀或收缩，加上洗涤剂和机械外力的揉搓作用，使服装原来的外形发生了变化。若不经熨烫，将严重地影响服装的穿着效果。大多数服装经过熨烫能回复原形，而且还可根据需要重新塑形，弥补服装剪裁和缝纫中的缺陷和不足。从这个意义上说，熨烫实际上是对服装进行重要的第二次加工的过程。

一、服装熨烫的作用

服装熨烫工艺主要有四个作用，即成型、熨平、褶裥与黏合。

1. 成型

从面料到服装的工艺过程是一个平面到曲面的几何过程，成型就是利用熨烫来塑造服装主体形状的过程。尽管通过设计，裁剪一定的衣片结构与省道处理，能够达到一定的立体效果，但仅靠裁剪与缝纫显然是不够的。必须借助熨烫工艺，改变纤维的伸缩度和织物经纬密度、方向等结构因素，使制成的服装该挺起的部位突出，该收拢的部位凹进，具有主体的造型，以适应人体的体型曲线与活动的要求。服装的成型借助于"推、归、拔"整烫工艺来实现。这个过程可由熨斗手工完成，也可用烫胸机、拔裆机、烫裤机、烫衬机等模熨机械来完成。

2. 熨平

成型是对纤维和纱线归拔弯曲以得到适合的立体造型。而熨平则相反，是通过熨烫，使在加工过程中被压皱的面料中的纤维或纱线平服，达到消除皱痕、织物表面平滑挺直的效果。

3. 褶裥

褶裥是丰富服装外观的重要形式之一。人们对面料褶裥的要求是越耐久越好，但对不必要的皱折越不易产生、产生后越快消失越好。利用熨烫使构成面料的纤维和纱线弯曲变形而形成褶裥，有时还用开口缝线及假缝进行固定。

4. 黏合

多数服装需在某些部位加固衬料，以增强服装的身骨与挺括性。如黏合衬就是通过压烫与面料合为一体的辅料。在服装厂一般采用热熔黏合机来完成，而小批量生产作业中，往往采用熨斗及部分夹熨机械在一定的温度和压力下完成。使用熨斗时，应注意熨烫部位要均匀，不致漏黏。

二、熨烫基本原理

熨烫是一种热定型加工，即利用服装材料在热或湿热条件下拆散分子内部旧的结合，使可塑性增加，具有较大的变形能力，经过压烫后冷却，便在新的位置建立平衡，并产生新的结合，而将形状固定下来。这种定型的持久程度，往往是相对的。一般对亲水性纤维来说，热定型的持久性差，往往水洗后便消失，如棉、毛、黏胶纤维等制品。对疏水性纤维来说，经热定型处理后，形状稳定性较好，表现出良好的洗可穿性能，如涤纶等。为了达到热定型的目的，熨烫时必须具备四个基本要素。

1. 热能

加热可使纤维中大分子活动能力增大，分子间结合力减小，在外力作用下容易发生形变，并能保持下来，这种性质称为热塑性。一般纤维都有热塑性，只是天然纤维属于非热敏性材料，熨烫时不会发生严重收缩或熔化现象，温度过高，只会变黄变焦；而合成纤维及醋纤属于热敏性材料，温度高了会产生收缩及熔化现象。对亲水的天然纤维来说，被水润湿后，能够增加可塑性。熨烫便是利用其湿热可塑性，通过加热、加湿、加压来完成定型。对疏水的合成纤维来说，水不会增加其热塑性，主要靠热可塑性来加热定型。

2. 水分

水分能减小纤维内部的大分子间、纤维间以及纱线间的摩擦力，增加面料的变形能力，即增加可塑性，所以熨烫时经常需要给面料加湿使其润湿软化，以便熨烫时的"推、归、拔"操作。

3. 压力

面料在热能、水分的作用下，拆散了旧的分子间结合力，甚至使有些纤维分子的微结构发生改变，故容易变形。若此时施加一定压力，就能使面料按人们需要的位置与形状固定下来，达到定型的目的。

4. 冷却

服装在熨烫过程中经受了热能、水分和压力的作用后，还必须经过冷却，只有冷却干燥后，所建立的分子间的结合或微结构才能稳定，并在新的平衡位置固定下来。

三、熨烫技术要点

1. 水的运用

对于薄型面料，可以随加湿随熨烫，因为面料薄，水分易挥发。如薄型的棉、麻、蚕丝、黏胶、合纤中的长丝织物等。

对于质地紧密、厚实且吸湿好的面料，如纯毛及毛与化纤混纺的面料（精纺、粗纺），可以采用垫湿布熨烫的方法（注意：湿布必须是棉制品，因为棉纤维能承受较高的熨烫温度）。由于这些纤维吸湿性强，如果加湿过多，在熨烫中蒸发慢，会影响熨烫速度和质量，有的服装水分未烫干，即使烫平了，过一段时间（1~2h），还会还原成原来的收缩状态。此外，质地厚实的化纤织物不耐高温，熨烫时必须依靠足够的水蒸气。采用垫湿布熨烫，经过高温压烫，水分迅速化为蒸汽，使纤维迅速膨胀并进入纤维内部。蒸汽量均匀，受热面积大，服装熨烫质量好，平、挺、透，碎褶少，光反射均匀，定型持久，同时还可保护高档面料不受损坏。

近年蒸汽吸风烫台的应用，既满足了高温蒸汽的需要，又能保证面料迅速冷却，提高了熨烫质量，方便高效。

2. 温度的掌握

在熨烫过程中，适宜的温度至关重要。不同的面料需要的熨烫温度不同，见表9-1。若温度过低，水分不能转化为蒸汽，不能使纤维分子产生运动，达不到熨烫目的。相反，熨烫温度过高，会使纤维发黄，甚至炭化、分解。对于合成纤维会引起收缩、熔融。

表9-1 各种面料熨烫的适宜温度 单位:℃

面料名称	直接熨烫温度	垫干布熨烫温度	垫湿布熨烫温度	纤维分解温度	蒸汽烫温度
棉织物	175~195	195~220	220~240	150~180	
麻织物	185~205	200~220	220~250	150~180	
羊毛织物	160~180	185~200	200~250	130~150	
桑蚕丝织物	165~185	185~190	190~220	130~150	

续表

面料名称	直接熨烫温度	垫干布熨烫温度	垫湿布熨烫温度	纤维分解温度	蒸汽烫温度
柞蚕丝织物	155~165	175~185	185~210	130~150	
黏胶纤维织物	160~180	180~200	200~220	150~180	
醋酯纤维织物	110~130	130~160	160~180		
涤纶织物	150~170	180~190	200~220		
锦纶织物	125~145	160~170	190~220		
维纶织物	125~145	160~170	不可		
腈纶织物	115~135	150~160	180~210	280~300	
丙纶织物	85~100	140~150	160~190		
氯纶织物	45~65	80~90	不可		
氨纶织物	90~110				130
皮革		80~95			

熨烫时，一般都需要预热到一定温度后才开始起烫，以保证温度的不断补充，提高熨烫的效果并缩短时间。加湿熨烫时，由于水分变为蒸汽要带走热量，因此熨烫温度下降（加湿量越大，熨烫温度下降越快），即使不关电源，也会出现热力不足的现象。这时就要放慢熨烫速度，对熨斗的运行可掌握先轻后重，使水分蒸发扩散均匀、温度分布均匀。此外，熨烫温度不仅与面料的纤维成分有关，还与面料厚度密切相关，厚型面料熨烫温度高、薄型面料温度可适当降低。因此熨烫前，最好先用同种纤维的料头试烫，待温度适合了再开始烫衣物。这样经多次实践，就可以掌握各种纤维及各种厚薄面料的适宜熨烫温度。

3. 压力与时间

压力越大，时间越长，熨烫效果越明显，但也应区别对待。如有顽固褶皱的织物，需加大压力并稍延长几秒方可熨平。对于毛织物、起绒类织物不宜高压长时间熨烫，否则，纤维倒伏会产生难以消除的极光。对于黏合衬，应根据衬料和面料的品种控制压力和时间，压力过大、时间过长会造成"透胶"，温度、压力不够又会造成黏合牢度低。

4. 冷却的方法

纤维在熨烫时定型是暂时的，只有通过急骤冷却，才能使纤维分子停止或大大减少运动，以达到"完全"定型的目的。冷却的方法有以下两种。

（1）机械冷却法：熨烫板是空心的，多为铁或铝制品，下面有一台抽风机或真空机通过管道进行抽风。熨烫中或熨烫即将完毕，只要开动抽风机，将水分、余热全部抽掉，即可迅速冷却。服装企业多采用这种冷却装置。

（2）自然冷却法：这是普通生产及家庭熨烫中常用的方法，即熨烫后衣物自然降温。但要使自然降温速度加快，就需要熨烫时将水分熨干，熨斗边熨烫边去掉湿布，并在刚熨烫过的部位吹凉气，也能达到加快冷却的目的。

当然，熨烫技术有一定的灵活性。例如，熨烫丝绸服装，白色和深色所用温度、水分和压力是不同的。白色丝绸温度高了易发黄，所以熨烫温度可低些，水分可少一些，但压力可以加大，增大压力弥补温度和水分的不足，从而达到熨烫的目的；而熨烫深色丝绸，温度可以稍高些，比烫其他衣物高10~15℃，水量也可稍大，但压力最好小些。浅色织物可以直接熨烫正面，深色织物则最好直接熨烫反面。对于缎纹组织织物，以烫反面为主。如果是起绒织物，先在正面垫湿布熨烫到八成干后，撤掉湿布，趁热及时用软毛刷刷顺绒毛（一定要沿同一方向刷），然后挂起晾干，熨烫时压力不宜大。熨烫针织羊毛衫，压力不能过大，要半提熨斗进行悬烫，主要是利用热力将湿布上的水分化为蒸汽散发到毛衣内部，达到熨平的目的，熨斗温度控制在180℃以下，但不能将湿布烫干。烫平后应立即提起衣服轻轻抖动，将热量和水气散发掉，晾干后方可折叠收藏。

第三节　洗涤

常用的洗涤方法有干洗和湿洗两种，服装类型不同、材料种类不同、污渍不同，洗涤方法不同。

一、湿洗

湿洗是指用水作为洗涤溶剂，将肥皂或洗衣粉溶解在水中，在适当的温度等条件下进行的洗涤方法。这是人们所熟知并经常采用的方法。

湿洗对于水溶性污垢尤为合适，对油性污垢，通过洗涤剂的作用也可达到清洁的目的。不同纤维吸水膨胀等性质不同，因此湿洗所引起的收缩、变形、绽开、折皱、掉色等现象也不相同，必须注意。湿洗方法简便，无特殊技术要求，较经济且危害小。

1. 棉类服装的洗涤

棉质服装的湿强约比干强高25%，加上耐碱性和抗高温性均好，所以棉类服装可用各种肥皂或洗涤剂洗涤。可手工洗涤，也可机洗。洗涤温度视织物色泽而定。深色服装洗涤温度不宜过高，也不宜浸泡过久，以免造成褪色，且应与白色及浅色服装分开洗涤。不同织物组织的面料，如缎纹织物、提花织物及其他长浮线织物不宜用硬刷强力刷洗或在洗衣机中剧烈搅动，以免布面起毛；卡其、华达呢、哔叽等斜纹织物可以在平整的板面上顺织纹刷洗。大多数棉制品机洗时，洗液温度30~50℃，开机搅洗10min。某些整理织物须浸透后再洗。稀薄织物宜手工洗。白色服装可用碱性稍强的肥皂或洗衣粉，有色服装宜用碱性较小的洗涤剂，彩棉服装宜用中性洗涤剂洗涤。

除白色服装外，各种染色棉制服装不要在日光下暴晒，最好反面朝外在阴凉处阴干，以防染色服装褪色，因为有的染料耐日晒色牢度不好。

2. 麻类服装的洗涤

麻类服装的洗涤与晾晒方法与棉服大致相同。但麻纤维较硬脆，抱合力不大，不能剧烈揉搓，更不能用硬刷刷洗，也不要用力拧绞，以免麻纤维断裂、服装起毛，影响服装外观、缩短寿命。如果面料上含有硬挺剂、着色剂或黏合剂，洗涤温度应低于40℃。经过树脂整理的衣领（硬领），可用板刷或小毛刷蘸些肥皂或洗衣粉轻轻刷洗，切不可用力揉搓。

3. 真丝服装的洗涤

真丝服装比较娇嫩，对薄型高级服装和起绒服装最好干洗，一般的真丝服装手洗比机洗更好，因为后者易使真丝绸受损。手工洗涤时，需注意以下五点。

（1）洗前浸泡时间不宜过长，3～5min或再长些，不能用力过猛，切忌拧绞。

（2）宜手工大把地轻轻揉洗，对较脏的部位，把衣服平铺后，用软毛刷蘸洗涤液按绸面纹路轻轻刷洗，不宜用搓板和硬刷。

（3）最好用中性、较高级的洗衣粉或洗涤剂，以保护真丝绸所特有的独特天然光泽，如用皂片，浓度可低些。

（4）宜用微温或冷水洗涤，以防褪色。

（5）如用肥皂或碱性洗衣粉洗涤，洗涤后，在清水中投洗3、4次后，要放入含有醋酸的冷水内浸泡2～3min，以中和衣服内残存的碱液。即使用中性洗衣粉，在最后清洗液中也可放少量醋酸，这样既对服装有保护作用，又能改善服装的光泽。

真丝绸服装洗后在阴凉处晾干，千万不要暴晒，也不要在露天过夜，以免褪色。

4. 毛料服装的洗涤

高级呢绒服装必须干洗，对一般呢绒服装来说，也是干洗优于水洗。

呢绒服装如沾污过多、过久，不但不易洗净，而且强力下降，因此，呢绒服装不宜穿得太脏再洗，以免损坏服装。

一般呢绒服装因湿强力较差，不宜拧绞，可用干毛巾压吸水分后再阴干。

部分呢绒服装可机洗，用水量要多、时间要短，以免过度的搅拌引起毡缩或失光。轻薄呢绒服装要放入洗涤袋中再机洗。用水温度，一般粗纺呢绒在50℃左右，精纺呢绒在40℃左右，如果是易褪色面料，温度还可降低，但水温前后差异勿过大，以免引起毡缩。可用中性洗涤剂，如用碱性肥皂或碱性洗涤剂，必须像真丝服装那样，进行酸处理，即加入些白醋浸泡后清水投洗一次。洗涤后要整形、阴干。

5. 黏胶纤维服装的洗涤

黏胶纤维湿强度差，因此，在洗液中浸泡时间要短，宜随浸随洗。白色或色牢度好的用70℃水洗，色牢度差的可用40℃或50℃水洗。洗涤时，最好手洗，不可剧烈揉搓，可大把轻轻揉洗，防止织物起毛。洗净后，把衣服叠起来，大把地挤掉水分或用毛巾包卷好，将水压出，切勿拧绞。黏胶纤维服装不耐晒，洗后宜阴干。

近年，许多再生纤维素纤维的服装洗涤方式与黏胶纤维服装相似，如竹浆黏胶纤维湿态强度较低，要防止湿态下被洗坏；莫代尔纤维服装洗涤时易发毛，故应避免用力摩擦。

6. 涤纶服装的洗涤

机织涤纶织物可机洗，但洗涤时间、甩干时间要短。洗涤温度不宜超过70℃，因为合纤的耐热性较差，在高温下会收缩、软化。无论机洗、手洗，不要剧烈揉搓，以防纤维磨毛而产生小球。

针织涤纶服装适合手工洗涤。浸泡片刻后，宜用碱性小的皂液或高级洗衣粉洗涤，揉搓要轻，清水漂洗后挤压掉水分，不要拧绞。在通风处挂晾，不要在阳光下暴晒，以防止变色或泛黄。洗涤后，无需熨烫。

7. 锦纶服装的洗涤

普通锦纶机织服装可机洗，但须以线脚不易滑出为前提。洗涤、出水、甩干时间要短，以防起皱。除白色服装可用70℃水洗外，一般洗涤温度为40~50℃。白色服装经多次洗涤和穿着后，可能带灰色，可用过硼酸钠漂白。

锦纶轻薄服装和针织服装（如锦纶弹力衫），因机洗容易擦伤，宜手工洗。在低温洗涤液中轻揉，切忌重擦硬刷，洗涤和清洗时不可拎涮。出水后用干浴巾将服装包卷好，挤除水分后在通风处晾干。勿拧绞，以免留皱；勿带水晾挂，以防服装变形。

8. 腈纶服装的洗涤

腈纶的耐磨性和弹性都不如纯毛和毛/涤服装，洗涤时，宜先在冷水中浸泡10min，然后在低温（30℃）洗涤剂或中性洗液中轻轻揉洗，忌高温和用力搓擦。洗时不要随便拉抻和拎涮，以免变形；洗后，用干浴巾包卷好，挤除水分后在通风处晾干。

9. 维纶服装的洗涤

维纶服装的洗涤方法与棉制服装大致相同，但要避免用碱性强的肥皂，刷洗也不宜过重，以防起毛。可在30~50℃水温下机洗。手工洗涤时，不能用热水浸泡。洗后以阴干为好。

10. 氯纶、丙纶服装的洗涤

这两种服装洗涤时应在微温或冷水中进行。可采用中性洗衣粉大把地轻揉，切忌用力洗刷，以防服装起球。洗净出水后不加拧绞，压水或脱水后阴干。

11. 羽绒服的洗涤

如个别部位污迹较重，可先用软布蘸汽油轻擦后，将服装浸泡在温水冲调的洗衣粉（或皂片）溶液中。浸透后，用软毛刷刷去污迹，再用清水漂洗数次。然后，摊平在桌面上，垫上干毛巾挤压水分，再用衣架晾在阴凉处，晾干后在阳光下小晒。干后，用小棍轻轻拍打，使羽绒蓬松。

12. 仿毛皮服装的洗涤

仿毛皮服装的底布大多是棉纱，绒毛是腈纶、涤纶或锦纶等，有长绒和短绒两种。其洗涤方法是：先在冷水中浸泡10min，再在40℃中性洗液中大把揉洗，边浸边洗，洗涤时间不超过10min，切忌用硬板刷。短绒服装用软毛刷顺序刷洗，洗净后晾干，再用干毛刷将倒伏的绒毛轻轻刷起。长绒服装晾至半干时，取下抖动几分钟，使绒毛松散后继续晾干。

二、干洗

干洗又称化学清洗，是用各种化学溶剂，如三氯乙烯、四氯化碳、丙酮、汽油、松节油等，去除服装上的油腻、树脂或油漆等污渍。通常以三氯乙烯、四氯化碳应用最普遍。

用上述化学溶剂干洗服装时，不仅能溶解油脂、树脂或油漆等，同时，还会将与这些油脂结合在一起的污垢，随着溶剂的挥发从织物上除去。而且，干洗的服装不变形，快干，织物的牢度不受影响，不掉色，也不会产生缩水问题。

干洗的不足之处是洗净力较差。油脂性污垢可以溶洗除掉，而水溶性污垢却不易全部洗去；脱脂时并不脱色，因而白色服装难以获得纯白效果；溶剂有一定的毒性，价格较贵，易燃，需防火。

1. 常用干洗溶剂

家庭干洗时常用溶剂如下：

（1）汽油：要选用无色轻质汽油，以防影响服装的色泽。汽油会使皮肤脱脂，因此，当手上沾有汽油时，应立即用药皂、甘油洗掉，以免皮肤脱脂而变粗糙或裂口。

（2）松节油：要选用纯净的松节油。它比汽油不易着火，但只能用来干洗服装上沾污的油漆、树脂、柏油、润滑油、煤烟和灯烟等污迹。它挥发得较慢，适于轻薄服装干洗。

（3）酒精：主要溶解树脂类污渍。

（4）混合溶剂：将酒精、汽油与松节油等混合一起使用，去除各种混合污垢。

干洗前各种服装都要通风晾晒，轻轻拍打去除表面尘埃。在使用汽油时务必注意防火。待汽油充分挥发后，方可穿用或收藏。

2. 干洗方法

（1）毛料西服的干洗：在干洗前，先通风晾晒，然后用毛刷轻轻拍打，使服装中的尘埃脱落，再用毛刷从上往下轻轻地刷。接着用毛刷或毛巾蘸少量汽油将呢面顺序擦洗一遍，沾污严重的部位多刷几下。也可以用三分汽油、七分清水搅匀，将毛巾浸湿后拧干。把西服一面铺在桌面上，上面铺毛巾，然后用熨斗均匀地推压。因为湿毛巾含有汽油，用熨斗一烫，西服上的污物就可蒸发消失。干洗一面后，再干洗另一面。最后，再将西服熨烫一次，把西服吸进的水分完全烫干，就可得到干净、平整的西服。

（2）羽绒服的干洗：干洗前通风晾晒。然后，用软刷刷去表面尘埃。再把羽绒服平铺在干净的桌面上，将毛巾蘸上汽油并用力拧绞几下，再顺序均匀地将服装擦洗两遍。待汽油完全挥发再穿用或收藏。较脏的羽绒服还是以水洗为宜。

（3）毛皮服装的干洗：洗前认真检查皮板，如有破损应用棉线缝好，再用刷子蘸一些酒精或汽油，将毛绒顺序均匀地刷洗，脏的地方可以刷重一些。然后把黄米面（黄米用水泡一昼夜，捞出碾碎，用少许水湿润使之发潮）、白面或滑石粉撒在毛面上，用双手均匀地把它揉到毛内。稍用力拨动毛被，直到毛干、面干。然后，抖动数次，使黄米面脱落，再晾在通风处（不要暴晒），待干燥后，抖净面粉。

（4）皮革服装的干洗：先用一块干净的、不掉色的布蘸湿，擦去皮革表面上的污物，在油污处滴上几滴以 1:1:1.5 的配比，将氨水、酒精和水共混配制而成的去油污剂，再用湿布擦洗，切忌用汽油、苯类和酯类等有机溶剂，因为有机溶剂会吸去皮革表面的油脂而降低皮革柔韧性，使革面丧失滋润感，变得粗糙、硬化。如发现皮面有小裂纹，可涂上少量鸡蛋清（不要蛋黄）即可弥合。如发现皮面脱色，可刷上服装或面料染色用的直接染料。以深棕色皮革服装为例，染料配比为：直接黑染料 0.2 份，直接深棕染料 0.8 份，水 20 份调匀。用毛笔蘸涂在脱色的皮面上，晾干后如发现遗留的脱色，可再用上法涂饰。

（5）丝绒服装的干洗：先晾干，并用软毛刷刷去灰尘，再放入汽油内大把轻轻揉捏。脏处多重复几遍。洗净后，挤去汽油，用干净的浴巾包好挤压，打开后抖动几次，再晾干。

总之，湿洗和干洗两种洗涤方法的适用范围不同。油性污渍能溶解在干洗溶剂中，不能溶解在水中；而灰尘能溶解在水中，不能溶解在油性溶剂中。因此，对油性污渍最好选用干洗，而水溶性污渍则适合湿洗。从洗涤效果来说，干洗的效果不如湿洗。而干洗对服装的收缩变形及褪色影响小，又因采用特殊的有机溶剂成本较高，适于高档服装如毛料西服、真丝礼服的洗涤。

第四节 特殊污渍去除

在日常生活中，人们穿着的服装难免会沾上各种污渍，有些污渍用一般洗涤剂难以洗净，需视污渍种类采用特殊的清洗方法。有时对某种服装面料行之有效的除渍方法，未必适用于另一些类型的服装面料，甚至可能使织物受损。

污渍去除是需要经验的一门技术。处理不当，不仅会影响服装的色泽和美观，而且有可能使面料受损，降低使用寿命。除渍的原则如下：

（1）服装一旦沾上污渍，要及时去除，时间一长，污渍会渗透到纤维内部，与纤维紧密结合，难以去除。

（2）要先搞清污渍种类，才能考虑采用何种除渍方法，否则会使污渍更难除尽。

（3）某些除渍剂对部分纤维或某些色泽有损，去污渍前还要弄清服装所用纤维成分。如果一时无法弄清，可以先在不显眼的褶缝处试一下，观察纤维和色泽是否受损。

（4）用小刷刷洗时要巧刷，由污渍边缘往中心刷，避免留下色圈。切忌用力过猛使面料起毛。硬性污渍须软化后再刷。

（5）在未了解污渍种类前不宜用热水浸泡，有些污渍受热会凝固在服装上，更难以洗除。

（6）多数除渍剂对污渍有一定的作用时间，要多次少用，不要一次多用。在用两种除渍剂时，应把第一种洗净后再用第二种。

（7）草酸有毒性，浓度高时还有损面料。因此，使用浓度不宜过高，在服装上擦洗后，要及时去除酸液。高锰酸钾是强氧化剂，会破坏某些色泽，使用前可先在衣服边角做试验，确定其不褪色时再用。

（8）使用汽油、松节油、酒精等时切勿近火。

（9）一般将沾渍面朝下，放在软布或吸水纸的衬垫上，在织物反面加滴除渍剂，使污渍不致穿透衣服，必要时再用软布沾除渍剂轻揩，尽量不作搓擦，以免产生"极光"。

（10）污渍去除后，务必清洗服装，勿使除渍剂残留在服装上。

常见污渍去除方法可参照表9-2。

表9-2 常见污渍去除方法

污渍种类	污渍去除方法
动植物油渍	可用专用洗涤剂或松香水、香蕉水、四氯化碳及汽油等擦洗
酱油渍	新渍采用冷水加洗涤剂清洗，陈渍可用专用洗涤剂加适量氨水清洗，丝毛面料也可用10%的柠檬酸清洗
果汁渍	轻淡的果汁渍用冷水搓洗数次即可；浓重的果汁渍可用稀氨水加肥皂清洗；丝绸衣料可用酒精或柠檬酸或肥皂搓洗；呢绒可用专用洗涤剂洗
奶渍	不能用热水洗涤，可用加酶洗涤剂清洗
酒渍	新迹用清水漂洗，陈迹用洗涤剂清洗
茶渍	用洗涤剂或肥皂清洗
冰淇淋渍	用汽油或专用洗涤剂擦洗
咖啡渍	用洗涤剂或肥皂清洗
蟹黄渍	用煮熟的蟹中白鳃搓擦，后放置冷水中用肥皂或洗涤剂洗涤
柿子渍	陈渍极难洗清，建议送洗染店，新渍用葡萄酒加适量盐水搓洗
咖喱油渍	用5%的次氯酸钠或专用洗涤剂清洗，后用清水漂洗
血渍	不能用热水洗，新迹用冷水搓洗，陈迹用葡萄酒加适量盐水搓洗或用加酶洗涤剂清洗
蓝墨水渍	用洗涤剂洗或用煮熟的米饭擦洗，陈迹用洗涤剂洗涤
红墨水渍	新渍用皂液在温水中浸泡片刻，再用清水漂洗；陈迹用专用洗涤剂洗
墨渍	用米饭和洗涤剂调匀或用牙膏、肥皂搓擦，随后漂洗干净，必要时可反复几次
汗渍	在洗涤剂或肥皂液中加适量盐水清洗或用加酶洗涤剂清洗
尿渍	新迹用温水洗除，陈迹用洗衣粉或肥皂或加酶洗涤剂清洗
油漆渍	用香蕉水或松节油或汽油擦洗
竹木渍	用温热皂液浸泡片刻后清洗
铁锈渍	用1%的草酸温溶液洗后，再用洗涤剂清洗
霉斑	用软刷轻刷霉斑，再用专用洗涤剂清洗
泥土渍	先用刷子刷尽泥土块，再用洗涤剂或生姜涂擦污渍处，随后放入清水中洗净
药膏渍	用汽油或煤油刷洗，随后洗涤剂浸洗片刻，再用清水漂洗
印泥油渍	先用95%酒精，后用温水皂液清洗
蜡笔或复写纸渍	用温热洗涤溶液搓洗，并用酒精擦去污渍，后用清水洗涤
红药水渍	用洗涤剂在温水中洗去污渍
沥青渍	可用酒精、松节油浸泡，再用汽油洗除

第五节 保养

各种面料制成的服装，因原料性能不同，故对收藏有不同的要求。

一、服装在保管中易发生的问题

棉、麻、毛、丝等天然纤维及其混纺品的服装，在使用保管过程中容易发生泛黄、脆化、发霉、虫蛀鼠咬等问题。

1. 泛黄、脆化

泛黄指白色或浅色服装在储藏、流通或穿着过程中，因受日光、环境条件的影响或药品的作用而发生的带黄光的变化。造成服装泛黄的原因错综复杂，而且许多泛黄的原因会导致材料的脆化。如洗涤剂在服装上的残留，服装反复受日光、紫外线和干、湿热的影响，服装保管不当等，所有这些，都会引起服装泛黄脆化。易于泛黄的纤维依次为蚕丝、羊毛、锦纶、腈纶、氨纶以及棉和麻等纤维素纤维。另外，服装中因海绵、松紧带等附件泛黄而沾色或泛色的现象也时有发生。近年来，日本还发现，多数香水有促使服装泛黄的作用。

2. 发霉

发霉是霉菌作用于含纤维素或蛋白质纤维的服装，使纤维遭受破坏的结果。霉菌的生长繁殖，需要适当的温度和湿度。服装保存时温、湿度过高，又没洗干净，就容易引起发霉。

3. 虫蛀鼠咬

含天然纤维的服装，因含有纤维素、蛋白质营养物质，是某些虫类的良好食料，如保管时采用不完善的容器或保管方法不妥，容易遭到虫蛀、鼠咬。

一般来说，合纤服装是不霉不蛀的，但在合纤的制造、染整、加工过程中，往往加有某种添加剂，如增塑剂、油剂、浆料、色素等，因而在一定的湿热环境下，也会引起轻度发霉。有时，蛀虫为了穿行通过或饥不择食，也会把合纤服装咬坏。

二、服装的收藏

1. 服装保管

（1）外衣穿后应轻刷，除去浮土，并挂在通风处去除水分。针织品不宜挂藏，以防变形。

（2）从洗衣店取回的服装，不要马上收藏起来，要在通风处晾干，使残留的干洗剂充分挥发，然后收藏。

（3）存放服装的房间，湿度要低，温湿度变化要小，选择避免日光直射且通风良好的场所。

(4) 在保管洒过香水的服装时，必须将香水味散发去除。

(5) 切勿收藏未经清洗的脏衣。服装不宜靠近家庭中的暖气或炉子，并应尽量放在暗处。

2. 各类服装存放方法

(1) 棉、麻服装：存放时，衣服须洗净、晒干、折平，衣柜、箱要保持清洁干净，防止霉变。白色服装与深色服装最好分开存放，防止沾色或泛黄。

(2) 真丝服装：收藏时，为防潮防尘，要在服装外盖一层棉布或把真丝服装包好。白色服装不能放在樟木箱内，也不能放樟脑丸，否则易泛黄。

(3) 呢绒服装：呢绒服装穿着一段时间后，要晾晒拍打，去除灰尘。不穿时放在干燥处。存放前，应刷洗或洗净、烫平、晒干，通风晾放一天。高档呢绒服装最好挂在衣柜内，勿叠压，以免变形影响外观。存放全毛或混纺服装时，用薄纸将樟脑丸包好，放在衣服口袋里或衣柜、箱子内。

(4) 化纤服装：有些化纤服装不宜长期吊挂在衣柜内，这样会使其悬垂伸长。在存放含天然纤维的混纺服装时，可放少量樟脑丸或去虫剂，但不要使其直接接触服装，因为这些药剂会使化纤溶胀而降低强度，甚至使服装遭到损坏。

(5) 毛皮服装：如果收藏不当，毛皮服装容易出现虫蛀、脱毛、绒毛并结或皮板硬化等现象，保存时应注意：

①收藏前挑一个好天气进行晾晒。高档名贵的紫貂、黄狼皮、水貂皮、狐狸皮等大衣，晒时外面要罩上一层白布，利用早上的阳光晒1h即可；兔皮、狗皮、猫皮等大衣晒的时间可适当长些（2~3h）。

②晾晒后的毛皮服装，可用竹片或藤条轻轻拍打，除去毛上的尘埃；但对卷毛的毛皮如羔羊皮、滩羊皮等，只能用手拍打或用抖动的方法来松毛除尘。

③晒后，要等毛皮服装的热量完全散尽后才能放进衣柜、箱内。存放时，最好用宽衣架挂起来，并在大衣袋内放入用纸包好的樟脑丸或樟脑精。如放在箱内，折叠时应将毛朝里平放，上面不要重压。特别是长毛绒服装，为防止绒毛倒伏，除吊挂外，宜放在箱子最上层。为防止感染污垢和虫菌，要与其他服装隔离单独存放。活里的毛皮服装要将面、里卸开，分别存放。

(6) 皮革服装：皮革由胶原纤维组成，经过穿用，难免会因吸湿受潮而发霉、生虫。皮革服装最好经常穿，并常用细绒布揩擦。如果遇到雨淋受潮或发生霉变，可用软干布擦去水渍或霉点。千万不要用水和汽油涂擦，因为水会使皮革变硬，汽油能使皮革的油分挥发而干裂。在穿着皮装时，要避免接触油污、酸性和碱性等物质。

皮革服装不穿时，最好用衣架挂起来；当然也可以平放，但要放在其他衣物的上面，免得将其压瘪起皱，影响美观。收藏前要晾晒一下，时间宜在上午9~10时，下午3~4时，不能暴晒，中午阳光直射容易使皮革发热变色，还会使革中的油脂破坏，挂在阴凉干燥处通风即可。收藏时，为增加皮革的柔润度，可用布团在皮革表面薄薄地涂上一层皮革保护剂，然后储存。

习题与思考题

1. 在裁剪服装前，对机织面料要作哪些准备？
2. 在裁剪皮革服装时，应注意哪些问题？
3. 熨烫的基本原理是什么？哪种纤维制成的服装可高温熨烫？哪些纤维不能高于100℃熨烫？
4. 比较干洗、湿洗的优缺点。
5. 简述毛料西服的洗涤与保管方法。
6. 在市场上找到一块服装的洗水标签，将该服装的洗涤保养方法及标志记录下来，解释并说明原因。

第十章
服装新材料、新技术及其发展

服装材料发展的脚步一刻也没有停止。依托新型的技术，不断有新面料问世，而服装新面料正是由新纤维、新纱线、新的整理技术来实现的，最终在面料的外观与内在性能上得以表现。

第一节 服装用新型纤维

随着消费水平的提高和现代生活方式的转变，人们越来越不满足已有纤维所提供的功能，希望得到舒适透气、保养方便、漂亮美观、资源丰富、绿色环保、健康无害的新型纤维。现代科学技术的发展为满足这些需求提供了可能，人们通过不断开发新材料，并对已有纤维的物理化学改性，使服用纤维的性能更加完善。美观性、舒适性、保健性、功能化、方便随意性、绿色环保等成为现代服装材料的发展方向。

一、改良、改性与新型的天然纤维

虽然棉、毛、丝、麻已经应用了几千年，但现代人类的服装服饰仍然离不开这四种纤维，所以针对天然纤维的缺点，采用物理和（或）化学方法进行的改良、改性工作一直不曾间断。

（一）棉纤维

1. 抗虫棉

20世纪90年代，我国的棉花产区多次爆发了大规模的棉铃虫灾害，农药和人工成本让棉农不堪重负，一些地区甚至因此绝收，更让人痛惜的是大量农药的使用对环境破坏严重。这一状况直到我国引进了美国的转基因抗虫棉才得到改善。到目前为止，我国转基因抗虫棉份额近70%。

转基因抗虫棉是通过基因工程在棉花中植入抗毛虫类基因，该基因能使棉株产生对害虫有毒的物质，使棉株不再生虫，因此无需喷洒农药，减少了农药对人体和环境的危害,而且这种转基因的棉花对益虫和人体无害,具有优良的环保性能。

当然转基因抗虫棉还存在着一些问题,如纤维指标、产量不及普通棉,目前种子价格仍偏高等。但无论如何,它拯救了中国的棉花种植业。

2. 彩色棉

天然彩色棉是生物学家利用生物遗传技术,在棉花的植株中植入能产生某种颜色的基因,让这种基因在棉株中具有活性,从而使棉桃内的纤维变成相应的颜色而获得。目前,利用遗传工程开发的具有天然的浅黄、棕色、绿色、粉红等颜色的彩色棉已获得成功,织造后无需染色,减少了染化料对环境的污染以及化学残留物对人体的伤害。

(1)应用:彩棉纯纺、混纺或交织均可,特别是与白棉以75%、50%、25%、10%不同比例的混纺,使其呈现不同的色彩明度效果;与其他环保类纤维的混纺或交织可以保持其绿色环保的优势。主要用于内衣、婴幼儿服装、衬衫、T恤衫、床单被套等床上用品、儿童玩具及室内装饰用品等。图10-1为北京某公司开发的彩棉系列产品。

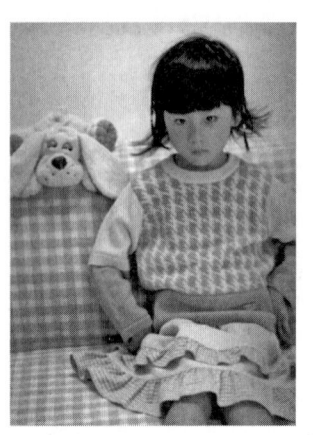

图10-1 彩棉系列产品(服装、沙发套及玩具)

(2)存在的问题:天然彩色棉色泽虽雅致,却略显单调、暗淡,且其颜色遇酸碱、遇光不稳定,下代遗传色泽不稳定。彩棉纤维质量稍差,与白棉相比纤维细、强力低、弹性差,且成本仍偏高。

3. 有机棉

有机棉(Organic cotton,图10-2)是指按照有机农业标准组织生产、收获、加工、包装、储藏和运输并对全过程进行质量控制,产品需经有机认证机构检查认证并颁证的原棉。获得有机棉需要满足有机生长、有机加工两个阶段。在有机生长过程中,有机棉以有机肥、生物和物理技术防治病虫害、自然耕作管理为主,不许使用化学制品,从种子到农产品全天然无污染生产。在有机棉的生长过程中,不仅需要栽培棉花的光、热、水、土等必要条件,还对耕地土壤环境、灌溉水质、空气环境等的洁净程度有特定的要求,以各国或国际颁布的《生态纺织品技术要求》(中国:GB/T 18885—2009)为衡量尺度,棉花中农药、重金属、有害生物(包括微生物、寄生虫卵等)等有毒、有害物质含量须控制在标准规定限量内,并获得认证。在有机棉的加工环节,上浆过程采用来源于植物的种子、块茎、根或动物的骨皮筋腱等结缔组织的天然浆料;染整过程采用来源植物的根、茎、叶、花、果实或天然矿石的天然染料;退浆过程采用淀粉酶处理,取代传统的酸碱或氧化剂退浆;后整理过程采用天然整理剂,如采用纤维素酶水解棉织物上的毛羽和微纤，替代传统的烧毛和碱丝光整理；抗菌防臭和保湿的整理剂可从蟹虾外壳中提取制得；面料的柔软剂可使用蚕丝精练液回收的丝胶等。因此，有机棉的推广可以保护生态环境、促进人类健康发展，满足了人们对绿色环保生态服装的消费需求。

(a)有机棉标志　　　　(b)有机棉产品

图 10-2　有机棉标志及产品

（1）应用：有机棉市场近年在欧洲和美国有着均衡的发展。有机棉纺织品重点应用于婴儿用品、童装、内衣、妇女用品、家纺等产品。

（2）存在的问题：由于有机棉在种植和纺织过程中要保持纯天然特性，现有的化学合成染料不能用于其染色。只有采用纯天然的植物染料进行有机棉染色，才能使有机棉产品具有丰富的色彩，满足更多的需要。此外有机棉的高价位也是制约其发展的因素之一。

（二）麻纤维

随着石油资源的日益紧缺，天然纤维备受重视，其中麻类植物纤维更是成为当今国际关注的热点。麻类纤维品种繁多、资源丰富，同时它们的种植大多不需要过多的人工维护，甚至无需杀虫，不会造成环境及植物本身的污染，是一类可持续发展的、健康绿色的自然资源。从大麻的开发利用开始，现在已拓展到黄麻、罗布麻、红麻、剑麻、芭蕉叶麻等众多韧皮纤维和叶纤维。

（1）特点：麻类纤维均为纤维素纤维。与目前大量使用的苎麻、亚麻相比，新型麻的纤维素含量均远低于亚麻、苎麻，果胶、木质素、半纤维素、蜡脂质、水溶物等与纤维素伴生的非纤维素物质比例很高，因此给此类麻脱胶带来很大困难。而且这些新型麻的单纤维又短又粗，大多只能用束纤维纺纱，因此目前这些新型的麻制品大多触感粗糙、有刺痒感，采用生物酶处理的方法，可以改善麻纤维及其制品的柔软光滑度。麻类制品大多具有吸湿散湿快、穿着凉爽不贴身的特点，是优良的夏季服装原料。据称近年较流行的大麻、罗布麻产品还具有抗菌防臭的作用，麻纤维的卫生保健功能又成了现代人的消费目标。此外，麻类纤维断裂强度高、湿强比干强更高，又可以降解，因此也是工业用、建筑用重要原料。

（2）用途：麻制品是夏季衬衫、裙子、居家服的良好原料，也是凉席、枕套等床上用品与布制工艺品的理想原料。麻袜子、麻鞋垫可以发挥麻纤维抗菌防臭的功效。在工业上，麻是制造帆布、绳索、渔网、水龙带、滤布、帐篷等产品的上等原料。

为了扩大麻纤维的应用范围，将麻纤维进行细化加工，研究细特、优质的麻类产品是未来发展方向，这不仅可提高麻制品的附加值，也符合人们穿着舒适的要求。55g/m² 超薄型苎麻制品如图 10 - 3 所示。

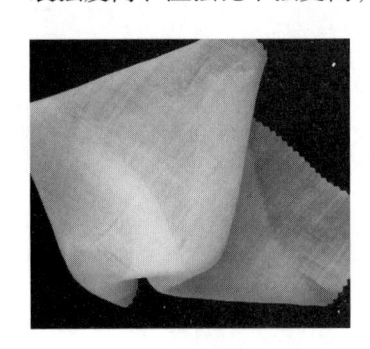

图 10 - 3　55g/m² 的超薄型纯苎麻织物

（三）毛纤维

羊毛作为一种重要的服装材料，它具有优良的弹性、保暖性和良好的吸放湿功能。但由于羊毛表面特殊的鳞片结构，如洗涤不当羊毛织物会发生缩绒现象，严重影响织物外观及手感。同时随着人们生活质量的提高和全球变暖的影响，毛织物向轻薄化、高档化方向发展，开发更多的适合春夏服装的轻薄面料成为毛织物的发展方向。就全球来看，用于轻薄毛料加工的细特、超细特羊毛资源严重不足，以中粗特羊毛为多，传统毛织物因蓬松、保暖性好主要用于秋冬季服装面料。因此，羊毛防缩以及羊毛细化加工成为近代羊毛急需解决的两个问题。

1. 防缩羊毛

防缩羊毛利用化学、物理或（和）生物等方法使羊毛脱鳞，从而使其成品获得防毡缩的特性。多年来，羊毛防缩处理方法的研究一直是毛纺行业的热点问题，早期使用的化学方法大多存在环境污染、处理效果不易控制等问题，现使用越来越少。低温等离子体处理方法被认为是无化学试剂添加、节能、节水、无废水污染的一种很有发展前景的、环保的方法。

低温等离子体对羊毛表面进行刻蚀（图 10 - 4），使羊毛鳞片损伤，在一定程度上提高了纤维的平滑度，从而失去缩绒性。等离子体仅对羊毛纤维表面进行处理，而羊毛纤维主体几乎不受损伤，因此是一种经济的、对羊毛性能损伤最小的一种方法。经等离子体处理后，羊毛织物除大大改善可机洗性能外，它的染色性能也随鳞片的损伤而提高，能上染更深的颜色，但手感会变粗糙，须经柔软剂处理改善手感。

| 0s | 10s | 1min | 3min |

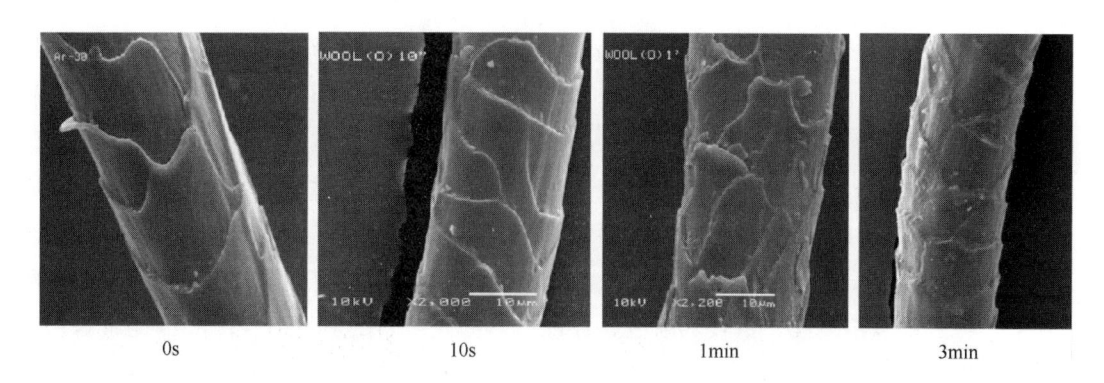

图10-4 常压等离子体在不同处理时间下对羊毛鳞片的处理效果

生物酶法也是一种环保的脱除羊毛鳞片的方法，这种处理方法具有处理条件温和、生产能耗低、操作安全易控、废液可生物降解等特点，但生物酶的活性、酶性能的稳定性较难控制，而且成本较高。酶处理后毛织物不但可以获得防缩性，还可以改善手感、光泽及亲水性，染色性能也大大提高。

防缩羊毛用于可机洗的羊毛衫、秋冬季毛衬衫、经常水洗的毛纺产品的开发。

2. 拉伸细化羊毛

澳大利亚联邦工业与科学研究院（CSIRO）与国际羊毛局合作研制成功了用物理拉伸方法得到的"Optim"品牌的细羊毛纤维，为细特、轻薄类毛纺织产品的开发提供了一个新的途径。

Optim纤维拉伸细化技术可以使拉伸定型处理后的羊毛纤维长度增加30%~40%，细度减小15%~20%，例如19.1μm的羊毛拉细后，变成16.3μm，长度从67mm拉长为81mm。该技术不仅使羊毛拉长变细，而且细化后的羊毛光泽好、手感柔软，似羊绒般感觉，但断裂伸长率有所下降、羊毛卷曲减少，另外细化羊毛染色时上染速度快、容易染花。"Optim"品牌中一个品种是"Optim fine"产品，主要用于与羊绒或真丝的混纺、交织产品，制成披肩、围巾、衬衫、内衣等高档产品，亦可纯纺，制成仿羊绒产品；另一个品种是"Optim max"产品，它是一种拉伸后未永久定型、可回缩的纤维，Optim max纤维缩水后长度可缩短20%~25%，与普通羊毛混纺，得到比普通毛纱蓬松20%的纱线，用于蓬松、轻薄型织物的开发。

（四）蚕丝

1. 彩色蚕丝

目前，彩色蚕茧主要由以下几种途径获得：一是利用现代育种技术获得彩色蚕茧品种；二是利用对桑蚕添食生物有机色素得到彩色蚕茧。前者通过基因重组法，将国内外原始种优良的彩色茧基因转移到高产优质的白色茧品种上，选育出彩色茧蚕品种。这种方法目前还存在很多不稳定因素，且研究周期长。市场上出现的彩色蚕丝多是采用第二种方法获得的。

蚕的绢丝腺是控制蚕吐丝功能的器官，它的颜色决定了蚕丝的颜色。在绢丝腺的发育时期，通过在蚕的饲养过程中添加色素，影响蚕肠壁和丝腺细胞的色素通透性，使蚕吐出有色蚕丝。目前它的色相主要有黄红茧系和绿茧系两大类。黄红茧系包括淡黄、金黄、肉色、红色、锈色等；绿茧系包括淡绿和绿色。添食生物有机色素得到的彩色蚕茧色彩淡雅、颜色丰富，省去了后期染色的麻烦以及所带来的环境污染。

2. 膨体变形真丝

蚕丝制品大多光滑、平整、单薄，较易起皱，使用保养比较麻烦，大大限制了蚕丝的应用。近年针对蚕丝的缺点对其进行变形改性，开发蓬松真丝面料。早期的蓬松真丝是在缫丝过程中用生丝膨化剂对蚕丝进行处理，使真丝具有一定的蓬松性，但蓬松效果并不显著。近年利用桑蚕丝与柞蚕丝性能的差异制成柞蚕/桑蚕复合丝，两者通过物理并合的方式构成纤维束，再通过化学处理的方式使纤维在轴向产生收缩，从而产生显著膨体性、卷曲性，并具有显著的弹性伸长率和良好的弹性回复率。柞蚕/桑蚕复合丝制成的织物外观丰满、手感细腻柔软、不易起皱而富有弹性，适用于中厚型服装、时装及和服等产品。

（五）竹纤维

竹纤维（又称竹原纤维）是通过物理、化学或生物的方法将竹材经过备料、浸泡、蒸煮、分纤、梳理、筛选等工艺部分去除竹材中的木质素、戊聚糖和果胶等成分，部分脱胶后靠余胶将竹单纤维纵向相互连接起来而制得的天然纤维。该纤维可保持竹纤维的天然特性，它的成功研制在天然纤维大家族中增添了一名新成员。在《纺织用竹纤维》行业标准中，竹纤维被定义为"竹类植物的秆纤维，为单体纤维细胞或纤维束"；且纺织用竹纤维被定义为"竹材经直接分离后获得的适于纺织加工要求的竹纤维，多为束状竹纤维，又称竹工艺纤维"。因此竹纤维（包括纺织用竹纤维）仅指从竹材中直接分离提取的天然纤维，不包括竹浆黏胶纤维。

作为一种天然纤维，竹纤维有着独特的纵横向形态特征。竹单纤维的横截面呈近似圆形、中腔极小，电镜下可看到竹纤维横截面呈层数不等的多层次结构[图10-5（a）]；在图10-5（b）竹单纤维纵向光镜照片中可观察到竹纤维的中腔，由于中腔较小，且在脱胶过程中不可避免地发生溶胀现象，使得中腔断断续续，因此竹纤维横截面上较难观察到中腔的存在。竹单纤维纵向没有竹节，纤维表面呈高低起伏不平整的粗糙外观，似树皮状[图10-5（c）]。竹纤维纵横

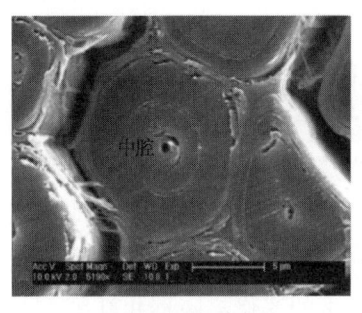

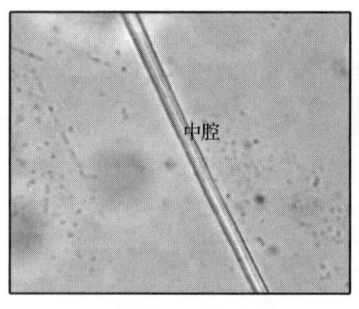

(a) 竹纤维横截面形态特征　　　(b) 光镜下的竹纤维纵向　　　(c) 电镜下竹纤维纵向表面特征

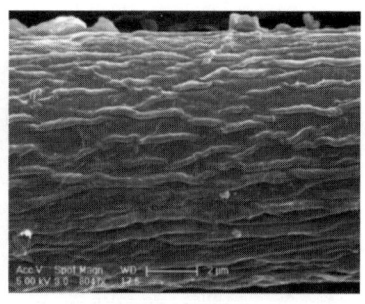

图 10-5　天然竹纤维形态特征

向特征是制品成分鉴别的有效手段。

纺织用竹纤维目前仍在研究中，工业化的进程中还有很多困难，但已有部分产品面世（图 10-6），相信在不久的将来竹纤维能真正进入百姓的衣柜。

(a) 竹纤维/棉混纺牛仔裤　　　(b) 纯竹纤维靠垫

图 10-6　竹纤维产品

二、新型的再生纤维

再生纤维经历了 100 多年的发展，直到 20 世纪 90 年代重新抬头。随着合成纤维资源的逐渐枯竭，再生纤维将层出不穷，不仅是再生纤维素纤维，再生蛋白质纤维也逐步发展起来，如鸟的羽毛、动物废弃的皮毛、废弃的皮革下脚料等都可以成为再生纤维的原料，随着技术的不断发展，也将越来越成熟。

（一）Lyocell（Tencel）纤维

Lyocell 纤维是一种全新概念的再生纤维素纤维，国际上命名为"新型溶剂纺丝法再生纤维素纤维"。该纤维最早由英国考陶尔兹（Courtaulds）公司于 1993 年实现工业化生产，并将其生产的 Lyocell 短纤维商品命名为 Tencel（中文翻译为天丝）。1997年奥地利兰精（Lenzing）公司也实现了Lyocell纤维的工业化生产，其产品的商品名称为Lenzing Lyocell。目前，Tencel品牌已被兰精公司所收购。Lyocell纤维采用木浆为原料，经溶液纺丝而成。整个纺丝过程全部为物理过程，纺丝溶剂循环使用，克服了传统再生纤维素纤维污染严重的问题，具有卓越的环保特性。

（1）特点：由于Lyocell纤维制取方法的改变，使其不仅获得了卓越的环保特性，而且生产工艺流程的缩短给纤维性能带来了显著的变化。Lyocell纤维一方面保持了传统再生纤维素纤维吸湿性好、染色性好、垂感优良等特点，另一方面又克服了传统再生纤维素纤维湿态性能差的缺点，干湿态强度都很高，接近涤纶的强度。Lyocell纤维的另一大特点是容易原纤化（即分裂出比纤维本身更细的小毛丝），利用该特点经磨毛、砂洗等加工后织物表面易形成一层细小的绒毛，具有细腻、柔和的桃皮绒效果，使织物更加丰厚、富有弹性，手感舒适。当然现已开发出不易原纤化的Lyocell纤维，用于光洁面料的加工。

（2）应用：Lyocell纤维可纯纺，也可与棉、麻、涤纶等纤维混纺形成不同外观和风格的织物，广泛用于牛仔布、休闲装、职业套装、针织服装以至高级时装等产品。由于Lyocell纤维卓越的环保特性和优异的服用性能，在未来将显示出更大的市场潜力。

（二）Modal（莫代尔）纤维

Modal纤维是奥地利兰精公司（Lenzing）开发的高湿模量再生纤维素纤维。其原料采用欧洲榉木，先制成木浆再纺丝加工成纤维。它能够自然降解，纤维生产过程也符合环保要求。

（1）特点：Modal纤维手感柔软、顺滑，具有丝质感，穿着舒适。经多次洗涤手感依然柔顺。同时Modal纤维保持了再生纤维素纤维吸湿性、染色性好的优点，吸色透彻，具有亮丽的色彩，色牢度也好。而且Modal纤维大大改善了黏胶纤维的湿态强度低、湿膨胀大的缺点，耐用性、尺寸稳定性提高，但价格比普通黏胶纤维高。

（2）应用：Modal纤维可生产机织、针织面料，特别适合于轻柔的贴身内衣（图10-7）、春夏季女装以及居家服饰。此外Modal纤维也是理想的改善织物性能的纤维，用其混纺、交织均可，常与棉、麻、丝等各类纤维混纺或交织，既可以增加面料的柔软、滑爽手感，又可以改善纯Modal纤维产品挺括性差的缺点。

（三）竹浆黏胶纤维

竹浆黏胶纤维是以竹子为原材料，采用传统黏胶纤维的生产方法，将竹茎杆精制成符合纤维生产要求的浆粕，经湿法纺丝制成的再生纤维素纤维。目前市场

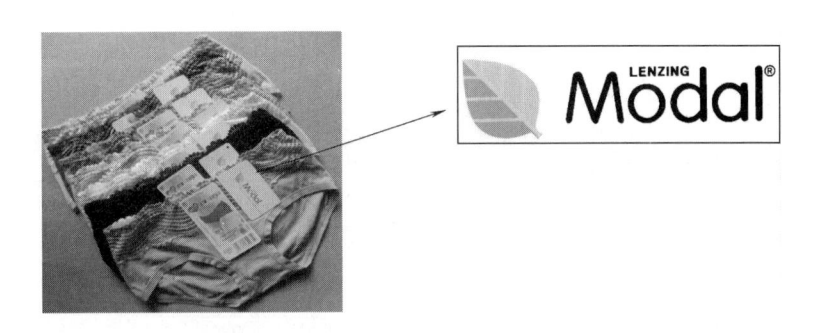

图 10-7　兰精公司 Modal 产品标志及市场上销售的 Modal 纤维内裤

上所售的"竹纤维"产品大多都是竹浆黏胶纤维。图 10-8 是河北吉藁化纤有限公司开发的"天竹"品牌的竹浆黏胶纤维。

（1）特性：竹浆黏胶纤维以竹浆替代木浆、棉浆，充分利用我国丰富的竹资源，拥有了原料上的经济优势，是具有中国特色的新型纤维，因此近年对竹浆黏胶纤维的研究开发工作受到广泛关注。作为再生纤维素纤维，竹浆黏胶纤维的性能与常规黏胶纤维相似。该纤维仍然保持了常规黏胶纤维吸湿性好、着色性优异、色彩鲜艳、悬垂性好、手感柔软滑爽、夏季穿着凉爽透气的特性，但同样也存在着弹性差、耐磨性不好、特别是湿态性能差的缺点，竹浆黏胶纤维遇水膨胀严重、织物尺寸不稳定、湿强度低、耐用性较差。

图 10-8　吉藁化纤有限公司的"天竹"（TANBOOCEL）品牌

（2）用途：可以进行纯纺、混纺或交织，以混纺、交织为多，与棉、麻、涤纶、锦纶等纤维的混纺或交织可以改善竹浆黏胶纤维湿强力低、耐用性稍差的不足，尤其适用于夏季用织物。目前，主要应用在衬衫、针织衫、休闲装、睡衣、浴袍、毛巾等方面。

（四）甲壳素纤维

甲壳素是一种天然有机高分子聚合物，广泛存在于虾、蟹动物的壳内以及藻类细胞壁中，蕴藏量极为丰富。甲壳素纤维是将甲壳素溶于一定溶剂中，经纺丝而成。由于其化学结构与纤维素类似，因此具有优良的吸湿性，吸汗保湿，穿着舒适。甲壳素纤维易于染色，还具有优异的抗菌、防臭功能，并具有良好的生物相容性，因此可制成医用缝线，术后无需拆线，可被人体自行吸收。目前，甲壳素纤维除用于医疗卫生领域外，在服装方面也得到了应用，主要用于高档内衣等与人体密切接触的纺织品，是很有发展前途的绿色纤维。

三、新型的合成纤维

新型的合成纤维主要包括差别化纤维和功能性纤维。差别化纤维一般是指经过化学或物理变化从而获得不同于常规纤维的化学纤维，其目的是改进常规纤维的服用性能，主要用于服装和服饰，如超细纤维、异形纤维等。功能性纤维是指具有特殊功能的纤维，主要用于产业及尖端行业，如耐高温纤维、防辐射纤维等。

（一）超细纤维

一般把细度在0.33dtex（0.3旦，直径5μm）以下的纤维称超细纤维或微细纤维，细度在0.44~1.1dtex（0.4~1.0旦）的纤维称为细特纤维。而常规纤维细度一般在1.1~11.1dtex（1~10旦），其中大多数在1.65~6.67dtex（1.5~6.0旦）。超细纤维主要以丙纶、涤纶和锦纶为主，大多采用长丝形式。

（1）特性：超细纤维手感柔软细腻、光泽柔和，再配合磨毛、砂洗等后整理工艺，使织物具有更完美的外观和手感；利用超细纤维织物先织布，然后在染整阶段将粗纤维分离成几十根超细纤维的工艺特点（图10-9），制成高密织物（图10-10），获得常规织造法无法达到的紧密度，从而具有防风、防雨、防羽绒钻出的性能，同时纱线之间的空隙大于水蒸气分子，而小于水分子，这样人体汗液可以以水蒸气分子的形式通过织物进行蒸发，而外界水分子不能进入织物，使织物具有防水透湿功能；超细纤维具有芯吸作用，虽然合成纤维的超细纤维本身不吸水，但可以利用毛细作用通过纤维之间的孔隙传输水分，同时保持人体皮肤干燥，提高织物的热湿舒适性；由于纤维较细，故单位细度的纱线中所包含的纤维根数比普通纤维多，纤维的比表面积大，纤维表面黏附的静止空气层较多，形成的织物较丰满，保暖性、覆盖性好。同时具有较强的吸附、过滤功能，可以高吸水、高吸油，具有高效的清洁能力。但不足是染色性能不佳，易染花，不易上染深色。

（2）用途：超细纤维的出现给合成纤维带来了新的外观和服用性能。目前主要用于仿麂皮织物、桃皮绒织物、防水防风防寒的高密织物、羽绒服面料、内衣、运动服用料等。此外超细纤维还广泛用于高性能的清洁布、人造皮革基布、高吸水材料等产品，极细纤维可用于过滤材料、人造器官等。

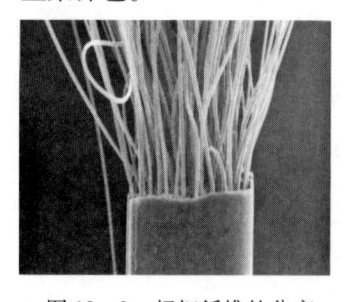

图10-9 超细纤维的分离

(a) 处理前　　　　　　　　　(b) 处理后

图 10-10　超细纤维织物处理前后

（二）异形纤维

异形纤维是指非圆形截面的纤维，通常采用特殊形状的喷丝孔来获得。目前已开发出三角形、Y形、十字形、T字形、五叶形、五角形、扁平形、豆形、工字形、中空等各种形状的纤维。

由于纤维的截面形状直接影响最终产品的光泽、耐污性、蓬松性、耐磨性、抗起毛起球性、吸湿吸水等特性，因此人们可以通过选用不同截面来获得不同外观和性能的产品。外观上，异形纤维发展早期开发的三角形截面的纤维具有蚕丝般闪耀的光泽，用于涤纶仿真丝面料的开发，如图 10-11（a）所示；如图 10-11（b）所示为五叶异形截面的纤维，其制品光泽柔和、手感丰满，绒毛蓬松，具有毛型感，常用于化纤仿毛织物、针织起绒外衣等，这方面的成功案例是我军97制服中军港呢的设计与开发；如图 10-11（c）所示为扁平形截面的纤维，其产品略带粗糙感，用于仿麻制品的开发；异形纤维相互间摩擦力大，纤维抱合好、不易滑出织物表面，可用于抗起毛起球织物的开发。性能上，中空截面纤维比普通纤维质轻、蓬松、保暖性好，可用于填充絮料、保暖材料；异形纤维有较大的比表面积、纤维间有水分传输的通道[10-11（d）、图 10-12]，因此吸附能力强，吸汗、导汗，同时干燥面积大、干燥速度快，故近年大量应用于运动服、运动休闲服、夏季服装中，称为吸水快干型面料。这方面的典型产品是美国杜邦公司开发的 Coolmax 纤维，称为四凹槽纤维（图 10-12），最早应用于运动服装。近年又开发了 Coolmax Everyday、Coolmax Active、Coolmax Extreme 三个品种，分别用于日常着装、运动装和极限比赛服等。除杜邦公司的产品外，中国台湾地区开发的十字形 Coolplus 纤维、Topcool 纤维和"W"形状截面的 Techonfine 纤维、中国仪征化纤有限公司开发的"H"形 Coolbst 纤维以及日本东洋纺公司的"Y"形 Triactor 纤维[图 10-11（d）]等都是类似产品。

（三）复合纤维

复合纤维是指在同一根纤维截面上存在两种或两种以上不相混合的聚合物的

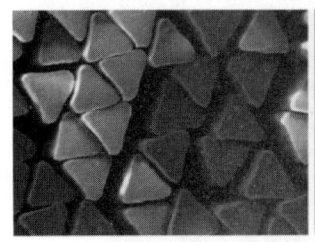

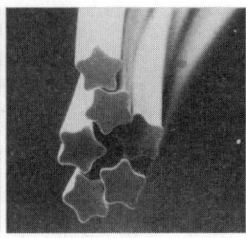

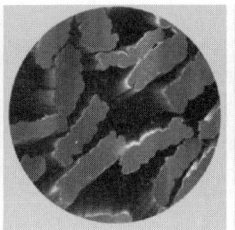

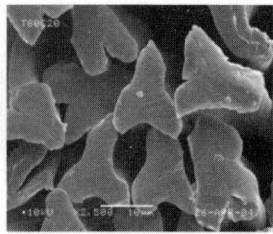

(a)三角形纤维　　　(b)五叶异形纤维　　　(c)扁平形纤维　　　(d)Y形截面纤维

图 10-11　几种异形纤维的形状

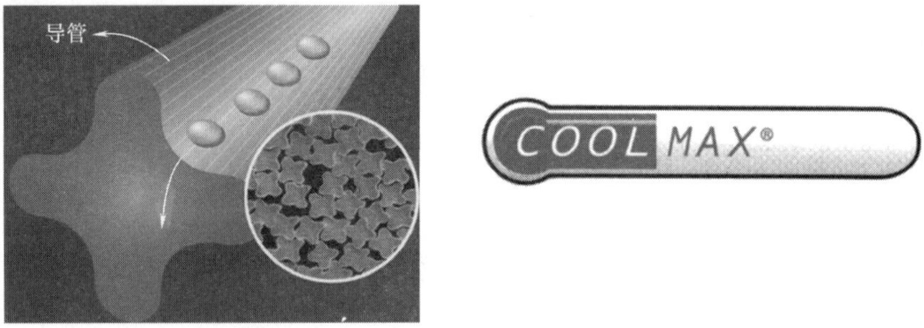

(a)异形纤维导水原理　　　　　　　(b)杜邦公司的Coolmax标志

图 10-12　异形纤维导水原理及 Coolmax 标志

纤维。复合纤维按所含组分的多少分为双组分和多组分复合纤维。按各组分在纤维中的分布形式可分为并列型、皮芯型、放射型、海岛型等（图 10-13）。

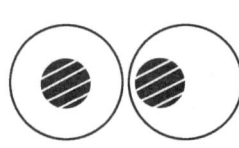

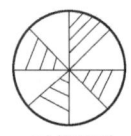

(a)并列型　　　(b)皮芯型　　　(c)放射型　　　(d)海岛型

图 10-13　双组分复合纤维的横截面示意图

由于构成复合纤维的各组分高聚物的性能差异，使复合纤维具有很多优良的性能。并列型复合纤维常常利用不同组分的收缩性不同，形成具有稳定的三维立体卷曲的纤维，如涤/锦复合纤维、PET/PTT 纤维，其纱线具有蓬松、富有弹性、纤维间抱合好等优点，产品具有一定的毛型感。锦纶作皮层、涤纶作芯的皮芯复合纤维，既有锦纶的染色性和耐磨性，又有涤纶挺括、保型的优点。此外还可以通过不同的复合加工制成具有阻燃、导电、芳香等功能的复合纤维。将阻燃物质加入到皮芯型复合纤维的皮层形成阻燃纤维；将炭黑等导电物质加入到偏皮芯型复合纤维的芯部制成导电纤维；或以低熔点高聚物（如聚乙烯）做皮、高熔点高聚物（如聚丙烯）做芯形成热黏接纤维。用复合纺丝方法形成的功能性纤维，既获得了特殊的功能，又可达到良好的服用性能，如炭黑导电物质的加入不影响面料染色、热黏接纤维皮层熔融后不会显著影响织物的手感。

总之，尽管超细纤维、复合纤维、异形纤维已经出现了几十年，但在近年的应用中还在不断开拓新领域，赋予其新功能。

（四）聚乳酸纤维（PLA 纤维）

聚乳酸纤维也称 PLA 纤维，它是以玉米、小麦等淀粉为原料，经发酵和蒸馏的方法提取乳酸，再聚合成聚乳酸，通过熔融纺丝而制成的合成纤维。由于以玉米为原料俗称玉米纤维。与其他合成纤维不同的是，该纤维采用可种植的农作物为原料，不使用石油等化工原料，更独特的是其废弃物在土壤和海水中的微生物作用下，可分解成二氧化碳和水，具有良好的生物降解性，不会污染环境。因此是一种新型环保纤维。目前 PLA 纤维已在美国、日本等国家实现工业化生产，其商品名为索罗那 Sorona、Lactron。

聚乳酸纤维与同属合成纤维的涤纶性能有一定的相似之处，强度高，伸长大，回潮率低，易洗快干，服装保型性、抗皱性良好。聚乳酸纤维的密度、模量介于涤纶与锦纶之间，即成丝比涤纶轻、比锦纶重；手感比涤纶柔软、但比锦纶挺括。聚乳酸纤维还具有良好的生物相容性及耐气候性，但是聚乳酸纤维的耐热性差，熔点低。作为服装材料，该缺点既影响染色性能又不方便熨烫加工，且其成本较高，应用受到一定的限制，然而它却是一种很有发展前景的绿色环保纤维。聚乳酸纤维可纯纺、可混纺，用于服装、窗帘与台布等家用纺织品、包装袋与土工布等产业用纺织品、生物医用材料以及卫生用品等。

（五）PTT 纤维

PTT 纤维是聚对苯二甲酸 1，3 丙二醇酯纤维的英文缩写。PTT 纤维与 PET（聚对苯二甲酸乙二醇酯）纤维即涤纶、PBT（聚对苯二甲酸 1，4 丁二醇酯）纤维同属聚酯大家族中的一员。因纤维结构相近，因此 PTT 纤维与涤纶性能有很多相似之处。

PTT 纤维兼有涤纶和锦纶的特性。染色性能上，PTT 纤维优于涤纶、不如锦纶，改善了涤纶高温高压的染色不足；手感上，PTT 纤维比涤纶软、比锦纶刚，既有较好的服装保型性，又改善了运动舒适性；弹性上，优于涤纶、小于锦纶，有着较好的弹性回复性；耐热性能上，PTT 纤维不如涤纶、与锦纶接近。总之，PTT 纤维拉伸弹性回复性好，可常压沸染，手感较柔软。此外，PTT 纤维仍然保持了涤纶强度高、干爽、抗皱性好等特点。适合开发职业装、西服等各类服装面料。

（六）聚乙烯醇—大豆蛋白纤维

利用榨油后的大豆豆粕为原料，通过化学、生物化学的方法提取球状蛋白质和羟基高聚物接枝、共聚共混（如大豆球蛋白和 PVA 单体或 PAN 单体进行接枝、共聚共混），通过添加功能性助剂，改变蛋白质的空间结构，经湿法纺丝而成的纤维市场上称之为"大豆蛋白纤维"。严格来说，大豆蛋白纤维应定义为"含大豆植物蛋白质的 PVA 纤维（维纶）或 PAN 纤维（腈纶）"。根据公开的专利文献报道，"大豆蛋白纤维"中，植物蛋白质占总量的 23%～55%（大多为 30% 左右），聚乙烯醇和其他成分占总量的 77%～45%。因此不能把它归为再生蛋白质纤维，本教材将其归为改性的维纶或腈纶。

尽管如此，大豆植物蛋白多分布于纤维的表层，故在一定程度上发挥了蛋白质的作用。该纤维有着羊绒般的柔软手感，蚕丝般的柔和光泽，棉的保暖性和良好的亲肤性等优良性能，还有一定的抑菌功能，物理机械性好，强度高。但该纤维本色为淡黄色，对其染色及颜色鲜艳度有一定的影响；耐热性差，尤其不耐湿热。

聚乙烯醇——大豆蛋白纤维与羊绒混纺，可获得与纯羊绒一般的滑糯、轻盈、柔软；与羊毛混纺能保留精纺面料的光泽和细腻感，增加滑糯手感，是生产轻薄、柔软型高级西装和大衣的理想面料；与真丝交织或与绢丝混纺制成的面料，既能保持丝绸亮丽、飘逸柔滑的特点，又能提高其强度，是制作睡衣、衬衫、晚礼服等高档服装的理想面料。此外，聚乙烯醇——大豆蛋白纤维与亚麻等麻纤维混纺，是制作夏季服装的理想面料；与棉混纺的低特纱，是制造高档衬衫、高级寝卧具的理想材料，再加入少量氨纶，手感柔软舒适，用于制作 T 恤、内衣、沙滩装、休闲服、运动服、时尚女装等，极具休闲风格。

另外，将脱脂牛奶中分离出的蛋白质，添加到聚丙烯腈中经湿法纺丝加工而成的纤维，市场上称为"牛奶丝"。"牛奶丝"具有与"大豆蛋白纤维"相似的纤维结构与性能。

（七）环保再生涤纶

随着全球石油资源的枯竭，制取合成纤维（特别是用量最大的涤纶）的原料资源紧缺问题越来越严峻，作为解决该问题的手段之一，以聚酯可乐瓶回收料为原料，经特殊聚合纺丝技术生产出品质良好的再生涤纶。图 10-14 是 SHINKONG 公司的再生涤纶的标志。再生涤纶的开发，一方面可以减少可乐瓶废料对环境的污染，另一方面还可减少石化原料的使用量，降低 CO_2 排放及能源的损耗，成为合成纤维未来发展的方向。该纤维已开发出不同规格的长丝、短纤

图 10-14　SHINKONG 公司的再生涤纶的标志

维,如 5.6tex（50 旦）/72f、8.3tex（75 旦）/72f~16.7tex（150 旦）/144f 等。可用于工作服、衬衫、外套、裙子、贴身衣物、帽子、手套等各类产品。

（八）芳纶

芳纶是一种耐高温并且具有超高强度的新型高性能合成纤维，常用的是芳纶1313和芳纶1414两种。芳纶1313常见的商品名为Nomex，耐高温性突出，熔点为430℃，能在260℃下持续使用1000h，强度仍保持原来的65%~70%；阻燃性好，在350~370℃时分解出少量气体，不易燃烧，离开火焰自动熄灭；耐化学药品性能强，长期受硝酸、盐酸和硫酸作用，强度下降很少；具有较强的耐辐射性能，耐老化性好。因此Nomex纤维广泛应用于消防服、阻燃手套、防火帘、飞行服、高级轿车用装饰织物等，还用于航天工业，如美国阿波罗宇航服中就有Nomex和无机纤维的混纺织物。芳纶1414常见商品名为Kevelar，是一种超高强纤维，具有超高强度和超高模量。Kevelar的强度为钢丝的5~6倍，而重量仅为钢丝的1/5。而且耐高温性和耐化学腐蚀能力较强，广泛应用于高级汽车轮胎帘子线、防弹衣、特种帆布等产品中。

四、其他纤维

其他纤维中重点介绍碳纤维。碳纤维是由碳元素组成的纤维状物质，是一种新型的非金属材料。目前常用的加工方法是将有机纤维在1000℃以上碳化，使纤维中含碳量在85%以上，原料使用较多的是聚丙烯腈基和黏胶基、纤维素基等。

碳纤维及用碳纤维制成的增强复合材料具有十分优异的力学性能，此外还具有一般碳素材料的各种优良性能，如相对密度小、耐烧蚀、耐化学腐蚀、耐热、热膨胀小、抗辐射等。根据碳纤维功能种类可分为受力结构碳纤维、耐燃碳纤维、活性炭纤维（吸附活性）、导电用碳纤维和耐磨性碳纤维等。

第二节 服装用新型纱线

传统的环锭纱已沿用多年，它有很多优点，如纱线结构合理、纱线结实、耐磨耐用，但工序长、对纤维要求高，纱线表面附着毛羽。毛羽的存在，不仅影响成品的光洁度，严重者使织布工序无法正常进行，因此各种针对环锭纺的改进工艺以及各种新型的纺纱方法也不断出现，如气流纺、涡流纺、尘笼纺等。各种改进型和新型纺纱方法纺制的纱线，一方面是为了提高纱线品质、提高效率、降低成本，另一方面也丰富了成品外观。

1. 集聚纺（紧密纺）纱线

集聚纺（紧密纺）（Compact spinning）纱技术是对传统环锭纺纱的改进，主要目的是为了消除或减少纱线表面的毛羽。集聚纺（紧密纺）纱线的毛羽大大减少，纱线结构更紧密，成纱强度提高，减轻上浆负担（可以上薄浆），可取消烧毛工序。这样不仅减少工序，而且更加环保（如烧毛工序的污染）。纱线结构紧密，可以获得挺爽风格的面料。常用于工装、职业服等耐磨要求较好的服装。

2. 赛络纺纱线

赛络纺（Sirospun）纱是两根单纱各自加捻并同时合股加捻，且捻向相同。在并捻过程中纤维毛羽被夹持、紧贴于纱线表面。其纱线特点是工序短，成本低，纱线截面呈圆形，毛羽少，纱线表面较光洁，织物表面顺滑。赛络纺纱线可以很方便地将两种原料（A 和 B）以 AA + BB 或 AB + AB 等方式并合在一起，构成多层次结构的纱线，为开发新产品提供原料。

3. 赛络菲尔纺纱线

赛络菲尔纺（Sirofil）是将 Sirospun 纺纱法中其中的一根以涤纶或锦纶长丝替代，长丝与短纤维纱交并、加捻、缠绕。赛络菲尔纺纱线可获得细特纱、加工效率高、成本低，特别是长丝与短纤维纱一步并合，可以将两种原料复合在一根纱线中，有利于发挥不同原料的特点。用于轻薄型、细特纱面料，可获得新的视觉效果。

4. 气流纺（转杯纺）纱线

与环锭纺相比，气流纺（Rotor spinning）对纤维原料的要求低。气流纺纱蓬松、耐磨，条干均匀，染色性能良好，棉结杂质和毛羽少，缺点是强力较传统的环锭纺纱线低。气流纺纱主要用于机织物中蓬松厚实的平布，起毛均匀、手感良好的绒布，绒条圆润的灯芯绒，还可用于针织品中的棉毛衫、内衣、睡衣、衬衫、裙子和外衣等。

5. 涡流纺纱线

涡流纺纱（Vortex yarn）是利用压缩空气的涡流进行纺纱。压缩空气的涡流使纤维一端位于纱芯，呈近乎直线无捻状态，另一端与其他纤维缠绕形成纱线外层。涡流纱上弯曲纤维较多，毛羽少，染色性较好，但强度较低，条干均匀度较差。多用于起绒织物，如绒衣和运动服等。

6. 包缠纺纱线

包缠纺纱线（core spun yarn），是由长或短纤维组成纱芯，纱芯纤维无捻，呈平行状，外缠单股或多股长丝线。包缠纺纱线的强力、耐磨等品质均比环锭纱好，且手感蓬松、柔软。

7. 尘笼纺纱线

尘笼纺纱又称摩擦纺（Friction spinning）纱，其纱线结构呈皮芯型，纱芯比较坚硬,皮层比较松软,缺点是纱线特数较高,主要用于工业纺织品和装饰织物。

第三节 服装新面料

一、新外观面料

(一) 针织仿机织面料

1. 针织仿机织正装面料

针织面料因其柔软、舒适、便于运动、随意自然等特点,长期以来一直用于内衣、运动服装、休闲装等领域,而近年针织时装面料已较为成熟,针织面料在正装领域的延伸也初见端弥。采用提花组织、双面组织,再利用羊毛的缩绒性,使纯毛或毛混纺针织面料既有较好的保型性,又有适当的弹性、延伸性,外观酷似机织面料,多仿造法兰绒、条花呢、苏格兰格花呢、犬牙格花呢、人字纹花呢等(图10-15),大大拓宽了针织面料的应用领域。

(a) 仿犬牙格花呢    (b) 仿人字纹花呢

图 10-15 针织仿毛花呢面料

2. 针织水洗牛仔布

与其他针织仿机织面料一样,针织牛仔面料获得了与机织牛仔极为相似的粗斜纹的纹理外观,更为特别的是对针织牛仔布所进行的仿旧、磨白、褶皱效果也能栩栩如生(图10-16),针对针织面料特点改进了水洗整理工艺,从而获得了针织牛仔的一整套工艺。自2008年面世,掀起了一股针织牛仔风暴。

（二）变色面料

面料或服装染色一般要求颜色稳定。但自然界中，一些动植物会随着环境变化而改变自身的颜色。人类借助于仿生学的原理，也开发出随环境条件变化而改变颜色的变色面料及服装。无论从时尚还是实用的角度来说，颜色变化所产生的特殊效果既丰富了视觉效果又有其实用的功能与用途。能引起面料颜色变化的外界条件有光线、温度、电压、pH 值以及湿度等，变色面料的出现满足了人们个性化的需求。

1. 光致变色面料

光致变色面料的颜色能够随辐射光的波长不同或光的强度不同而发生变化。光致变色材料分为可逆和不可逆变色两类。可逆的光致变色现象是指一种化合物受一定波长光的照射，发生特定的化学变化而生成另一种产物，由于结构的改变导致其吸收光谱发生明显的变化，在另一波长光的照射或热的作用下，又回复为原来的物质，产生原来的吸收光谱。

图 10-16　针织牛仔服装（上下装）

光致变色产品的加工是把光致变色材料进行处理，溶于塑料、涂料、纤维中或印染到布上。用这种塑料或布制成的各种日用品、服装或装饰物，在室内或无阳光情况下，它们是本色；当在阳光照射下，就会变化成各种颜色。塑料制品会呈现出彩色图案，服装或装饰物则呈现出漂亮的彩色画面，涂成各种图案的涂料在日光下也变得艳丽多彩；没有阳光时，它们又会回复到原来的本色状态。如光致变色窗帘可以在白天与夜晚给人带来完全不同的氛围。

光致变色材料可用于各种日用品、服装、装饰品、玩具、童车或涂覆到内外墙上、公路标牌和建筑物等的各种标志、图案，在光照下会呈现出色彩丰富、艳丽的图案或花纹，美化人们的生活及环境；可以做成透明塑料薄膜，贴到或嵌入汽车玻璃或窗玻璃上，日光照射马上变色，使日光不刺眼，保护视力，保证安全，并可起到调节室内和汽车内温度的作用；变色眼镜也是同样的原理；还可以溶入或混入塑料薄膜中，用作农业大棚塑料膜，增加农产品、蔬菜、水果等的产量。还有一个重要的用途是用作军事上的隐蔽材料，如军事人员的服装和战斗武器的外罩等。我国还将光致变色材料用于某些烟酒产品的防伪识别商标上。光致变色材料在民用服装上的应用也已出现，已经见到 T 恤上印有光致变色材料的图案；将光致变色染料通过熔融纺丝或湿法纺丝应用到涤纶、锦纶或其他纤维上，在紫外线照射下发生颜色的变化；此外已有能够产生光致变色的毛纺面料问世。

2. 温致变色面料

胆甾型液晶材料的取向能随温度变化而变化，引起光线的变化，从而导致颜色变化。虽然胆甾型液晶材料不能与面料直接结合，但是通过微胶囊封装后，就可以通过印花方法整理到织物上，已经有用此方法的锦纶/莱卡面料做成泳衣，具有很好的耐洗牢度，但是耐紫外线性能较差。还有一种温致变色染料本身无色，但是可以在酸性条件下变色，通过与低熔点石蜡结合，从而具有温致变色性能。另外，与传统染料结合染色，面料随着温度的变化能呈现多种颜色，但是其色牢度较差。

3. 电致变色面料

电致变色面料能根据外界电场的存在与否改变颜色，在电激发后颜色变成不同于电激发前的颜色。该面料可用于柔性显示器、隐形衣和时装等方面，但目前耐用性较差、价格较高。

二、新功能面料

在许多场合，穿着的服装需要具有特殊的功能，传统面料无法满足这些特殊的功能要求，于是借助于新型的微胶囊技术、纳米技术、成膜技术开发出多种多样的功能面料。

（一）防水透湿面料

防水透湿面料是指水在一定压力下不能渗入面料，而人体散发的汗液却能以水蒸气的形式通过面料传递到外界（图10-17），从而避免汗液积聚、冷凝在体表与面料之间，以保持服装的舒适性，这是一种高技术的功能性面料。

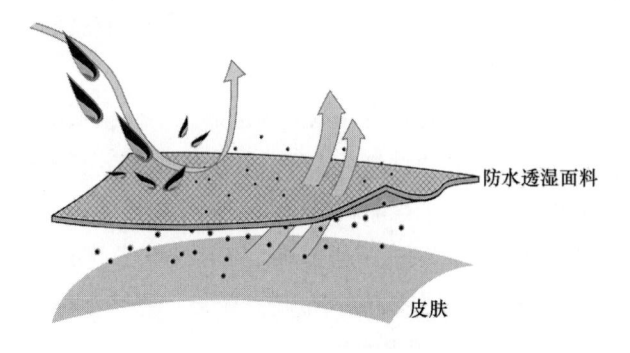

图 10-17　防水透湿原理

目前使用效果较好的防水透湿面料，一种是将聚四氟乙烯（PTFE）膜与面料复合层压，开发出防水透湿性能非常优异的面料。Gore-tex® 就是这种防水透湿面料的代表。这种面料利用聚四氟乙烯优异的拒水功能及其独特的超微孔薄膜（图10-18），使其能够通过直径较小的汗气分子而阻挡住直径很大的水分子，

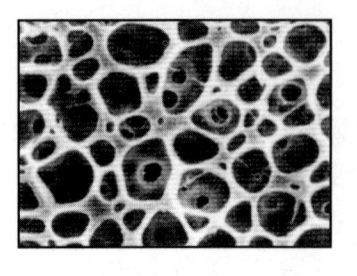

图 10-18 超微孔薄膜放大效果

从而获得了防水透湿功能，同时还具有防风性能。但因聚四氟乙烯（PTFE）膜的弹性不佳，这种面料在折叠或褶皱处易发生折裂现象。因此又出现了另一种防水透湿面料，它是将热塑型聚氨酯薄膜（TPU）与面料复合，TPU属于无孔亲水性薄膜。由于薄膜本身没有孔隙，防水效果自然很好，同时还使面料防风保暖。其透湿主要通过亲水特性来实现，依靠衣服内外蒸汽压的差异，将蒸汽从压力高的地方转移到低的地方，从而实现透湿的功能。

防水透湿面料主要用于户外运动服、职业服，如滑雪衫、骑行服、登山服、风雨衣、羽绒服、军装、警服、救援服等，甚至还用于家用纺织品、医疗防护用品、帐篷等产品。

（二）"形状记忆"面料

迄今为止，具有形状记忆的材料有记忆合金、陶瓷、高聚物等。它们具有在温度、化学物质等外界刺激下记忆回复到预先设定形状的能力。将某种形状记忆材料（如高聚物）添加到纤维中或涂覆在织物表面，就形成了形状记忆面料（Sharp memory fabric）。

早期的形状记忆面料使用金属纤维与其他纤维混纺。英国某防护服装研究机构，用形状记忆钛镍合金纤维研制了一种用于防烫伤的服装。当人体所处的周围环境温度升高时，该形状记忆纤维就回复成预定型的膨胀状态，从而与人体分离，保护人体不受高温的伤害。但形状记忆金属纤维质量较重，且服装舒适性较差、加工工艺复杂。之后将形状记忆高聚物添加在涤纶、锦纶等纤维中，近来又开发了PTT形状记忆纤维。

形状记忆面料能够拥有任意的预定形态、任意平整度或任意褶皱形态，用不同的热触发方式（如热水洗涤、滚筒式烘干或汽蒸）后即可完全恢复预定状态，保型具有永久性。用形状记忆面料做成的西装、制服等具有免烫、易护理的优点。

形状记忆面料可供现代快节奏生活的人士、上班族人士及其他追求方便快捷人士制作西服、衬衫、风衣、夹克、套装、羽绒服等各类服装，另外特种防护服装也是形状记忆面料的重要用途。

（三）调温面料

人们想象着如果服装能够具备蓄热和降温的作用那将会给人们的生活带来极大的变化。为了达到这一目标，现代科学技术将相变原理及相变材料应用到服装上，从而开发出冷暖皆宜的调温面料。相变材料（Phase Change Material）是一种在确定温度范围内可以改变自身聚集状态的物质，且在相变过程中体积变化很小（简称 PCM 材料）。如在自然界中从水蒸气变成液态水再变成冰，就是一种相变过程。在环境温度提高时，相变材料吸收并储存热量，由固态变为液态；而当环境温度降低时，相变材料由液态变为固态，放出热量，以补偿人体热量的损失。相变原理示意图见图 10 - 19。将这种具有调温功能的相变材料包裹在微胶囊中并添加到纤维中（图 10 - 20）或整理到面料表面，就可以发挥其作用。利用该原理制成的调温功能材料以美国的 Outlast 品牌最为著名（图 10 - 20 是 Outlast 品牌的标志）。目前 Outlast 纤维以黏胶或腈纶为基体，其中添加 3% ~ 5% 的微胶囊。

相变材料的调温功能面料分别有三种环境下使用的产品，温度变化范围在 18 ~ 29℃ 的严寒气候下、26 ~ 38℃ 的温暖气候下、32 ~ 43℃ 的酷热和大运动量时，可根据用途进行选择。

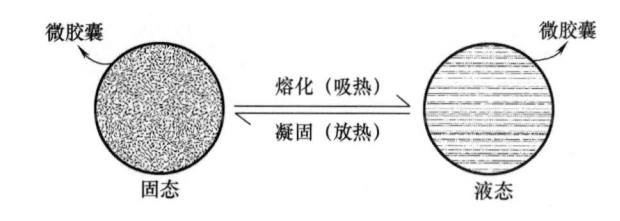

图 10 - 19　相变材料原理图

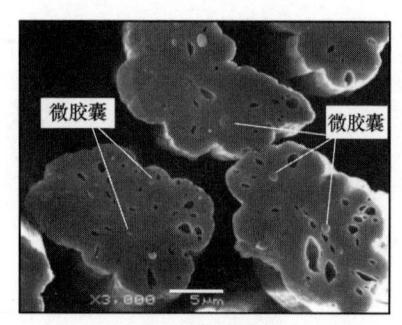

图 10 - 20　Outlast 品牌及纤维中的微胶囊

除了相变材料外，还可以通过一种特殊的仿生学薄膜在温度变化时发生反应来调温。当周围环境温度或体温升高时，身体需排除的湿气也随之增加，该薄膜结构可敞开来迅速释放大量的蒸汽；而体温开始下降时，水气便无需排出，此时薄膜将回复闭锁状态，除了维持体温外亦能抵挡寒意。

1997 年初调温纤维制品就已经在美国市场化，包括服装、绷带、滑雪衫、手套、袜子和帽子等产品。目前世界上一些体育运动用品公司已将蓄热调温纤维或泡沫用于其新产品的开发，产品囊括了体育运动服装的各个方面。2002 年以来，调温纤维更是被广泛地应用于汽车装饰织物。

(四) 拒水、拒油、防污面料

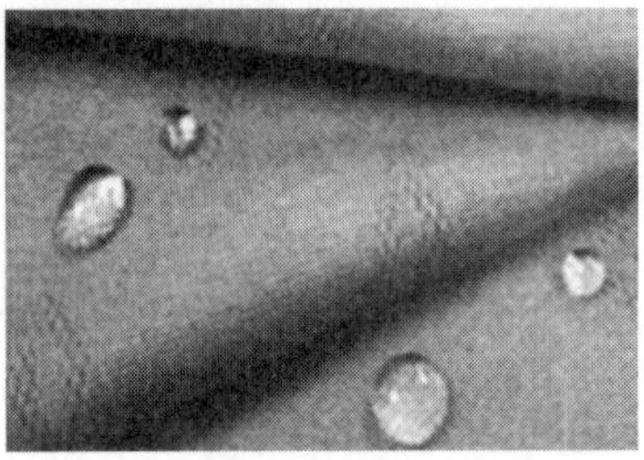

"荷叶效应"是自然界中植物拒水的成功典范。水滴在荷叶上以圆珠状滚动而不铺展于荷叶上，人类再一次利用仿生学原理、借助于"荷叶效应"开发出拒水、拒油、防污功能面料（图10-21）。用具有低表面张力的纳米整理剂处理织物，改变纤维的表面特性，在织物表面构造起荷叶的纳米结构，使织物表面不易被水、油或污物润湿和铺展，从而达到拒水、拒油、防污的目的。经过拒水、拒油整理的面料，不易沾染油污，容易清洗。

图10-21 拒水织物效果

拒水、拒油、防污功能的面料适用于西服、休闲服、工作服、运动服、帽、手套、鞋类等各种用途，特别是登山服等户外运动服装、野外作业服装、风雨衣以及要求易清洗的羽绒服、领带等产品。还可用于室内装饰布及帐篷、雨伞等户外用品。

习题与思考题

1. 请把你所认识的新型纤维按传统的分类方法（天然纤维、再生纤维、合成纤维）进行分类。
2. 谈谈你对某一种新型纤维的认识。
3. 选择一种新型纤维，到市场调研它的用途，列出该新型纤维产品的品牌、价位、在产品中的应用情况、产品的特点或功能。

参考文献

[1] Price A., Cohen C. A., Johnson I. Fabric Science [M]. eighth edition, New York: Fairchild Publication, Inc. 2005.

[2] Fabric Science, Swatch Kit [M]. NewYork: Fairchild Publication, Inc. 2005.

[3] Mary Humphries, Fabric Reference [M]. Fourth Edition, Pearson Education, Inc., Upper Saddle River, New Jersey. 2009.

[4] 姚穆. 纺织材料学 [M]. 2版. 北京: 纺织工业出版社, 1990.

[5] 朱松文, 刘静伟. 服装材料学 [M]. 4版. 北京: 中国纺织出版社, 2010.

[6] 孔繁薏, 姬生力. 中国服装辅料大全 [M]. 2版. 北京: 中国纺织出版社, 2008.

[7] 濮微. 服装面料与辅料 [M]. 北京: 中国纺织工业出版, 1998.

[8] 杨静. 服装材料学 [M]. 2版. 北京: 高等教育出版社, 2007.

[9] 陈继红, 肖军. 服装面辅料及应用 [M]. 上海: 东华大学出版社, 2009.

[10] 章以庆, 张月英. 服装材料 [M]. 台湾: 矩阵出版股份有限公司, 1984.

[11] 王革辉. 服装材料学 [M]. 2版. 北京: 中国纺织出版社, 2008.

[12] 吴微微. 服装材料学 基础篇 [M]. 北京: 中国纺织出版社, 2009.

[13] 吴微微. 服装材料学 应用篇 [M]. 北京: 中国纺织出版社, 2008.

[14] 刘国联. 服装材料学 [M]. 上海: 东华大学出版社, 2006.

[15] 朱远胜, 林旭飞, 史林, 等. 面料与服装设计 [M]. 北京: 中国纺织出版社, 2008.

[16] 武荣锐, 张天骄. 成纤聚合物的合成与改性 [M]. 北京: 中国石化出版社, 2003.

[17] Karen L. Labat, Carol J. Salusso. Classification & Analysis of Textiles [M]. A Handbook. 1992.

[18] Majory L. Joseph, Introductory Textile Science [M]. 1986.

[19] Bernard P. Corbman, Textiles, Fiber to Fabric [M]. sixth edition, McGraw-Hill Book Co. Singapore. 1983.

[20] 上海纺织工业局. 纺织品大全 [M]. 北京: 中国纺织工业出版社, 1992.

[21] 李世波. 针织缝纫工业 [M]. 北京: 纺织工业出版社, 1985.

[22] 韩清标. 毛皮化学及工艺学 [M]. 北京: 轻工业出版社, 1990.

[23] 郭一飞. 皮革服装设计与制作 [M]. 北京: 轻工业出版社, 1994.

[24] 李一, 王杰. 藏羚羊绒的细度研究 [J]. 上海纺织科技, 2008, 36 (10): 1.

[25] 林红. 柞/桑弹力真丝的性能研究 [J]. 丝绸. 1999 (7): 15-17.

[26] 陈宇岳. 差别化柞/桑弹力真丝的形态与性能研究 [J]. 纺织学报, 2000 (4): 18-20.

[27] 徐国祥. 工艺条件对桑蚕蓬松丝性能的影响及机理研究 [J]. 苏州丝绸工学院学报, 1994 (3): 16-22.

[28] LY/T 1792—2008《纺织用竹纤维》.

[29] WANG Yueping, WANG Ge, CHENG Haitao, et al. Structures of Bamboo Fiber for Textiles [J]. Textile Research Journal, 80 (4), 2010, 334–343.

[30] 邢声远. 纤维词典 [M]. 北京：化学工业出版社，2007.

[31] Merkel. R. S. Textile Products Serviceability by Specification [M]. New York：Macmillan Publishing Co., 1991.

[32] 中国纺织工业协会. 2005/2006 中国纺织工业发展报告 [M]. 北京：中国纺织出版社，2006.

[33] 赛尔咨询编辑部. 2006/2007 中国制衣工业商务年鉴（面辅料卷）[M]. 北京：统计年鉴出版社，2007.

[34] 陈燕琳，袁公松. 服装色彩与材质设计 [M]. 北京：中国纺织出版社，2008.

[35] 张红霞，桂家祥. 纺织品检测实务 [M]. 北京：中国纺织出版社，2007.

[36] 万融，邢声远. 服用纺织品质量分析与检测 [M]. 北京：中国纺织出版社，2006.

[37] 中国纺织工业协会产业部. 生态纺织品标准 [M]. 北京：中国纺织出版社，2003.

[38] 朱秀丽. 服装制作工艺（基础篇）[M]. 北京：中国纺织出版社，2002.

[39] 刘国联. 服装厂技术管理 [M]. 北京：中国纺织出版社，2001.

[40] 刘静伟. 服装材料的认识选择与应用 [M]. 北京：中国纺织出版社，1998.

[41] 周宏湘. 服装选购与保养 [M]. 北京：纺织工业出版社，1991.

[42] 张文斌. 服装工艺学（成衣工艺分册）[M]. 2版. 北京：中国纺织出版社，1993.

[43] 威尼弗雷·奥尔德里奇. 面料立裁纸样 [M]. 北京：中国纺织出版社，2001.

[44] 《纺织品大全》（第二版）编辑委员会. 纺织品大全 [M]. 2版. 北京：中国纺织出版社，2005.

[45] 王庆珍. 纺织品设计的面料再造 [M]. 重庆：西南师范大学出版社，2007.

[46] 李汝勤，宋钧才. 纤维和纺织品测试技术 [M]. 2版. 上海：东华大学出版社，2005.

[47] 鲍卫君. 服装现代制作工艺 [M]. 杭州：浙江大学出版社，2005.

[48] 滑钧凯. 服装整理学 [M]. 北京：中国纺织出版社，2005.

[49] 张辛可. 服装材料学 [M]. 石家庄：河北美术出版社，2005.

[50] Kadolph. S. Quality Assurance for Textiles and Apparel [M]. New York：Fairchild Publications Inc., 1998.

[51] American Association of Textile Chemists and Colorists. Analytical Methods for a Textile Laboratory [M]. North Carlolina：Research Triangle Park, 1996.

[52] 于伟东. 纺织材料学 [M]. 北京：中国纺织出版社，2006.

[53] 陈东生，甘应进. 新编服装材料学 [M]. 北京：中国轻工出版社，2001.

[54] 阿瑟·普莱斯. 织物学 [M]. 祝成炎，虞树荣，译. 北京：中国纺织出版社，2003.

[55] Warner, S. B. Fiber Science [M]. New Jersey：Prentie Hall, Inc., 1995.

[56] Iavner, J. Woven Fabric and Yarn Analysis [M]. New York：Fashion Institute of Technology, 1996.

[57] Spencer, D. J. Knitting Technology [M]. New York：Pergamon Press, 1989.

[58] Tay, G. A. Fundamentals of Weft Knitted Fabrics [M]. New York：Fashion Institute of Technology, 1996.

[59] 成濑信子. 基础被服材料学 [M]. 3版. 东京：日本文化出版局，1997.

[60] 服装文化协会. 服装大百科事典（上卷、下卷）[M]. 增补版. 东京：日本文化出版局，1990.

[61] 文化女子大学被服构成学研究室. 被服构成学 [M]. 东京：日本文化出版局，1995.

附录一
主要服用纤维性能表

性能 \ 纤维	棉	羊毛	桑蚕丝	麻	
				亚麻	苎麻
断裂强度（干态）（cN/dtex）	2.65~4.32	0.88~1.50	2.65~3.53	4.94~5.56	4.94~5.73
断裂强度（湿态）（cN/dtex）	2.91~5.64	0.67~1.44	1.85~2.47	5.12~5.82	5.12~6.79
湿、干强度比（%）	102~110	76~96	70	108	118
断裂伸长率（干态）（%）	3~7	25~35	15~25	1.5~2.3	1.8~2.3
断裂伸长率（湿态）（%）	7~11	25~50	27~33	2.0~2.3	2.2~2.4
弹性回复率（%）	74（伸长2%时），45（伸长5%时）	99（伸长2%时），63（伸长20%时）	54~55（伸长8%时）	84（伸长1%时）	84（伸长1%时），48（伸长2%时）
初始模量（cN/dtex）	59.98~82.03	9.70~22.05	44.10~88.20	132.30~233.73	163.17~357.21
密度（g/cm³）	1.54	1.32	1.33~1.45	1.54~1.55	
回潮率（%）（20℃，RH65%）	7	16	11	12~13	
耐热性	不软化，不熔融，120℃下5h发黄，150℃分解	100℃开始发黄，130℃分解，300℃炭化	235℃分解，275~405℃燃烧	130℃下5h即变黄，200℃分解	
耐日光性	强度稍有下降	发黄，强度下降	不佳，日晒后强度显著下降	强度几乎不下降	
耐酸性	热稀酸、冷浓酸可使其分解，并溶于浓硫酸，在冷稀酸中无影响	热硫酸使其分解，对其他强酸和弱酸有抵抗性	热硫酸能使其分解，对其他酸的抵抗力比羊毛稍差	在热酸中受损伤，在浓硫酸中膨胀溶解	
耐碱性	在苛性钠溶液中发生膨润（丝光化），但不损伤其强度	在强碱中分解，弱碱对其有损伤，在冷的稀碱中搅拌产生缩绒	丝胶在碱中易溶解，部分丝素被侵蚀，但耐碱性比羊毛稍强	在碱中发生膨润，但不损伤其强度	
耐其他化学药品	可用次氯酸、过氧化物漂白	可用过氧化物或二氯化硫气体漂白	同羊毛	与棉相似	
耐磨性	尚好	一般	一般	尚好	
耐虫蛀及霉菌	耐蛀不耐霉	不耐虫蛀，耐霉菌	不耐虫蛀，耐霉菌	同棉，但耐霉能力优于棉	
热导率[W/(m·℃)]	0.071~0.073	0.052~0.055	0.050~0.055	—	

续表

性能 \ 纤维	黏胶纤维				聚酯纤维（涤纶）			聚酰胺纤维（锦纶）		
	短纤维		长丝		短纤维	长丝		短纤维	长丝	
	普通	强力	普通	强力		普通	强力		普通	强力
断裂强度（干态）(cN/dtex)	2.21~2.73	3.18~3.70	1.50~2.03	3.00~4.59	4.15~5.73	3.79~5.29	5.56~7.94	3.97~6.62	4.23~5.64	5.64~8.38
断裂强度（湿态）(cN/dtex)	1.23~1.76	2.38~2.91	0.79~1.06	2.21~3.62	4.15~5.73	3.79~5.29	5.56~7.94	3.26~5.64	3.70~5.20	5.20~7.06
湿、干强度比（%）	60~66	70~75	45~55	70~80	100	100	100	83~90	84~92	84~92
断裂伸长率（干态）（%）	16~22	19~24	18~24	7~15	20~50	20~32	7~17	25~60	28~45	16~25
断裂伸长率（湿态）（%）	21~29	21~29	24~35	20~30	20~50	20~32	7~17	27~63	36~52	20~30
弹性回复率（%）（伸长3%时）	55~88		60~80		90~99	95~100		95~100	98~100	
初始模量（cN/dtex）	26.46~61.74	44.10~79.38	57.33~70.56	97.02~141.12	22.05~61.74	79.38~141.12		7.06~26.46	17.64~39.69	23.81~44.10
密度（g/cm³）	1.50~1.52				1.38			1.14		
回潮率（%）(20℃，RH65%)	13~15				0.4~0.5			3.5~5.5		
耐热性	不软化，不熔融，260~300℃变色并分解				软化点：236~240℃ 熔点：255~260℃ 在火焰中边熔融，边徐徐燃烧			软化点：180℃ 熔点：215~220℃ 在火焰中边熔融，边徐徐燃烧		
耐日光性	尚好，强度稍有下降				优良，仅次于腈纶			不佳，日晒后强度显著降低，颜色变黄		
耐酸性	热稀酸、冷浓酸使强度下降并溶解，5%盐酸、11%硫酸对纤维强度无影响				35%盐酸、75%硫酸、60%硝酸对其强度无影响；在96%硫酸中会分解			浓盐酸、浓硫酸、浓硝酸均可使其溶解，但7%盐酸、20%硫酸、10%硝酸对其强度无影响		
耐碱性	强碱可使其膨润，强度降低，2%的苛性钠溶液对其强度无影响				强碱能使其分解，10%的苛性钠溶液和28%的氨水对其强度无影响			在50%苛性钠溶液、28%的氨水中强度几乎不降低		
耐其他化学药品	浸在强氧化剂中或用次氯酸钠、过氧化物漂白不损伤其强度				一般都有良好抵抗性，但溶于热间甲酚			能溶于酚类（酚、间甲酚等）、浓蚁酸中；在冰醋酸中膨润，加热可使其溶解		
耐磨性	较差				优良，仅次于锦纶			最高		
耐虫蛀及霉菌	能抗虫蛀，但会生霉				良好			良好		
热导率 [W/(m·℃)]	0.025~0.055				0.08			0.209~0.337		

附录一 主要服用纤维性能表

续表

性能 \ 纤维	聚丙烯腈纤维（腈纶）	聚乙烯醇缩甲醛纤维（维纶）		聚丙烯纤维（丙纶）		聚氯乙烯纤维（氯纶）		聚氨酯纤维（氨纶）
	短纤维	短纤维		短纤维	长丝	短纤维		长丝
		普通	强力			普通	强力	
断裂强度（干态）(cN/dtex)	2.21~4.41	3.53~5.73	6.00~8.82	3.97~6.62	3.97~6.62	1.76~2.47	2.91~3.53	0.44~0.88
断裂强度（湿态）(cN/dtex)	1.76~3.97	2.82~4.59	4.67~7.50	3.97~6.62	3.97~6.62	1.76~2.47	2.91~3.53	0.35~0.88
湿、干强度比（%）	80~100	72~85	78~85	100	100	100	100	80~100
断裂伸长率（干态）（%）	25~50	12~26	9~17	30~60	25~60	70~90	15~23	450~800
断裂伸长率（湿态）（%）	25~60	12~26	9~17	30~60	25~60	70~90	15~23	
弹性回复率（%）（伸长3%时）	90~95	70~85	72~85	90~100	90~100	70~85	80~85	95~99（伸长50%时）
初始模量（cN/dtex）	22.05~54.68	22.05~61.74	61.74~114.66	19.40~48.51	35.28~105.84	13.23~22.05	26.46~44.10	0.13
密度（g/cm³）	1.14~1.17	1.26~1.30		0.91		1.39		1.0~1.3
回潮率（%）(20℃, RH65%)	1.2~2.0	4.5~5.0		0		0		0.4~1.3
耐热性	软化点：190~230℃；熔融不明显，熔融前发生分解，易燃烧，边收缩边燃烧	软化点：220~230℃；熔融不明显，熔融前发生分解，在火焰中边软化边收缩，边徐徐燃烧		软化点140~150℃；熔点：165~173℃，在火焰中边熔融，边徐徐燃烧		>70℃软化收缩；难燃，离开火焰即自灭		熔点：200~230℃，150℃以上发黄，发黏，强度下降
耐日光性	极好，强度几乎不降低	优良		不佳，日晒后强度显著下降		良好，强度几乎不降低		强度稍有下降，微发黄
耐酸性	35%盐酸、65%硫酸、45%硝酸对其强度无影响	浓盐酸、浓硫酸、浓硝酸能使其膨润或分解，10%盐酸、30%硫酸对其强度无影响		耐酸性优良		耐酸性优良，浓盐酸、浓硫酸对其强度无影响		不耐浓硫酸
耐碱性	在50%苛性钠溶液、28%氨水中强度几乎不降低	在50%苛性钠溶液中强度几乎不下降		浓苛性钠溶液对其强度无影响		在50%苛性钠溶液、浓氨水中强度几乎不降低		耐碱性尚好
耐其他化学药品	一般都有良好抵抗性，溶于二甲基甲酰胺	一般都有良好抵抗性		抵抗性优良		抵抗性优良		不溶于一般溶剂
耐磨性	尚好	优良		优良		尚好		良好
耐虫蛀及霉菌	良好	良好		良好		良好		良好
热导率[W/(m·℃)]	0.05	0.221~0.302		0.04				

附录二
服装材料词汇中英文对照

服装　Apparel/garment/clothing/costume/dress/fashion
服装材料　Garment materials/clothing materials/fashion materials
服装功能　Garment function
材料性能　Performance of clothing materials
纤维　Fiber
服用纤维　Clothing fiber
天然纤维　Natural fiber
植物纤维　Plant fiber/vegetable fiber
棉　Cotton
天然彩棉　Naturally colored cotton
有机棉　Organic cotton
韧皮纤维　Bast fiber
苎麻　Ramie
亚麻　Flax
罗布麻　Kender/Apocynum
大麻　Hemp
黄麻　Jute
剑麻　Sisal
椰壳纤维　Coconut fiber
动物纤维　Animal fiber
蚕丝　Silk
桑蚕丝　Cultivated silk/mulberry silk
柞蚕丝　Tussah silk
双宫丝　Doupioni/doupion silk
绢丝　Spun silk
䌷丝　Noil silk
毛　Animal hair
羊毛　Wool

美利奴羊毛　Merino wool
山羊绒　Cashmere
马海毛　Mohair
兔毛　Rabbit hair
安哥拉兔毛　Angora rabbit
骆驼毛　Camel hair
牦牛毛　Yak hair
羊驼毛　Alpaca
骆马毛　Vicuna
矿物纤维　Mineral fiber
化学纤维　Chemical fiber
再生纤维　Regenerated fiber
黏胶纤维　Viscose/rayon
醋酯纤维　Acetate
天丝　Lyocell/Tencel
莫代尔　Modal
富强纤维　Polynosic
铜氨纤维　Cupra
合成纤维　Synthetic fiber
涤纶　Polyester
锦纶/尼龙　Polyamide
腈纶　Acrylic/polyacrylic
改性腈纶　Modacrylic
维纶　Polyvinylon/vinylon
氨纶　Spandex/elastic fiber
莱卡　Lycra
碳纤维　Carbon fiber
金属纤维　Metallic fiber
纤维素纤维　Cellulosic fiber
蛋白质纤维　Protein fiber

高性能纤维	High performance fiber	电学性能	Electrical property
超细纤维	Superfine fiber	导电性	Electric conductivity
异形（截面）纤维	Profiled fiber	抗静电性	Antistatic property
复合纤维	Composite fiber	耐气候性	Weather resistance
功能纤维	Functional fiber	耐光性	Light resistance/resistance to sunlight
纤维性能	Fiber performance	耐化学品性	Chemical proofing
手感	Hand	易保管性	Easy–care
细度	Fineness	防霉性	Fungus resistance
光泽	Luster	抗蛀性	Insect resistance
卷曲度	Crimpness	纱线	Yarn
抱合性	Cohesiveness	纺纱	Spinning
机械性能	Mechanical property	纯纺纱线	Pure yarn
刚度	Stiffness	混纺纱线	Blended yarn
拉伸强度	Tensile strength	粗梳（棉）纱	Carded yarn
干强	Dry strength	精梳（棉）纱	Combed yarn
湿强	Wet strength	粗梳毛纱	Woolen yarn
弹性回复性/回弹性	Resiliency	精梳毛纱	Worsted yarn
弹性	Elasticity	丝光纱线	Mercerized yarn
抗折皱性	Wrinkle resistance	烧毛纱线	Gassed yarn
耐磨性	Abrasion resistance	染色纱线	Dyed yarn
耐用性	Endurance/durability	短纤维纱线	Staple yarn
起毛起球	Pilling	长丝纱	Filament yarn
吸湿性	Hydroscopic property	单纱	Single yarn/strand
缩率	Shrinkage	股线	Ply yarn
缩水率	Washing shrinkage	单丝	Monofil/monofilament
耐洗性	Washing resistance	复丝	Multifilament
回潮率	Regain	花式纱线	Novelty yarn
透气性	Air permeability	变形纱线	Textured yarn
卫生性	Hygienic performance	包芯纱	Core–spun yarn
舒适性	Comfort	公制支数	Metric count
缩绒性	Felting property	英制支数	English count
热学性能	Thermal property	旦尼尔	Denier
导热性	Thermal conductivity	特克斯	Tex
保暖性	Heat insulating ability	加捻	Twisting
热收缩性	Thermal shrinkage	捻度	Twist
耐热性	Heat endurance/heat stability	弱捻	Soft twist
可燃性	Flammability	强捻	Hard twist
熔孔性	Melting–hole behavior	捻向	Direction of twist

竹节纱	Slub yarn	左斜纹组织	Left-hand twill weave
结子纱	Nub yarn	右斜纹组织	Right-hand twill weave
圈圈纱	Loop yarn	经面缎纹组织	Satin weave
螺旋线	Spiral yarn	纬面缎纹组织	Sateen weave
金属线/金银线	Metallic yarn	重平组织	Rib weave
雪尼尔纱	Chenille yarn	方平组织	Basket weave
紧密纺	Compact spinning	加强斜纹	Reinforced twill
赛络纺	Sirospun	复合斜纹	Combination twill
赛络菲尔纺	Sirofil	条格组织	Striped and checked weave
织物	Fabric	绉组织	Crepe weave
机织物	Woven fabric	起绒组织	Pile weave
针织物	Knitted fabric	蜂巢组织	Honeycomb weave
非织造布	Nonwoven fabric	透孔/假纱罗组织	Mock leno
交织织物	Mixed fabric	凸条组织	Pique weave
混纺织物	Blended fabric	双（多）层组织	Double weave
经	Warp/end	提花组织	Jacquard weave
纬	Weft/filling	纱罗组织	Leno weave
经向	Warp-wise	织物密度	Fabric count
纬向	Weft-wise	织物紧密度	Tightness of fabric
经纱	Warp end/warp yarn	织物幅宽	Fabric width
纬纱	Weft/filling yarn	织物厚度	Fabric thickness
机织物组织	Fabric Weave	织物长度	Fabric length
交织	Interweave/interlace	织物重量	Fabric weight
织造	Fabric manufacturing	线圈	Loop
编织物	Braided fabric	线圈长度	Length of stitch
复合织物	Composite fabric	横列	Course
结构图	Structure diagram	纵行	Wale
组织循环	Round of pattern/repetition of weave	横机	Flat knitting machine
经组织点	Warp interlacing point	圆机	Circular knitting machine
纬组织点	Weft interlacing point	纬编针织物	Weft-knitted fabric
经面组织	Warp-faced weave	经编针织物	Warp-knitted fabric
纬面组织	Weft-faced weave	平针组织	Weft plain stitch/jersey stitch
原组织	Basic weave	罗纹组织	Rib stitch
变化组织	Derivative weave	纬编衬垫组织	Laid-in stitch
联合组织	Composed weave	双反面组织	Purl stitch
平纹组织	Plain weave	双罗纹组织	Interlock stitch
斜纹组织	Twill weave	集圈组织	Tuck stitch
双面斜纹	Balanced twill	编链组织	Pillar stitch

经平组织　Tricot stitch
经缎组织　Atlas stitch
纤维网　Fiber web
多层复合织物　Compound fabric
单纱织物　Single yarn fabric
全线织物　Full thread fabric
半线织物　Semi-thread fabric
单面织物　Single-faced fabric
双面织物　Reversible fabric
原色织物（布）　Gray goods
漂白织物　Bleached fabric
染色织物　Dyed fabric
色织织物　Yarn-dyed fabric
印花织物　Printed fabric
提花织物　Jacquard fabric
整理织物　Finishing fabric
单层织物　Single fabric
双层织物　Two-layer fabric
窄幅织物　Narrow fabric
宽幅织物　Broad fabric
功能性织物　Functional fabric
质地与风格　Texture and style
棉织物/棉型织物类别　Cotton/cotton-like fabric
平布　Plain cloth
府绸　Poplin
麻纱（棉织品）　Hair cords
巴厘纱　Voile
格子布　Ginghams
卡其　Khaki drill
纱卡其/线卡其　Single yarn khaki drill/ply-yarn khaki drill
棉华达呢　Gabercord/Cotton Gabardine
棉哔叽　Cotton serge
棉贡缎　Sateen
绒布　Flannelette
灯芯绒　Corduroy
平绒　Velveteen
泡泡纱　Seersucker

绉布　Crepe
牛仔布　Denim/jean
色织牛仔布　Yarn dyed denim
牛津纺（布）　Oxford
帆布　Canvas
麻织物/麻型织物　Bast/bast-like fabric
亚麻布　Linen fabric/linen cloth
亚麻细布　Fine linen
夏布　Grass linen/grass cloth
亚麻平布　Dress linen
麻/棉交织物　Linen/cotton mixed fabric
麻/棉混纺织物　Linen/cotton blended fabric
毛织物/毛型织物　Wool/wool-like fabric
凡立丁　Valitin
派力司　Palace
麦士林　Muslin
哔叽　Serge
华达呢　Gabardine
啥味呢　Worsted flannel
海力蒙　Herring bone
马裤呢　Whipcord
贡呢　Venetian
花呢　Fancy suiting
驼丝锦　Doeskin
精纺女衣呢　Worsted lady's dress
大衣呢　Overcoating
制服呢/大众呢　Uniform cloth
海军呢　Navy cloth
麦尔登　Melton
法兰绒　Flannel
粗花呢　Tweed
女式呢　Woolen lady's dress
松结构织物　Loose structure fabric
毛毡　Felt
丝织物/长丝型织物　Silk/silk-like fabric
纺　Plain habutai/habotai
纱　Gauze silks
绉　Crepes

绫	Twills	重磅丝绸	Weighted silk
罗	Leno silks	针织物	Knitted fabric
绢	Taffeta	汗布	Single jersey
绡	Sheer silks	彩条汗布	Color–stripes single jersey
缎	Satin silks	纬编衬垫织物	Knitted laid–in fabric
锦	Brocades	纬编针织绒布	Raised knitted fabric
葛	Poplin grosgrain	罗纹织物	Rib fabric
绨	Bengaline	双反面针织物	Purl fabric
绒	Velvet	双罗纹针织物/棉毛布	Interlock fabric
呢	Crepons	毛圈针织物	Knitted terry
绸	Chou silks	摇粒绒：	Polar fleece
素绉缎	Plain crepe satin	天鹅绒针织物	Knitted velour
素缎	Satin plain	长毛绒针织物	High–pile knitted fabric
真丝缎	Silk satin	人造毛皮针织物	Knitted artificial fur fabric
人丝缎	Rayon satin	涤盖棉针织	Double jersey with polyester face and cotton back
美丽绸	Rayon lining twill		
织锦缎	Damask	单面网眼织物	Single tuck knitted fabric
古香缎	Suzhou brocade	夹层绗缝织物	Knitted sandwiched fabric
金银人丝织锦缎	Rayon/tinsel mixed tapestry satin	提花针织物	Jacquard knitted fabric
电力纺	Silk habutai	衬经衬纬针织物	Warp and weft insertion knitted fabric
洋纺	Paj		
人丝电力纺	Rayon habutai	经编网眼针织物	Warp knitted eyelet fabric
双绉	Crepe de chine	经编斜纹织物	Warp knitted twill fabric
顺纡绉	Crepon	经编毛圈织物	Warp knitted terry fabric
乔其纱（绉）	Crepe georgette/georgette	经编起绒织物	Warp knitted napped fabric
顺纡乔其	Crepon georgette/crinkle georgette	经编丝绒织物	Warp knitted velvet fabric
冠乐绉	Guanle cloque	经编人造毛皮	Warp knitted man–made fur
四维呢	Mock crepe	经编花边织物	Warp knitted lace fabric
塔夫绸	Taffeta	经编弹力织物	Warp knitted stretch fabric
雪纺	Chiffon	经编褶裥织物	Warp knitted plaited fabric
双宫绸	Doupioni pongee	针织仿麂皮织物	Knitted micro suede
绵绸	Noil cloth	涤纶桃皮绒	Polyester peach skin
柞丝绸	Tussah pongee	裘皮	Fur
烂花绒	Etched–out velvet	毛皮	Peltry
乔其绒	Georgette velvet	鞣制	Tannage/tanning
蝉翼纱	Organdy	紫貂皮	Sable fur
烂花绡	Burnt–out sheer	水獭皮	Otter
宋锦	Song brocade	水貂皮	Mink skin

附录二 服装材料词汇中英文对照

狐皮	Fox fur	退浆	Desizing
绵羊皮	Sheep fur	煮练	Scouring
羔羊皮	Lamb skin	染料	Dyes
小山羊皮	Kids' fur	涂料	Pigment
狗皮	Dog skin	染色	Dyeing
猫皮	Cat fur	浸染	Dip dyeing
兔皮	Rabbit fur	轧染	Pad dyeing
针毛	Guard hair	卷染	Jig dyeing
绒毛	Fur hair	散纤维染色	Stock dyeing
仿裘皮	Artificial fur/fake fur	条子染色	Top dyeing
针织人造毛皮	Knitted fur–like fabric	纺丝原液着色	Dope dyeing
机织人造毛皮	Woven fur–like fabric	纱线染色	Yarn dyeing
人造卷毛皮	Man-made curling fur	匹布染色	Piece dyeing
皮革	Leather	成衣染色	Garment dyeing
猪皮革	Pigskin	扎染	Tie dyeing
牛皮革	Cattle hide	色牢度	Color fastness
小牛皮	Calfskin	耐光色牢度/耐晒色牢度	Colorfastness to light
水牛皮	Buffalo hide	耐水洗色牢度	Colorfastness to washing
羊皮革	Sheepskin	耐摩擦色牢度	Colorfastness to crocking
麂皮革	Chamois leather	耐皂洗色牢度	Colorfastness to soaping
蛇皮革	Snakeskin	耐干洗色牢度	Colorfastness to dry cleaning
绒面革	Suede leather	色差	Color difference
粒面/纹理	Grain	色浆	Print paste
带粒面的头层皮	Top grain	滚筒印花	Calender/roller printing
不带粒面的分层皮	Split leather	筛网印花	Screen printing
漆皮	Patent leather	热转移印花	Heat-transfer printing
人造皮革	Artificial leather	直接印花	Direct/applied printing
聚氯乙烯人造革	PVC artificial leather	防染印花	Resist/reserve printing
聚氨酯合成革	Polyurethane synthetic leather	拨染印花	Discharge printing
人造麂皮	Suede-like fabric	喷墨印花	Digital/ink-jet printing
再生革	Regenerated leather	经纱印花	Warp printing
染整	Dyeing and finishing	涂料印花	Pigment printing
预处理	Pre-treatment	植绒印花	Flock printing
漂白	Bleaching	烂花印花	Burn-out printing
染色	Dyeing	丝光	Mercerization
印花	Printing	预定型	Pre-setting
整理	Finishing	预缩	Pre-shrinking
烧毛	Singeing	热定型	Heat setting

轧光	Calendering	柔软剂	Softener
轧纹	Embossing	除渍	Spotting
磨绒、磨毛	Sanding	储藏	Store
起绒、起毛	Raising/napping	辅料	Accessories
剪毛	Shearing	里料	Lining
缩绒	Fulling	衬料	Interlining
仿麂皮起绒	Sueding	黑炭衬	Hair interlining
涂层	Coating	马尾衬	Horsehair cloth
防毡缩	Anti-felting	树脂衬	Resin padding cloth
植绒工艺	Flocking	纸衬	Paper padding
烂花工艺	Etching	腰衬	Belting
烂花布	Etched-out fabric	牵条	Tape
防羽绒布	Down-proof fabric	黏合衬	Fusible interlining
防皱整理	Crease-resist finish	针织黏合衬	Knitted interlining
拒水整理	Water-repellent finish	机织黏合衬	Woven interlining
防污和易去污整理	Oil-resist & soil-release finish	无纺黏合衬	Nonwoven interlining
防静电整理	Antistatic finish	垫料	Cushioning material
抗微生物整理	Antimicrobial finish	肩垫	Shoulder pad
防蛀整理	Mothproof finish	胸垫	Bust form/pad
阻燃整理	Flame-resistant finish	领底呢	Under collar felt
卫生整理	Hygienic finish	填料	Padding
免烫整理/洗可穿整理	Wash and wear finish	絮片	Wadding
水洗布	Washer wrinkle fabric	缝纫线	Sewing thread
风格整理	Style finish	纽扣	Button
功能整理	Functional finish	拉链	Zipper
污垢	Soil	挂钩	Hook
水溶性污垢	Water-soluble soil	环	Ring
非水溶性污垢	Non-water-soluble soil	搭扣	Agraffe
水洗	Washing	肩带	Bar Tape
沾污	Stained	商标	Brand
洗涤剂	Detergent	标志	Mark
干洗	Dry-cleaning	花边	Lace
干洗剂	Dry-cleaning agent	弹力花边	Elastic lace
洗涤	Laundering	刺绣/绣品	Embroidery
增白/加白	Whitening	松紧带	Elastic braid
荧光增白剂	Fluorescent brightener	罗纹带	Ribbed band
无氯漂白	Non-chlorine bleach	闪光装饰片	Sequin
硬挺（整理）剂	Stiffener	珠子	Beads

附录二 服装材料词汇中英文对照

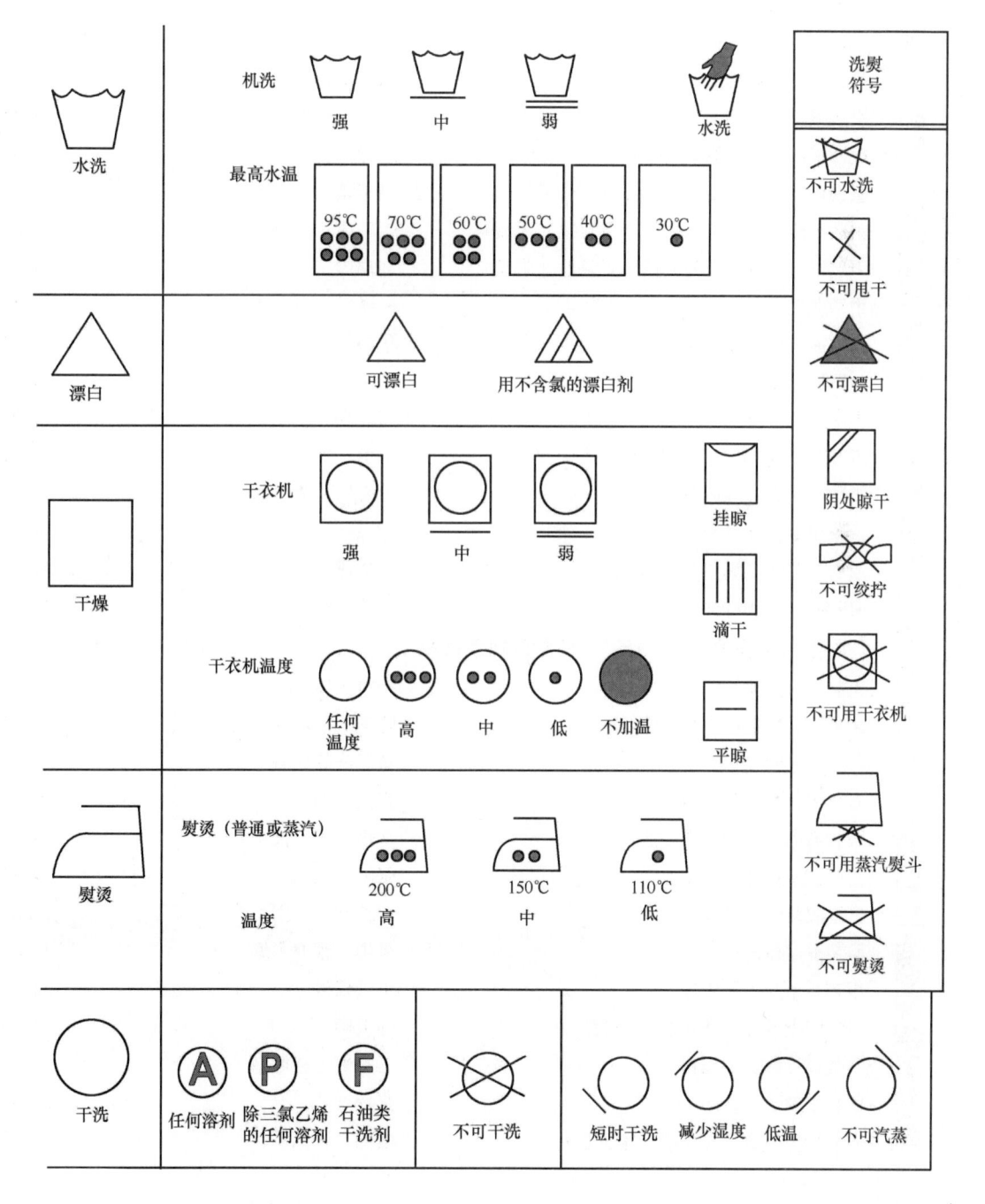

附录三
服装洗烫符号

洗熨符号		
水洗	机洗：强 / 中 / 弱　手洗	不可水洗
	最高水温：95℃ / 70℃ / 60℃ / 50℃ / 40℃ / 30℃	不可甩干
漂白	可漂白　用不含氯的漂白剂	不可漂白
干燥	干衣机：强 / 中 / 弱　挂晾　滴干	阴处晾干
	干衣机温度：任何温度 / 高 / 中 / 低 / 不加温　平晾	不可绞拧
		不可用干衣机
熨烫	熨烫（普通或蒸汽）温度：200℃ 高 / 150℃ 中 / 110℃ 低	不可用蒸汽熨斗
		不可熨烫
干洗	任何溶剂（A）　除三氯乙烯的任何溶剂（P）　石油类干洗剂（F）　不可干洗　短时干洗　减少湿度　低温　不可汽蒸	

书目：服装

书　名	作　者	定价（元）
【普通高等教育"十一五"国家级规划教材】		
服装品牌广告设计	贾荣林　王蕴强主编	35.00
服装工业制板（第2版）	潘波　赵欲晓编著	32.00
服装材料学·基础篇（附盘）	吴微微	35.00
服装材料学·应用篇（附盘）	吴微微	32.00
服饰配件艺术（第3版）（附盘）	许星	36.00
时装画技法	邹游	49.80
服装展示设计（附盘）	张立	38.00
化妆基础（附盘）	徐家华	58.00
服装概论（附盘）	华梅　周梦	36.00
服饰搭配艺术（附盘）	王渊	32.00
服装面料艺术再造（附盘）	梁惠娥	36.00
服装纸样设计原理与应用·男装编（附盘）	刘瑞璞	39.80
服装纸样设计原理与应用·女装编（附盘）	刘瑞璞	48.00
中西服装发展史（第二版）（附盘）	冯泽民　刘海清	39.80
西方服装史（第二版）（附盘）	华梅　要彬	39.80
中国服装史（附盘）	华梅	32.00
中国服饰文化（第二版）（附盘）	张志春	39.00
服装美学（第二版）（附盘）	华梅	38.00
服装美学教程（附盘）	徐宏力　关志坤	42.00
针织服装设计（附盘）	谭磊	39.80
成衣工艺学（第三版）（附盘）	张文斌	39.80
服装CAD应用教程（附盘）	陈建伟	39.80
【服装高等教育"十一五"部委级规划教材】		
服装生产经营管理（第4版）	宁俊主编	42.00
艺术设计创造性思维训练	陈莹　李春晓　梁雪编著	32.00
服装色彩学（第5版）	黄元庆等编著	28.00
服装流行学（第2版）	张星主编	39.80
服装商品企划学（第二版）	李俊　王云仪主编	38.00
首饰艺术设计	张晓燕主编	39.80
针织服装结构设计	谢梅娣　赵俐编著	28.00
服装表演概论	肖彬　张舰主编	49.80
服装买手与采购管理	王云仪著	32.00
服饰图案设计（第4版）（附盘）	孙世圃	38.00
服装设计师训练教程	王家馨　赵旭堃	38.00
服装工效学（附盘）	张辉	39.80
服装号型标准及其应用（第3版）	戴鸿	29.80

本科教材

书目：服装

书 名	作 者	定价（元）
服装流行趋势调查与预测（附盘）	吴晓菁	36.00
服装表演策划与编导（附盘）	朱焕良	35.00
针织服装结构CAD设计（附盘）	张晓倩	39.80
服装人体美术基础（附盘）	罗莹	32.00
内衣设计（附盘）	孙恩乐	34.00
成衣立体构成（附盘）	朱秀丽　郭建南	29.80
中国近现代服装史（附盘）	华梅	39.80
服装生产管理与质量控制（第三版）（附盘）	冯冀　冯以玫	33.00
服装生产管理（第三版）（附盘）	万志琴　宋惠景	42.00
服装生产工艺与设备（第二版）（附盘）	姜蕾	38.00
服装市场营销（第三版）（附盘）	刘小红　刘东	36.00
服装商品企划实务（附盘）	马大力	36.00
服装厂设计（第二版）（附盘）	许树文　李英琳	36.00
服装英语（第三版）（附盘）	郭平建　吕逸华	34.00
服装设计教程（浙江省重点教材）	杨威	32.00
服装电子商务	张晓倩	32.00

【普通高等教育"十五"国家级规划教材】

书 名	作 者	定价（元）
服装材料学（第2版）	王革辉主编	28.00
服装艺术设计	刘元风　胡月	40.00
服装结构设计	张文斌	36.00
服装色彩学	王蕴强	32.00
中国服装史	袁仄	28.00
服装CAD原理与应用	张鸿志	40.00
数字化服装设计与管理	徐青青	39.80

【服装高等教育"十五"部委级规划教材】

书 名	作 者	定价（元）
服饰图案设计与应用	陈建辉	36.00
针织服装设计	宋晓霞	39.80
服饰配件艺术	许星	32.00
服装设计表达——时装画艺术	陈闻	39.80
毛皮与毛皮服装创新设计	刁梅	58.00
服装舒适性与功能	张渭源	22.00
服装整理学	滑钧凯	29.80
展示设计	张立	38.00
服装营销学	赵平	39.80
服装商品企划学	李俊	28.00
服装流行学	张星	38.00
服装表演策划训练	徐青青	34.00

书目：服装

书　名	作　者	定价（元）
【服装专业双语教材】		
时装设计：过程、创新与实践（附盘）	郭平建　译	45.00
服装生产概论（第二版）（附盘）	［英］库克林	36.00
图解服装概论（附盘）	张玲	38.00
服装设计师完全素质手册（附盘）	吕逸华　译	34.00
英国经典服装板型（附盘）	刘莉　译	35.00
【新编服装院校系列教材】		
成衣纸样与服装缝制工艺（第2版）	孙兆全主编	39.80
【其他】		
男装款式和纸样系列设计与训练手册	刘瑞璞　张宁编著	35.00
女装款式和纸样系列设计与训练手册	刘瑞璞　王俊霞编著	42.00
国际化职业装设计与实务	刘瑞璞　常卫民　王永刚编著	49.80

本科教材

注：若本书目中的价格与成书价格不同，则以成书价格为准。中国纺织出版社图书营销中心门市、函购电话：（010）64168231。或登陆我们的网站查询最新书目：

中国纺织出版社网址：www.c-textilep.com